Illuminate Publishing

CBAC Cemeg U2

Canllaw Astudio ac Adolygu

David Ballard
Rhodri Thomas

ip

CBAC Cemeg U2: Canllaw Astudio ac Adolygu

Addasiad Cymraeg o *WJEC Chemistry A2 Level* a gyhoeddwyd yn 2017 gan Illuminate Publishing Ltd, P.O. Box 1160, Cheltenham, Swydd Gaerloyw, GL50 9RW

Ariennir yn Rhannol gan
Lywodraeth Cymru
Part Funded by
Welsh Government

Cyhoeddwyd dan nawdd Cynllun Adnoddau Addysgu a Dysgu CBAC

Archebion: Ewch i www.illuminatepublishing.com
neu anfonwch e-bost at sales@illuminatepublishing.com

Data Catalogio Cyhoeddiadau y Llyfrgell Brydeinig

Mae cofnod catalog ar gyfer y llyfr hwn ar gael gan y Llyfrgell Brydeinig

ISBN 978-1-911208-25-9

Printed by Severn, Gloucester

06.21

Polisi'r cyhoeddwr yw defnyddio papurau sy'n gynhyrchion naturiol, adnewyddadwy ac ailgylchadwy o goed a dyfwyd mewn coedwigoedd cynaliadwy. Disgwylir i'r prosesau torri coed a chynhyrchu papur gydymffurfio â rheoliadau amgylcheddol y wlad y mae'r cynnyrch yn tarddu ohoni.

Gwnaed pob ymdrech i gysylltu â deiliaid hawlfraint y deunydd a atgynhyrchwyd yn y llyfr hwn. Os cânt eu hysbysu, bydd y cyhoeddwyr yn falch o gywiro unrhyw wallau neu bethau a adawyd allan ar y cyfle cyntaf.

Er bod y deunydd hwn wedi bod drwy broses sicrhau ansawdd CBAC, mae'r cyhoeddwr yn dal yn llwyr gyfrifol am y cynnwys.

Atgynhyrchir y cwestiynau arholiad gyda chaniatâd CBAC.

Dylunio: Nigel Harriss
Testun a'i osodiad: John Dickinson (Yr argraffiad Cymraeg hwn)

Cydnabyddiaeth

Mae'r awduron yn ddiolchgar iawn i'r tîm yn Illuminate Publishing am eu proffesiynoldeb, eu cefnogaeth a'u harweiniad drwy'r project hwn. Bu'n bleser cydweithio mor agos â nhw.

Hoffai'r awduron a'r cyhoeddwr ddiolch i:

Judith Bonello am adolygu'r llyfr mor drylwyr ac am ei gweledigaeth a'i sylwadau arbenigol.

Cynnwys

Sut i ddefnyddio'r llyfr hwn

Fel prif arholwyr profiadol ar gyfer manyleb Cemeg CBAC, rydyn ni wedi ysgrifennu'r canllaw astudio hwn i'ch helpu i fod yn ymwybodol o'r hyn sy'n ofynnol ac rydyn ni wedi strwythuro'r cynnwys fel y gallwch chi lwyddo yn yr arholiad TAG Cemeg. Mae'r llyfr wedi'i rannu'n ddwy brif adran, sef un ar gyfer Uned 3 ac un ar gyfer Uned 4.

Gwybodaeth a dealltwriaeth

Mae **adran gyntaf** y llyfr yn ymdrin â'r wybodaeth a'r ddealltwriaeth allweddol sydd eu hangen ar gyfer yr arholiad. Yna mae nodiadau ar gyfer y ddau bapur theori yn yr arholiad yn ogystal â sylwadau am yr arholiad ymarferol, sef Uned 5.

Hefyd rydyn ni'n cynnig awgrymiadau ychwanegol a fydd yn eich helpu i ddysgu.

- Gall rhai o'r termau yn y fanyleb gael eu defnyddio yn sail i gwestiwn, ac felly mae'r termau hyn yn cael eu hamlygu a'u diffinio.
- Pwrpas y 'Cwestiynau cyflym' yw profi'r wybodaeth sydd gennych a'ch dealltwriaeth o'r deunydd.
- Mae'r adrannau 'Cofiwch' yn tynnu eich sylw at bethau a allai fod o gymorth wrth ateb cwestiynau.
- Mae'r nodiadau 'Gwella Gradd' yn cynnig ffyrdd y gall ymgeiswyr wneud argraff dda ar arholwyr drwy eu gwybodaeth a'u dealltwriaeth.
- Mae 'Ychwanegol' yn golygu math o 'Gwestiwn cyflym' sy'n fwy anodd.
- Mae set gynhwysfawr o atebion gan ymgeiswyr i gwestiynau ym mhob adran, sy'n cynnwys marciau, dadansoddiad ac esboniad ar yr atebion hyn.

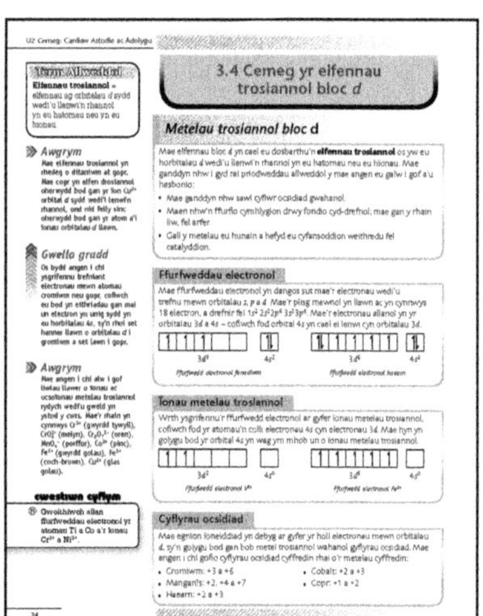

Arfer a thechneg arholiad

Mae'r ail adran yn trafod y sgiliau allweddol sydd eu hangen ar gyfer llwyddo yn yr arholiad ac yn rhoi enghreifftiau i chi o atebion i gwestiynau arholiad. Rydyn ni'n dechrau drwy esbonio'r arholiad i chi a sut mae'n cael ei asesu ac yna'n cynnig awgrymiadau am sut i lwyddo.

Mae amrywiaeth o gwestiynau yn y gyfrol. Mae'r rhan fwyaf ohonyn nhw'n rhai strwythuredig ond weithiau mae angen atebion hir. Mae hyn yn adlewyrchu ffurf yr arholiad. Yn achos pob cwestiwn, mae dau ateb nodweddiadol gan ymgeiswyr gyda sylwadau am eu perfformiad. Mae'r cwestiynau ar gyfer Uned 3 yn tueddu i ganolbwyntio ar destun unigol ac mae cwestiynau ar gyfer Uned 4 yn tueddu i gynnwys sawl testun, fel sy'n digwydd yn yr arholiadau eu hunain.

Rydyn ni'n eich cynghori i chwilio am nifer o ffynonellau a dysgu ganddyn nhw yn hytrach na dibynnu ar un llyfr a nodiadau eich athrawon.

Manteisiwch ar wefan CBAC www.cbac.co.uk, lle mae papurau arholiad enghreifftiol a'u cynlluniau marcio ar gael. Yn y man, bydd yr union bapurau a gafodd eu gosod yn y blynyddoedd blaenorol yno hefyd. Mae mwy o bwyslais yn y fanyleb newydd hon ar **gymhwyso**'r wybodaeth a'r ddealltwriaeth sydd gennych gan ddibynnu llai ar ddwyn gwybodaeth i gof nag yn y gorffennol. Hefyd, bydd angen defnyddio mathemateg mewn mwy o gwestiynau.

Gobeithio y byddwch chi'n gweld y llyfr hwn yn ddefnyddiol wrth astudio ac y bydd yn eich helpu i ennill y graddau a fydd yn eich galluogi i symud ymlaen i gam nesaf eich gyrfa.

David Ballard a Rhodri Thomas

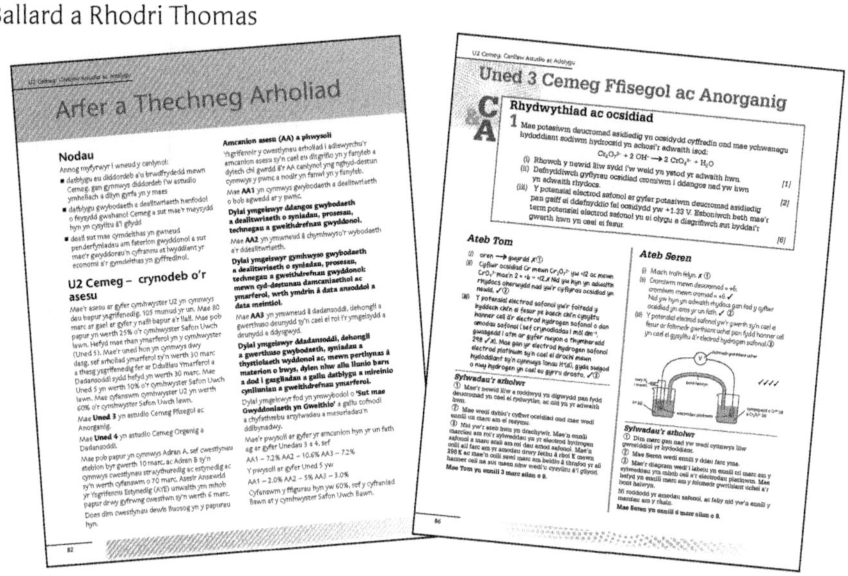

U3 Gwybodaeth a Dealltwriaeth

Cemeg Ffisegol ac Anorganig

Mae'r uned hon yn adeiladu ar syniadau a astudiwyd yn y ddwy uned ym mlwyddyn gyntaf y cwrs. Mae llawer o'r testunau yn yr uned hon yn dibynnu ar ddealltwriaeth gadarn o'r syniadau ym mlwyddyn gyntaf y cwrs ac ar eu dwyn i gof. Efallai y bydd yn ddefnyddiol i chi adolygu pwnc y flwyddyn gyntaf cyn i chi ddechrau astudio cynnwys yr ail flwyddyn.

Mae'r uned hon yn edrych ar sut mae'n bosibl astudio ymddygiad mater a'i ddisgrifio'n fathemategol. Mae hyn yn ein galluogi i ragfynegi pa adweithiau sy'n ddichonadwy a pha mor sefydlog yw sylweddau gan ddefnyddio syniadau enthalpi ac entropi. Gallwn ni ragfynegi pa mor bell y bydd adweithiau'n mynd gan ddefnyddio syniadau ecwilibria, a pha mor gyflym y byddan nhw'n digwydd gan ddefnyddio syniadau cyfraddau. Mae electrocemeg yn ein galluogi i astudio priodweddau adweithiau rhydocs ac i esbonio ymddygiad batrïau a chelloedd tanwydd.

Mae cemeg anorganig yn dosbarthu ymddygiad amrywiaeth eang o elfennau. Mae pob cyfansoddyn, heblaw'r rhai sy'n seiliedig ar hydrocarbonau, yn y categori hwn. Mae cyfansoddion ac adweithiau elfennau yng ngrwpiau 3, 4 a 7 yn cael eu defnyddio fel enghreifftiau i ddangos ymddygiad elfennau'r bloc *p*. Mae cyfansoddion ac adweithiau elfennau yn rhes gyntaf yr elfennau trosiannol yn cael eu defnyddio fel enghreifftiau i ddangos ymddygiad elfennau'r bloc *d*.

Wedi'i adolygu!

Nodiadau sylfaenol | *Dealltwriaeth dda* | *Wedi adolygu'n llawn*

3.1 Rhydocs a photensial electrod safonol

Mae'n bosibl cynnal adweithiau rhydocs mewn celloedd electrocemegol sy'n gwahanu adweithiau rhydwythiad ac ocsidiad. Mae hyn yn ein galluogi i fesur pŵer ocsidio pob hanner cell gan ddefnyddio'r potensial electrod safonol drwy eu cymharu â'r electrod hydrogen safonol. Gallwn ni gynrychioli unrhyw gell â diagram cell a mesur ei g.e.m. a'i ddefnyddio i asesu dichonoldeb adweithiau. Mae celloedd tanwydd yn defnyddio egwyddorion electrocemegol i ryddhau'r egni'n effeithlon iawn.

tt. 8-12

3.2 Adweithiau rhydocs

Mae'n bosibl defnyddio adweithiau rhydocs mewn titradiadau. Mae'r rhain yn ein galluogi i asesu crynodiadau amrywiaeth eang o sylweddau. Rydyn ni'n cynnal y titradiad ar gyfer ïonau Cu^{2+} mewn dau gam. Mae'r ïonau Cu^{2+} yn cael eu defnyddio i gynhyrchu ïodin sydd wedyn yn cael ei ddadansoddi drwy ei ditradu gyda thiosylffad.

tt. 13-15

3.3 Cemeg y bloc p

Mae trefniant yr electronau yn yr elfennau bloc *p* yn rheoli patrymau eu hymddygiad. Mae'r effaith pâr anadweithiol ac ehangiad yr wythawd yn effeithio ar gyflyrau ocsidiad yr elfennau hyn, yn ogystal â'r duedd at ymddygiad metelig wrth fynd i lawr y grŵp. Mae elfennau Grŵp 3 yn ffurfio llawer o rywogaethau electron ddiffygiol yn ogystal ag analogau ar gyfer alotropau carbon. Mae elfennau Grŵp 4 yn dangos ymddygiad gwahanol iawn oherwydd bod yr effaith pâr anadweithiol a'r priodweddau metelig yn amrywio'n fawr wrth fynd i lawr y grŵp. Mae elfennau Grŵp 7 a'u cyfansoddion yn dangos tueddiadau mewn adweithiau gan ddibynnu ar sefydlogrwydd eu cyflyrau ocsidiad.

tt. 16-23

Nodiadau sylfaenol | *Dealltwriaeth dda* | *Wedi adolygu'n llawn*

3.4 Cemeg y metelau trosiannol bloc d

Mae'r elfennau bloc *d* yn dangos priodweddau tebyg, er enghraifft eu gallu i ffurfio cyflyrau ocsidiad amrywiol a chymhlygion gyda ligandau. Rydyn ni'n defnyddio cymhlygion copr a chobalt fel enghreifftiau. Mae gan gymhlygion liw fel arfer, a gallan nhw weithredu fel catalyddion yn aml. Mae'r holl gyfansoddion hyn yn adweithio â sodiwm hydrocsid mewn hydoddiant, gyda'r metelau amffoterig yn ymddwyn yn wahanol i'r lleill.

tt. 24-26

3.5 Cineteg gemegol

Ym mlwyddyn gyntaf y cwrs, astudion ni effeithiau crynodiad a thymheredd yn ansoddol ond yn y testun hwn byddwn ni'n meintioli'r effeithiau. Mae effeithiau newidiadau mewn crynodiad yn cael eu defnyddio i gynhyrchu'r hafaliad cyfradd, gan ddefnyddio hafaliad Arrhenius i esbonio sut mae'r gyfradd yn newid gyda'r tymheredd. Mae'n bosibl defnyddio'r hafaliad cyfradd i ddarganfod mecanwaith adwaith cemegol.

tt. 27-29

3.6 Newidiadau enthalpi ar gyfer solidau a hydoddiannau

Mae'n bosibl defnyddio deddf Hess i gyfrifo newidiadau egni. Gallwn ni dorri'r newidiadau hyn yn llawer o gamau bach y mae angen i chi eu cofio a'u deall, er enghraifft egni atomeiddiad, ffurfio dellt, hydradiad, ïoneiddiad ac affinedd electronol. Mae cyfuno'r rhain mewn cylchred egni yn ein galluogi i gyfrifo sefydlogrwydd neu hydoddedd cyfansoddion ïonig.

tt. 30-31

3.7 Entropi a dichonoldeb adweithiau

Mesur o ryddid neu anhrefn system yw entropi ac mae'n cynyddu o solidau trefnus i hylifau ac yna nwyon. Mae'n rhaid i gyfanswm yr entropi gynyddu mewn unrhyw newid ac mae egni rhydd Gibbs yn cyfuno newidiadau entropi adwaith a'r amgylchoedd. Mae'n rhaid i egni rhydd Gibbs fod yn negatif er mwyn i'r adwaith fod yn ddichonadwy.

tt. 32-33

3.8 Cysonion ecwilibriwm

Mae'n bosibl disgrifio safle unrhyw ecwilibriwm drwy ddefnyddio crynodiadau neu wasgeddau rhannol pob sylwedd sy'n bresennol. Rydyn ni'n eu cyfuno i ffurfio'r cysonion ecwilibriwm K_p a K_c, ac mae'n bosibl cymhwyso'r rhain at unrhyw gymysgeddau ecwilibriwm i ddarganfod faint o unrhyw sylwedd sy'n bresennol. Mae gwerthoedd K_p a K_c yn rhoi syniad ansoddol o'r safle ecwilibriwm.

tt. 34-37

3.9 Ecwilibria asid–bas

Y cysonion ecwilibriwm K_a a K_w yw'r allwedd ar gyfer darganfod pH asidau gwan a basau cryf. Nid yw halwynau asidau gwan a basau gwan yn niwtral. Mae byfferau'n cael eu ffurfio o gymysgeddau asidau gwan a'u halwynau ac mae eu pH yn dibynnu ar K_a yr asid a chrynodiadau'r asid a'r halwyn. Yn ystod titradiadau, mae'r newidiadau pH a'r cromliniau pH yn dibynnu ar gryfder yr asidau a'r basau sy'n cael eu defnyddio. Mae'r dangosydd cywir yn cael ei ddewis yn ôl siâp y gromlin titradiad.

tt. 38-43

3.1 Rhydocs a photensial electrod safonol

Adweithiau rhydocs

Mewn adweithiau rhydocs, mae rhywbeth yn cael ei ocsidio ac mae rhwybeth arall yn cael ei rydwytho. Mae'n bosibl diffinio'r prosesau hyn yn nhermau electronau neu yn nhermau cyflyrau ocsidiad.

Termau Allweddol

Ocsidiad = y broses o golli electronau NEU'r cyflwr ocsidiad yn dod yn fwy positif.

Rhydwythiad = y broses o ennill electronau NEU'r cyflwr ocsidiad yn dod yn fwy negatif.

Cyflyrau ocsidiad

Mae cyflyrau ocsidiad yn mesur faint mae atom wedi cael ei ocsidio o'i gymharu â'r elfen. Mae cyflyrau ocsidiad yn ein galluogi i fesur **ocsidiad** a **rhydwythiad** mewn cyfansoddion cofalent yn ogystal ag mewn cyfansoddion ïonig. Mae cyflwr ocsidiad atom:

- yn 0 mewn elfennau, er enghraifft mewn Xe, O_2, C_{60}
- yn hafal i'r wefr mewn ïonau, er enghraifft +2 mewn Fe^{2+}
- yn negatif ar gyfer yr atom mwyaf electronegatif mewn cyfansoddyn
- yn +1 ar gyfer metelau grŵp 1 mewn cyfansoddion, a +2 ar gyfer metelau grŵp 2 mewn cyfansoddion
- yn +1 ar gyfer hydrogen, heblaw mewn hydridau metel lle mae'n −1
- yn −1 ar gyfer fflworin yn ei gyfansoddion
- yn −2 ar gyfer ocsigen yn ei gyfansoddion, heblaw mewn perocsidau lle mae'n −1
- yn −1 ar gyfer halogenau mewn halidau metel.

Mae cyfanswm cyflyrau ocsidiad yr holl atomau mewn cyfansoddyn yn hafal i'r wefr ar y rhywogaeth – ar gyfer rhywogaeth niwtral mae'r swm yn hafal i sero.

Ocsidiad yw pan fydd cyflyrau ocsidiad yn dod yn fwy positif; rhydwythiad yw pan fydd cyflyrau ocsidiad yn dod yn llai positif neu'n fwy negatif.

Enghreifftiau

$$Cr_2O_7^{2-} + 14\ H^+ + 6\ Fe^{2+} \longrightarrow 2\ Cr^{3+} + 6\ Fe^{3+} + 7\ H_2O$$

Oren — Gwyrdd

Cyflwr ocsidiad cromiwm yn yr adweithyddion yw +6, ac yn y cynhyrchion mae'n +3. Mae'r cromiwm wedi cael ei rydwytho – rydyn ni'n ei alw'n ocsidydd.

Pan fyddwn ni'n ychwanegu alcali (e.e. sodiwm hydrocsid) at hydoddiant sy'n cynnwys ïonau deucromad(VI), bydd yr adwaith isod yn digwydd:

$$Cr_2O_7^{2-} + 2\ OH^- \longrightarrow 2\ CrO_4^{2-} + H_2O$$

Oren — Melyn

Cyflwr ocsidiad cromiwm yn yr adweithyddion yw +6, ac yn y cynhyrchion mae'n +6. Nid yw wedi cael ei ocsidio na'i rydwytho – nid adwaith rhydocs yw hwn.

Gwella gradd

Os gofynnir i chi adnabod ocsidiad neu rydwythiad, yna nodwch yn glir gyflwr ocsidiad yr atom ar ddechrau'r adwaith ac ar ddiwedd yr adwaith ac yna nodwch a yw wedi'i ocsidio (mwy positif) neu ei rydwytho (mwy negatif) neu'r un o'r ddau (dim newid).

Awgrym

Caiff ocsidyddion eu rhydwytho wrth iddyn nhw ocsidio rhywbeth arall. Caiff rhydwythyddion eu hocsidio wrth iddyn nhw rydwytho rhywbeth arall.

Awgrym

Peidiwch â drysu rhwng gwefrau a chyflyrau ocsidiad – maen nhw'n debyg ond nid yr un peth: Cyflyrau ocsidiad yw +3 a −2 ond gwefrau yw 3+ a 2−.

cwestiwn cyflym

① Cyfrifwch gyflyrau ocsidiad yr atomau a danlinellwyd yn y rhestr ganlynol: $\underline{S}_8$, $\underline{Fe}^{3+}$, $\underline{Na}Cl$, $H_2\underline{O}$, $F_2\underline{O}$, $Ca\underline{H}_2$, $\underline{Al}Cl_4^-$, $NaO\underline{Cl}$, $Na\underline{I}O_3$, $\underline{Mn}O_4^-$.

Hafaliadau a hanner hafaliadau

Mewn adwaith rhydocs, mae un rhywogaeth yn cael ei rhydwytho ac un arall yn cael ei hocsidio. Fel arfer, gallwn ni rannu hafaliad cemegol llawn yn ddau hanner hafaliad, y naill yn dangos yr ocsidiad a'r llall yn dangos y rhydwythiad. Yn yr enghraifft isod, mae'r Cu^{2+} (d) yn cael ei rydwytho ac mae'r Mg (s) yn cael ei ocsidio:

$$Cu^{2+}(d) + Mg(s) \longrightarrow Cu(s) + Mg^{2+}(d)$$

Mae'r Cu^{2+} (d) yn cael ei drawsnewid yn Cu (s). I wneud hyn, mae'n rhaid ei fod wedi ennill dau electron, ac felly yr hanner hafaliad ïon-electron yw:

$$Cu^{2+}(d) + 2e^- \longrightarrow Cu(s)$$

Mae'r Mg (s) yn cael ei drawsnewid yn Mg^{2+} (d). I wneud hyn, mae'n rhaid ei fod wedi colli dau electron, ac felly yr hanner hafaliad ïon-electron yw:

$$Mg(s) \longrightarrow Mg^{2+}(d) + 2e^-$$

Awgrym

Peidiwch â drysu rhwng diagram sy'n dangos cell electrocemegol a diagram cell. Un llinell o destun sy'n cynrychioli cell yw diagram cell, nid lluniad.

Gwella gradd

Wrth ysgrifennu diagramau cell, rhowch y metelau ar y ddau ben, gyda phont halwyn yn y canol (mae dwy linell fertigol, || yn ei chynrychioli). Mae llinell fertigol yn dangos pob newid cyflwr, gyda choma rhwng rhywogaethau yn yr un cyflwr ffisegol. Y metel sydd â'r E^θ mwyaf negatif sy'n mynd ar yr ochr chwith.

Celloedd electrocemegol

Nid damcaniaeth yn unig yw hanner hafaliadau – mae'n bosibl gwahanu adwaith rhydocs fel bod ocsidiad yn digwydd mewn un man a rhydwythiad yn digwydd mewn man arall. I wneud hyn, mae angen i ni osod dau hanner cell lle bydd y ddwy broses yn digwydd ar wahân, a'u cysylltu mewn cylched gyfan.

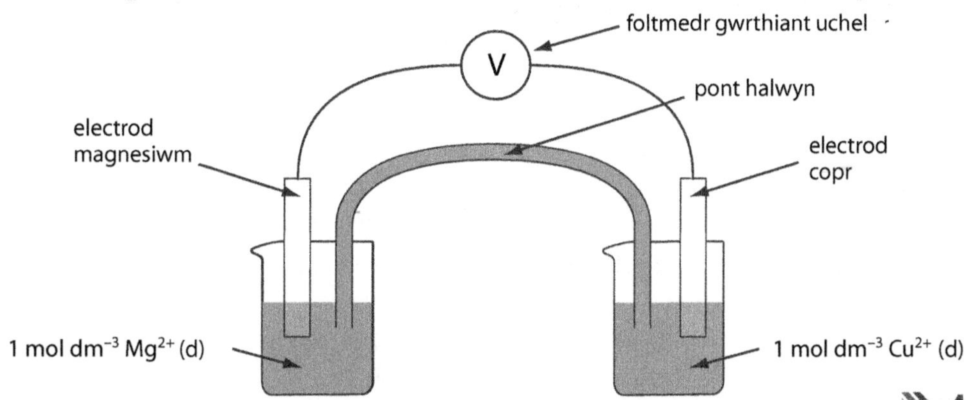

Cell $Mg(s)|Mg^{2+}(d)||Cu^{2+}(d)|Cu(s)$

Mae'r foltmedr gwrthiant uchel yn rhoi darlleniad o'r g.e.m. (grym electromotif) sy'n cael ei gynhyrchu gan y gell. Mae'r bont halwyn yn cwblhau'r gylched drwy ganiatáu i ïonau symud, heb i'r ddau hydoddiant gymysgu.

Awgrym

Os bydd angen i chi labelu diagram o gell yn llawn, bydd angen i chi gofio mai'r hanner cell sydd â'r gwerth E^θ mwyaf positif fydd yr electrod positif a bod electronau'n llifo ar hyd y wifren tuag at yr hanner cell hwn.

Term Allweddol

Potensial electrod safonol (E^{θ}) = y gwahaniaeth potensial pan gysylltir unrhyw hanner cell â'r electrod hydrogen safonol dan amodau safonol.

Potensialau electrod safonol, E^{θ}

Mae gan bob cell electrocemegol duedd wahanol i ennill neu golli electronau. Mae'n ddefnyddiol cael ffordd o fesur a chymharu'r rhain, ac felly rydyn ni'n defnyddio'r **potensial electrod safonol (E^{θ})**. I fesur gwerth E^{θ} ar gyfer unrhyw hanner cell, mae angen cysylltu'r hanner cell â'r electrod hydrogen safonol o dan amodau safonol a mesur y gwahaniaeth potensial drwy ddefnyddio foltmedr gwrthiant uchel.

Electrod hydrogen safonol

Mae'r electrod hydrogen safonol yn hanner cell lle mae swigod o nwy H_2 ar wasgedd 1 atm yn cael eu gyrru dros electrod platinwm anadweithiol sy'n cael ei drochi mewn H^+ (d) ar grynodiad o 1 môl dm^{-3} ac ar dymheredd o 298 K.

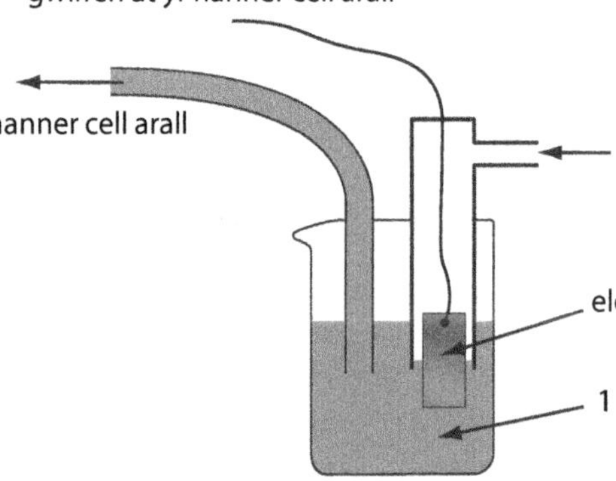

Dyma'r hanner cell safonol y mae pob un arall yn cael ei gymharu ag ef. Diffinnir ei botensial electrod safonol yn 0 folt yn union.

Gallwn ni fesur y potensialau electrod safonol ar gyfer tri math o hanner cell:

Hanner cell metel–hydoddiant: darn o fetel sy'n gweithredu fel electrod sy'n cael ei drochi mewn hydoddiant sy'n cynnwys ïonau o'r un metel. Mae enghreifftiau'n cynnwys Cu | Cu^{2+} a Zn | Zn^{2+}.

Hanner cell nwy–hydoddiant: Mae swigod o nwy yn cael eu gyrru dros electrod platinwm anadweithiol sy'n cael ei drochi mewn hydoddiant sy'n cynnwys ïonau o'r nwy. Mae enghreifftiau'n cynnwys yr electrod hydrogen safonol ac X_2 (n) | X^- (d) (X=Cl, Br neu I).

Hanner cell cymysgedd o ïonau: Mae'r hanner cell hwn hefyd yn defnyddio electrod platinwm anadweithiol. Rydyn ni'n rhoi'r electrod hwn mewn hydoddiant sy'n cynnwys ïonau gwahanol o'r un elfen mewn cyflyrau ocsidiad gwahanol. Mae enghreifftiau'n cynnwys Fe^{2+}, Fe^{3+} ac Mn^{2+}, MnO_4^-. Sylwch ein bod yn defnyddio comas yma gan fod y ddau ïon yn yr un cyflwr ffisegol. Dyma ddiagram cell ar gyfer y ddau hanner cell hyn wedi'u cysylltu â'i gilydd: Pt | Fe^{2+}, Fe^{3+} || MnO_4^-, Mn^{2+} | Pt.

Gwella gradd

Cofiwch fod yn glir os oes angen i chi labelu diagram o gell – mae'n rhaid i'r foltmedr fod yn foltmedr gwrthiant uchel a dylech chi bob amser enwi'r metel sy'n cael ei ddefnyddio i wneud yr electrod. Dylech chi bob amser nodi'r amodau safonol, sef:

1 môl dm^{-3} ar gyfer crynodiadau hydoddiannau

1 atm ar gyfer gwasgeddau nwyon

298K ar gyfer y tymheredd.

cwestiwn cyflym

② Lluniadwch a labelwch ddiagram i ddangos y gell electrocemegol a ddylai gael ei defnyddio i fesur y potensial electrod safonol ar gyfer yr adwaith canlynol:

$Fe^{3+}(d) + e \rightarrow Fe^{2+}(d)$.

Defnyddio potensialau electrod safonol

Mae rhai gwerthoedd electrod safonol cyffredin yn cael eu rhestru isod, a hefyd rhai o'r newidiadau lliw sy'n gysylltiedig.

	E^θ / V
Zn^{2+} (d) + $2e^-$ ⇌ Zn (s)	−0.76
2 H^+ (d) + $2e^-$ ⇌ H_2 (n)	0.00
Cu^{2+} (d) + $2e^-$ ⇌ Cu (s) Glas	+0.34
I_2 (d) + 2 e^- ⇌ 2 I^- (d)	+0.54
Fe^{3+} (d) + e^- ⇌ Fe^{2+} (d) Melyn — Gwyrdd golau	+0.77
Br_2 (d) + 2 e^- ⇌ 2 Br^- (d) Oren — Di-liw	+1.09
$Cr_2O_7^{2-}$ (d) + 14 H^+(d) + $6e^-$ ⇌ 2 Cr^{3+} (d) + $7H_2O$(h) Oren — Gwyrdd tywyll	+1.33
Cl_2 (d) + 2 e^- ⇌ 2 Cl^- (d)	+1.36
MnO_4^- (d) + 8 H^+ (d) + $5e^-$ ⇌ Mn^{2+} (d) + 4 H_2O(h) Porffor — Pinc golau/ di-liw	+1.51

Y mwyaf positif yw gwerth E^θ, y mwyaf tebygol yw'r system o ennill electronau. Os byddwch chi'n cysylltu dau hanner cell â'i gilydd, bydd electronau'n llifo o'r hanner cell mwyaf negatif i'r un mwyaf positif. Y darlleniad ar y foltmedr gwrthiant uchel fydd:

Potensial safonol cell = E^θ (mwyaf positif) – E^θ (lleiaf positif)

A all adwaith ddigwydd?

Gallwn ni ddefnyddio gwerthoedd E^θ i weithio allan a yw adwaith yn ddichonadwy. Er mwyn i adwaith fod yn bosibl, mae'n rhaid i'r g.e.m. ar gyfer yr adwaith fod yn bositif. I gyfrifo'r g.e.m. mae angen i ni wybod pa hanner hafaliad yw'r rhydwythiad a pha un yw'r ocsidiad.

G.e.m. = E^θ ar gyfer rhydwythiad – E^θ ar gyfer ocsidiad

Er enghraifft, gallwn ni weithio allan a all clorid rydwytho ïonau Cu^{2+} yn fetel copr drwy ddefnyddio'r gwerthoedd E^θ uchod. Y ddau hanner hafaliad dan sylw yw:

Cu^{2+} (d) + $2e^-$ ⇌ Cu (s) +0.34 V

Cl_2 (d) + 2 e^- ⇌ 2 Cl^- (d) +1.36 V

Mae'r adwaith yn golygu Cu^{2+} → Cu, sef rhydwythiad, a $2Cl^-$ → Cl_2, sy'n ocsidiad. Y g.e.m. ar gyfer yr adwaith yw:

G.e.m. = E^θ ar gyfer Cu^{2+} – E^θ ar gyfer Cl^- = 0.34 – 1.36 = −1.02 V

Nid yw'r adwaith yn ddichonadwy gan fod y potensial safonol yn negatif.

Gwella gradd

Wrth drafod ocsidiad a rhydwythiad, mae'n bwysig sicrhau eich bod yn nodi'n glir unrhyw rywogaethau sydd dan sylw. Un camgymeriad cyffredin yw drysu rhwng ïodid ac ïodin neu ddrysu rhwng atomau metel. Os gofynnir i chi adnabod y rhydwythydd cryfaf, mae'n rhaid i chi nodi mai'r atom sinc neu'r metel sinc ydyw yn hytrach na dim ond nodi sinc gan y gall sinc olygu'r ïon Zn^{2+}.

cwestiwn cyflym

③ Cyfrifwch y potensialau safonol a fyddai'n cael eu mesur pe bai'r parau canlynol o hanner celloedd yn cael eu cysylltu â'i gilydd:

a) Zn | Zn^{2+} a Cu | Cu^{2+}.

b) Zn | Zn^{2+} a Fe^{2+}, Fe^{3+} | Pt.

cwestiwn cyflym

④ Defnyddiwch y gwerthoedd E^θ a roddwyd i ddangos y bydd ïonau bromid yn adweithio â Cl_2 ond nid ag I_2.

Defnyddio adweithiau rhydocs

Mae adweithiau rhydocs yn gyffredin iawn mewn cemeg. Rydych chi wedi gweld llawer o adweithiau rhydocs mewn unedau blaenorol ond maen nhw hefyd yn gyffredin mewn diwydiant, lle mae metelau yn cael eu hechdynnu o'u mwynau; mewn bioleg, mae cyfres gymhleth o rydwythiadau ac ocsidiadau yn digwydd mewn resbiradaeth a hefyd mewn ffotosynthesis.

» *Awgrym*

Cofiwch fod arholiad uned 3 yn cynnwys cwestiynau synoptig, ac felly bydd disgwyl i chi ddefnyddio adweithiau rhydocs rydych chi wedi'u gweld mewn unedau eraill i ateb y cwestiynau hyn.

Adweithiau rhydocs mewn synthesis organig

Rydych chi wedi gweld yn eich gwaith mewn unedau eraill sut mae adweithiau rhydwytho ac ocsidio'n cael eu defnyddio. Mae'r rhain yn cynnwys:

- Ocsidiad alcoholau yn aldehydau, cetonau neu asidau carbocsylig, gan ddefnyddio potasiwm deucromad(VI) asidiedig.
- Rhydwythiad nitrilau yn aminau neu rydwythiad asidau carbocsylig, aldehydau a chetonau yn alcoholau, gan ddefnyddio lithiwm tetrahydridoalwminad(III).
- Rhydwythiad nitrobensen a'i ddeilliadau yn ffenylaminau, gan ddefnyddio tun ac asid hydroclorig.

Gwella gradd

Gwnewch yn siŵr eich bod yn gallu dwyn i gof o leiaf un fantais ac o leiaf un anfantais o gelloedd tanwydd a mynegi'r rhain yn glir.
Camgymeriadau cyffredin yw defnyddio atebion aneglur fel 'llai o lygredd' neu 'mae'r nwyon yn ddiniwed'.

Celloedd tanwydd

Mae celloedd tanwydd yn defnyddio dulliau electrocemegol i gael egni o danwyddau, yn aml nwy hydrogen. Ar un electrod platinwm, mae hydrogen yn cael ei ocsidio yn ïonau H^+, ond ar yr electrod platinwm arall, mae nwy ocsigen yn cael ei rydwytho yn ddŵr, H_2O:

Ar yr anod $H_2 \longrightarrow 2H^+ + 2e^-$

Ar y catod $O_2 + 4H^+ + 4e^- \longrightarrow 2H_2O$.

Yr adwaith cyflawn sy'n digwydd yw: $2H_2 + O_2 \longrightarrow 2H_2O$.

Mae llawer o fanteision ac anfanteision i'r dull hwn o gael egni.

Manteision

- Yr unig gynnyrch yw dŵr, ac felly ni chynhyrchir unrhyw garbon deuocsid (sy'n nwy tŷ gwydr).
- Mae'n effeithlon iawn, gan fod llai o egni'n cael ei wastraffu ar ffurf gwres, felly mae llawer mwy o egni'n cael ei ddefnyddio'n effeithiol.
- Mae'n bosibl cynhyrchu nwy hydrogen gan ddefnyddio adnoddau adnewyddadwy drwy electrolysis o ddŵr.

Anfanteision

- Mae nwy hydrogen yn fflamadwy iawn ac yn anodd ei storio.
- Fel arfer, cynhyrchir nwy hydrogen o danwyddau ffosil, sy'n golygu colled net o egni.

3.2 Adweithiau rhydocs

Mewn adwaith rhydocs, mae ocsidiad a rhydwythiad yn digwydd ar yr un pryd. I weithio allan yr hafaliad cyfan drwy gyfuno dau hanner hafaliad, y naill wedi'i ysgrifennu fel rhydwythiad a'r llall fel ocsidiad, mae'n rhaid i'r ddau hanner hafaliad gynnwys yr un nifer o electronau.

Enghraifft: $Cr_2O_7^{2-}$ yn adweithio â Fe^{2+}.

Y ddau hanner hafaliad dan sylw yn yr adwaith hwn yw:

$$Cr_2O_7^{2-}\,(d) + 14\,H^+(d) + 6e^- \longrightarrow 2\,Cr^{3+}\,(d) + 7\,H_2O\,(h)$$

$$Fe^{3+}\,(d) + e^- \longrightarrow Fe^{2+}\,(d)$$

Mae'r ddau adwaith hyn yn rhydwythiadau fel y maen nhw wedi'u hysgrifennu uchod ond gan ein bod yn dechrau gyda Fe^{2+} (d) yn hytrach na Fe^{3+} (d) mae angen i ni wrthdroi'r ail adwaith gan ei wneud yn ocsidiad:

$$Fe^{2+}\,(d) \longrightarrow Fe^{3+}\,(d) + e^-$$

I gael yr un nifer o electronau yn y ddau hafaliad, mae'n rhaid i ni luosi hwn â 6, gan roi:

$$6\,Fe^{2+}\,(d) \longrightarrow 6\,Fe^{3+}\,(d) + 6\,e^-$$

Yna rydyn ni'n adio'r ddau hanner hafaliad at ei gilydd ac yn canslo allan yr electronau ac unrhyw beth arall sy'n bresennol ar y ddwy ochr, yn yr adweithyddion a'r cynhyrchion:

$$Cr_2O_7^{2-} + 14\,H^+ + 6\,e^- + 6\,Fe^{2+} \longrightarrow 2\,Cr^{3+} + 7\,H_2O + 6\,Fe^{3+} + 6\,e^-$$

$$Cr_2O_7^{2-} + 14\,H^+ + 6\,Fe^{2+} \longrightarrow 2\,Cr^{3+} + 7\,H_2O + 6\,Fe^{3+}$$

Dim ond electronau y mae'n rhaid i ni eu canslo yn yr enghraifft hon, ond os oes unrhyw rywogaethau eraill fel H^+ sy'n gyffredin i ddwy ochr yr hafaliad, rydyn ni'n canslo'r rheini hefyd.

Titradiadau rhydocs

Dylech chi fod yn gyfarwydd â thechneg titradiad o'r gwaith a wnaethoch chi yn y cwrs UG. Mae'r rhan fwyaf o ditradiadau rhydocs yn cael eu cynnal yn yr un modd â thitradiadau asid–bas, ac eithrio'r ffaith nad oes angen dangosydd bob amser gan fod lliwiau'r adweithyddion yn ein galluogi i weld y diweddbwynt.

Awgrym

Does dim angen defnyddio symbolau cyflwr fel (s) na (d) oni bai bod y cwestiwn yn gofyn yn benodol i chi wneud hynny.

Awgrym

Bydd y titradiadau a wnaethoch chi ym mlwyddyn gyntaf y cwrs yn ddefnyddiol wrth i chi gynnal titradiadau rhydocs. Gall y sgiliau hyn gael eu harholi yn uned 3 ond hefyd yn y ddau asesiad uned 5.

cwestiwn cyflym

⑤ Ysgrifennwch yr hafaliad cytbwys ar gyfer ocsidiad Cl^- gan MnO_4^- asidiedig.

» *Awgrym*

Gallai unrhyw gyfrifiad o uned 1 ymddangos ym mhapur uned 3, gan gynnwys trawsnewid masau'n folau ac yn ôl, masau sy'n adweithio, economïau atom neu gynnyrch canrannol.

cwestiwn cyflym

⑥ Cafodd sampl 1.252g o aloi haearn ei hydoddi mewn asid. Roedd angen 21.40 cm^3 o hydoddiant potasiwm manganad(VII) â chrynodiad 0.200 môl dm^{-3} i adweithio'n llwyr â'r hydoddiant o Fe^{2+} a ffurfiwyd. Cyfrifwch fàs yr haearn yn yr aloi. Defnyddiwch y ffigur hwn i gyfrifo canran yr haearn yn yr aloi.

Ocsidio Fe^{2+} gyda manganad(VII), MnO_4^-

Mewn titradiad â photasiwm manganad(VII), rydyn ni'n ychwanegu'r hydoddiant porffor hwn o'r fwred. Pan fydd yn adweithio, mae'n ffurfio Mn^{2+}, sydd bron yn ddi-liw. Ar y diweddbwynt mae'r hydoddiant yn troi'n binc golau oherwydd bod rhywfaint o'r MnO_4^- porffor yn weddill, sy'n ymddangos yn binc pan fydd yn wanedig.

Os oes angen i ni wneud cyfrifiadau'n seiliedig ar ditradiad fel hwn, mae angen i ni wybod cymhareb yr adweithyddion (y stoichiometreg). Gallwn ni ei gymryd yn syth o'r hafaliad cemegol fel arfer. Yn y titradiad hwn, yr hafaliad yw:

$$MnO_4^- + 8\,H^+ + 5\,Fe^{2+} \longrightarrow Mn^{2+} + 4\,H_2O + 5\,Fe^{3+}$$

Mae hyn yn golygu mai cymhareb yr adweithyddion yw 1 $MnO_4^- \equiv 5\,Fe^{2+}$.

Mae pob cyfrifiad titradu yn dibynnu ar yr un hafaliadau mathemategol. Gan fod yr holl gyfeintiau'n cael eu mesur mewn cm^3 mewn cyfrifiadau titradu, gallwn ni gyfrifo nifer y molau drwy ddefnyddio:

$$\text{Nifer y molau} = \text{Crynodiad (mewn môl dm}^{-3}\text{)} \times \frac{\text{Cyfaint (mewn cm}^3\text{)}}{1000}$$

Cwestiwn enghreifftiol: Mae hydoddiant o Fe^{2+} (d) yn cael ei ditradu yn erbyn potasiwm manganad(VII) asidiedig. Roedd angen 23.80 cm^3 o hydoddiant potasiwm manganad(VII) â chrynodiad 0.0200 môl dm^{-3} i adweithio'n llwyr â sampl o 25.00 cm^3 o Fe^{2+} (d). Cyfrifwch nifer y molau o Fe^{2+}(d) a oedd yn bresennol yn y sampl.

I ateb hwn, mae angen i ni gyfrifo nifer y molau o fanganad(VII) drwy ddefnyddio'r hafaliad uchod ac yna defnyddio cymhareb yr adweithyddion i gyfrifo nifer y molau o Fe^{2+}(d) a fyddai'n adweithio â nhw.

$$\text{Molau } MnO_4^- = 0.0200 \text{ mol dm}^{-3} \times \frac{23.80 \text{ cm}^3}{1000} = 4.76 \times 10^{-4} \text{ môl}$$

Gan fod 1 $MnO_4^- \equiv 5\,Fe^{2+}$ yna 4.76×10^{-4} $MnO_4^- \equiv$ $\underline{2.38 \times 10^{-3} \text{ môl } Fe^{2+}}$

Ocsidio Fe^{2+} gyda deucromad(VI), $Cr_2O_7^{2-}$

Yn yr adwaith hwn, mae potasiwm deucromad(VI) yn newid lliw o oren i wyrdd wrth iddo ocsidio'r Fe^{2+}. Yr adwaith yw:

$$Cr_2O_7^{2-} + 14\,H^+ + 6\,Fe^{2+} \longrightarrow 2\,Cr^{3+} + 7\,H_2O + 6\,Fe^{3+}$$

Mae hyn yn golygu mai cymhareb yr adweithyddion yw 1 $Cr_2O_7^{2-} \equiv 6\,Fe^{2+}$.

Darganfod Cu^{2+} drwy rydwytho ïodin gyda thiosylffad, $S_2O_3^{2-}$

Allwn ni ddim mesur crynodiad Cu^{2+} yn uniongyrchol, ond os byddwn ni'n ychwanegu ïonau ïodid at hydoddiant, bydd CuI, sy'n solid gwyn, a hydoddiant brown o ïodin, I_2 (d) yn ffurfio:

$$2\,Cu^{2+}\,(d) + 4\,I^-\,(d) \longrightarrow 2\,CuI\,(s) + I_2\,(d)$$

Yna, gallwn ni ychwanegu hydoddiant sodiwm thiosylffad o fwred er mwyn rhydwytho'r ïodin:

$$I_2 + 2\,S_2O_3^{2-} \longrightarrow 2\,I^- + S_4O_6^{2-}$$

Mae hyn yn peri i liw'r hydoddiant ddod yn llawer mwy golau nes iddo ddod yn debyg i liw gwellt. Yna, ychwanegir startsh fel dangosydd, sydd â lliw glas-du ym mhresenoldeb ïodin. Bydd diweddbwynt yr adwaith yn digwydd pan fydd lliw glas-du y startsh yn dod yn ddi-liw. Rydyn ni'n aml yn disgrifio lliw'r cymysgedd terfynol fel lliw tebyg i liw croen.

Mae angen i ni weithio allan cymhareb yr adweithyddion sy'n cysylltu Cu^{2+} ag $S_2O_3^{2-}$. O edrych ar yr hafaliadau uchod, gallwn ni weld bod:

$$2\,Cu^{2+} \equiv 1\,I_2 \quad \text{ac} \quad 1\,I_2 \equiv 2\,S_2O_3^{2-}$$

Gallwn ni gyfuno'r rhain i ddangos bod
$2\,Cu^{2+} \equiv 2\,S_2O_3^{2-}$ ac felly bod $1\,Cu^{2+} \equiv 1\,S_2O_3^{2-}$

Cyfrifiadau cyflym

Os oes angen i chi gyfrifo crynodiad neu gyfaint o grynodiadau a chyfeintiau eraill, gallwch chi wneud hyn yn uniongyrchol drwy ddefnyddio:

$$\frac{C_1 \times V_1}{C_2 \times V_2} = \frac{n_1}{n_2}$$

lle C yw'r crynodiad, V yw'r cyfaint, ac *n* yw'r rhif yng nghymhareb yr adweithyddion ar gyfer pob sylwedd.

Cwestiwn enghreifftiol: Roedd angen 24.45 cm^3 o hydoddiant potasiwm deucromad(VI) â chrynodiad 0.0200 môl dm^{-3} i adweithio'n llwyr â 25.00 cm^3 o hydoddiant Fe^{2+} (d). Cyfrifwch grynodiad y Fe^{2+} (d) yn yr hydoddiant.

Ateb: Cymhareb yr adweithyddion yn yr achos hwn yw $1\,Cr_2O_7^{2-} \equiv 6\,Fe^{2+}$. Gan ddefnyddio Fe^{2+} fel sylwedd 1 a $Cr_2O_7^{2-}$ fel sylwedd 2, mae gennym:

$$\frac{C_{Fe} \times V_{Fe}}{C_{Cr} \times V_{Cr}} = \frac{n_{Fe}}{n_{Cr}} \text{ sy'n ad-drefnu i } C_{Fe} = \frac{n_{Fe} \times C_{Cr} \times V_{Cr}}{n_{Cr} \times V_{Fe}}$$

$$\text{Felly: } C_{Fe} = \frac{6 \times 0.0200 \times 24.45}{1 \times 25.00} = 0.117 \text{ môl dm}^{-3}$$

cwestiwn cyflym

⑦ Cafodd gormodedd o hydoddiant potasiwm ïodid ei ychwanegu at 25.00 cm^3 o hydoddiant copr(II) sylffad, ac roedd angen 30.25 cm^3 o hydoddiant sodiwm thiosylffad â chrynodiad 0.248 môl dm^{-3} i adweithio'n llwyr â'r ïodin a gafodd ei ryddhau. Cyfrifwch grynodiad yr hydoddiant copr(II) sylffad.

3.3 Cemeg y bloc *p*

Term Allweddol

Amffoterig = sylwedd sy'n gallu adweithio ag asidau a hefyd â basau.

Awgrym

Wrth ysgrifennu 'n' mewn ffurfwedd electronol, rydyn ni'n golygu rhif y cyfnod, ac felly byddai ffurfwedd electronol elfen grŵp 3 yng nghyfnod 2 yn $2s^2 2p^1$ ac ar gyfer cyfnod 4 byddai'n $4s^2 4p^1$.

ychwanegol

1 Ysgrifennwch hafaliadau ar gyfer adweithiau $Al(OH)_3$ ag asid (naill ai fel H^+ neu HNO_3) ac â bas (naill ai fel OH^- neu NaOH).

Ysgrifennwch hafaliadau ar gyfer adweithiau PbO ag asid (naill ai fel H^+ neu HNO_3) a bas (naill ai fel OH^- neu NaOH).

Gwella gradd

Wrth ysgrifennu adweithiau unrhyw gyfansoddion plwm ag asid, mae'n rhaid i chi ddefnyddio asid nitrig neu asid ethanöig. Mae asidau eraill yn ffurfio halwynau plwm (II) anhydawdd sy'n ffurfio araen ar yr adweithydd ac yn atal unrhyw adweithio pellach.

Egwyddorion cemeg y bloc *p*

Bloc *p* yw'r rhan o'r tabl cyfnodol lle mae electronau allanol yr elfennau mewn orbitalau *p*. Bydd angen i chi alw i gof a deall cemeg grwpiau 3, 4, a 7 ac maen nhw'n rhannu rhai priodweddau allweddol:

- ffurfweddau electronol sydd â'u horbitalau *p* wedi'u llenwi'n rhannol;
- ymddygiad amffoterig ar gyfer rhai metelau bloc *p*;
- cyflyrau ocsidiad sy'n amrywio oherwydd ehangiad yr wythawd a'r effaith pâr anadweithiol.

Ffurfweddau electronol

Mae ffurfweddau electronol yn dangos sut mae'r electronau wedi'u trefnu mewn orbitalau *s*, *p* a *d*. Yn ffurfweddau electronol yr elfennau bloc *p*, mae'r electronau pellaf mewn orbitalau *p*. Mae gan elfen yng ngrŵp 3 gyfanswm o dri electron yn ei horbitalau *s* a *p*, mae gan elfen grŵp 4 bedwar electron yn yr orbitalau hyn, ac mae gan elfen grŵp 7 saith electron. Dyma eu trefniant:

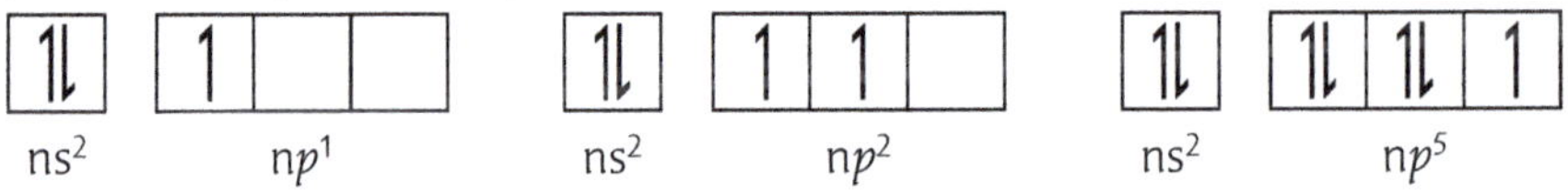

Ffurfwedd electronol ar gyfer grŵp 3　*Ffurfwedd electronol ar gyfer grŵp 4*　*Ffurfwedd electronol ar gyfer grŵp 7*

Ymddygiad amffoterig

Mae llawer o'r metelau bloc *p* yn **amffoterig**. Mae disgwyl i chi allu disgrifio adweithiau cemegol sy'n dangos hyn, gan gynnwys arsylwadau a hafaliadau.

Dwy enghraifft o fetelau amffoterig yw plwm ac alwminiwm. Os ychwanegwch chi sodiwm hydrocsid at hydoddiannau plwm(II) nitrad neu alwminiwm nitrad, byddwch chi'n gweld gwaddod gwyn a fydd yn hydoddi pan fydd rhagor o sodiwm hydrocsid yn cael ei ychwanegu, gan roi hydoddiant di-liw.

Adweithiau sodiwm hydrocsid ag Al^{3+}:

$$Al^{3+}(d) + 3\,OH^-(d) \longrightarrow Al(OH)_3(s)$$

$$Al(OH)_3(s) + OH^-(d) \longrightarrow [Al(OH)_4]^-(d)$$

Adweithiau sodiwm hydrocsid â Pb^{2+}:

$$Pb^{2+}(d) + 2\,OH^-(d) \longrightarrow Pb(OH)_2(s)$$

$$Pb(OH)_2(s) + 2\,OH^-(d) \longrightarrow [Pb(OH)_4]^{2-}(d)$$

Cyflyrau ocsidiad

Dylai'r cyflwr ocsidiad uchaf y gall elfennau bloc *p* ei gyrraedd fod yn hafal i rif eu grŵp, fel y gallai elfen grŵp 3 gyrraedd cyflwr ocsidiad +3 ac y gallai elfen grŵp 4 gyrraedd cyflwr ocsidiad +4. Mae dau ffactor yn effeithio ar allu'r elfennau i gyrraedd y gwerthoedd uchaf hyn, sef ehangu'r wythawd a'r effaith **pâr anadweithiol**.

Ehangiad yr wythawd

Er mwyn i elfennau yng ngrwpiau 5 a 6 ffurfio eu cyflyrau ocsidiad uchaf, byddai angen 5 neu 6 bond cofalent arnyn nhw, a fyddai'n rhoi 10 neu 12 electron yn eu plisgyn allanol. Er mwyn cael lle i'r holl electronau hyn mewn plisgyn, mae angen defnyddio orbitalau *s*, *p* a *d*. Nid yw hyn yn broblem ar gyfer y trydydd cyfnod a'r rhai sy'n dilyn, gan fod orbitalau *d* ar gael, ac rydyn ni'n dweud bod yr elfennau hyn yn gallu ffurfio rhagor o fondiau gan eu bod yn gallu ehangu eu hwythawd drwy ddefnyddio'r orbitalau *d*.

Does dim orbitalau *d* ar gael ar gyfer elfennau'r ail gyfnod (N ac O), ac felly rydyn ni'n dweud nad yw'r elfennau hyn yn gallu ehangu eu hwythawd, ac felly mai dim ond 8 electron sy'n gallu bod yn eu plisg allanol. Mae hyn yn cyfyngu nitrogen i dri bond cofalent ac ocsigen i ddau fond cofalent.

Yr effaith pâr anadweithiol

Mae gan yr holl elfennau bloc *p* bâr o electronau yn yr orbital *s* yn ogystal ag electronau yn eu horbitalau *p*, ac mae'r rhan fwyaf o'r elfennau'n defnyddio'r holl electronau hyn i ffurfio bondiau. Wrth fynd i lawr y grwpiau, mae gallu'r pâr o electronau ns^2 i ffurfio bondiau'n lleihau ac rydyn ni'n eu galw'n bâr anadweithiol.

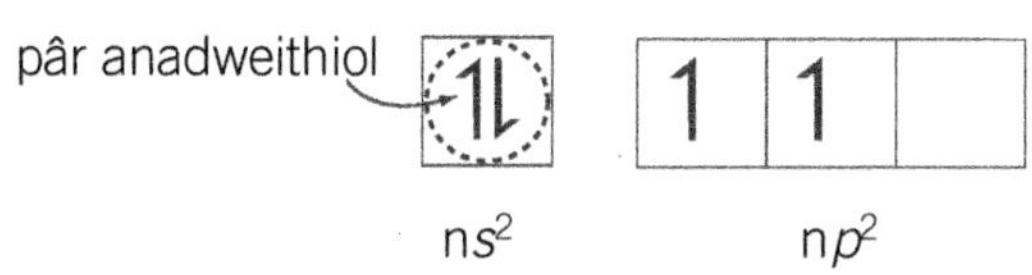

Oherwydd hyn, mae'r elfennau is yn y grŵp yn dangos cyflwr ocsidiad sydd 2 yn is na rhif y grŵp. Mae sefydlogrwydd y cyflwr ocsidiad isaf yn cynyddu wrth fynd i lawr y grŵp.

Term Allweddol

Pâr anadweithiol = pâr o electronau ns^2 nad ydyn nhw'n cymryd rhan mewn bondio.

Gwella gradd

Mae angen enghreifftiau arnoch chi i ddangos ehangiad yr wythawd. Er enghraifft NCl_3 yw'r unig glorid sydd gan nitrogen ond mae gan ffosfforws ddau glorid (PCl_3 a PCl_5) oherwydd y gall ddefnyddio orbitalau *d* i alluogi'r wythawd i ehangu.

Awgrym

Oherwydd yr effaith pâr anadweithiol, mae gan yr elfennau ar waelod grŵp 3 gyflwr ocsidiad sefydlog o +1.
Mae gan yr elfennau ar waelod grŵp 4 gyflwr ocsidiad sefydlog o +2.
Mae gan yr elfennau ar waelod grŵp 5 gyflwr ocsidiad o +3.

Termau Allweddol

Bond cyd-drefnol = pâr o electronau sy'n cael eu rhannu, y ddau'n dod o'r un atom.

Deumer = rhywogaeth sy'n cael ei chreu pan fydd dau foleciwl yn uno.

Electron ddiffygiol = rhywogaeth sydd â llai nag wyth electron yn ei phlisgyn allanol, fel nad yw'r plisgyn hwn yn llawn.

Pâr unig = pâr o electronau mewn plisgyn allanol nad ydyn nhw'n cymryd rhan mewn bondio.

Gwella gradd

Darllenwch gwestiynau'n ofalus – nodweddion gwahanol yw bondio ac adeiledd ac mae'n bosibl gofyn cwestiynau am y naill neu'r llall. Mae unrhyw drafodaeth o fondio yn y moleciwlau hyn yn cynnwys bondiau cofalent a bondiau cyd-drefnol a pham maen nhw'n ffurfio. Mae adeiledd yn cynnwys meysydd fel onglau a siapiau bondiau – mae'r monomer $AlCl_3$ yn blanar trigonol ond bydd yr adeiledd yn dod yn detrahedrol pan fydd y bond cyd-drefnol yn ffurfio.

Grŵp 3

Mae gan elfennau grŵp 3 dri electron yn eu plisgyn allanol ac maen nhw wedi'u trefnu fel ns^2np^1. Y ddau aelod cyntaf yn y grŵp yw boron ac alwminiwm, a dyma'r unig elfennau y mae angen i chi wybod am eu cemeg.

Diffyg electronau

Mae gan bob elfen yng ngrŵp 3 dri electron allanol ac mae hyn yn eu galluogi i ffurfio tri bond cofalent gan wneud cyfansoddion lle maen nhw'n electron-ddiffygiol. Mae BF_3, BCl_3 ac $AlCl_3$ yn enghreifftiau cyffredin o gyfansoddion grŵp 3 **electron ddiffygiol**. Mae llawer o gemeg cyfansoddion grŵp 3 yn seiliedig ar adweithiau â rhywogaethau sydd â **pharau unig** gan fod hyn yn cael gwared ar ddiffyg electronau drwy ffurfio **bond cyd-drefnol**.

Alwminiwm clorid

Mae'r atom alwminiwm mewn $AlCl_3$ yn electron ddiffygiol ac mae gan yr atomau clorin dri phâr unig yr un. Mae hyn yn gadael i fondiau cyd-drefnol ffurfio rhwng atom clorin mewn un $AlCl_3$ a'r atom alwminiwm mewn un arall, gyda dau fond cyd-drefnol rhwng monomerau $AlCl_3$ yn ffurfio **deumer**.

Gall alwminiwm clorid hefyd ffurfio bond cyd-drefnol gydag ïon clorid gan ffurfio'r ïon tetracloroalwminad, $AlCl_4^-$.

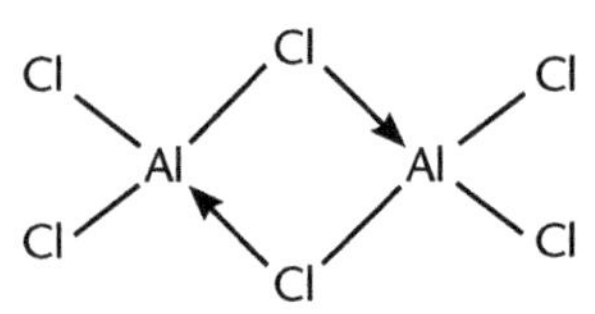

Adeiledd deumer alwminiwm clorid

Bondio mewn deumer alwminiwm clorid

Cyfansoddion cyfrannydd-derbynnydd

Mae'r atom boron mewn BF_3 yn electron ddiffygiol ac, fel $AlCl_3$, bydd yn ceisio adweithio â moleciwlau sydd â pharau unig, fel NH_3, er mwyn cael gwared ar y diffyg electronau. Yr enw ar y cyfansoddion hyn yw cyfansoddion cyfrannydd-derbynnydd oherwydd bod yr NH_3 yn cyfrannu pâr unig at y bond sy'n cael ei ffurfio ac mae'r BF_3 yn ei dderbyn. Mae'n bosibl ffurfio cyfansoddion tebyg o unrhyw gyfansoddyn electron ddiffygiol yng ngrŵp 3.

Adeiledd cyfansoddyn cyfrannydd-derbynnydd (Adeiledd $NH_3.BF_3$)

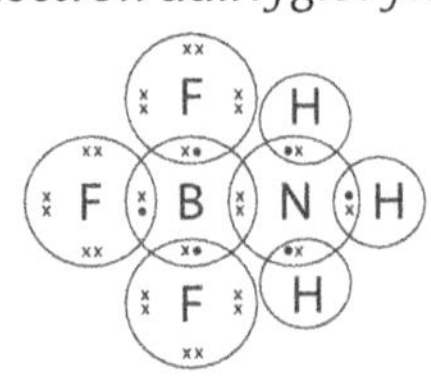

Bondio mewn cyfansoddyn cyfrannydd-derbynnydd (Bondio mewn $NH_3.BF_3$)

Boron nitrid

Mae boron nitrid, BN, yn **isoelectronol** â charbon, ac felly mae'n ffurfio adeileddau tebyg i alotropau carbon, sef graffit, diemwnt a nanotiwbiau.

Boron nitrid hecsagonol

Mae gan hwn adeiledd tebyg i graffit gyda haenau o hecsagonau wedi'u ffurfio gan fondiau cofalent rhwng atomau. Y prif wahaniaeth rhyngddyn nhw yw bod yr atomau yn yr hecsagonau mewn boron nitrid yn gorwedd uwchben ei gilydd heb electronau dadleoledig. Mewn graffit, nid yw'r atomau mewn haenau cyfagos yn gorwedd uwchben ei gilydd ac mae electronau dadleoledig i'w cael rhwng yr haenau.

Mae boron nitrid hecsagonol, a graffit hefyd, yn feddal gan fod y grymoedd rhwng yr haenau'n wan, ac felly mae'r haenau yn gallu llithro dros ei gilydd. Mae boron nitrid yn wahanol i graffit gan ei fod yn ynysydd ac mae graffit yn ddargludydd trydanol. Mae'n bosibl defnyddio'r ddau ddefnydd fel iraid, ond mae'r gwahaniaeth mewn dargludedd trydanol, a'r ffaith bod boron nitrid yn gymharol anadweithiol, yn ein galluogi i'w ddefnyddio lle na fyddai'n bosibl defnyddio graffit.

Boron nitrid ciwbig

Mae gan hwn adeiledd tebyg i ddiemwnt gydag atomau boron wedi'u trefnu'n detrahedrol o amgylch atomau nitrogen ac atomau nitrogen o amgylch yr atomau boron. Mae'n un o'r defnyddiau caletaf sy'n hysbys, mae ganddo dymheredd ymdoddi uchel, mae'n ddargludydd gwres da ac mae'n anadweithiol yn gemegol. Mae'r priodweddau hyn yn ei wneud yn ddelfrydol ar gyfer gosod cydrannau electronig pŵer uchel, fel araenau sy'n gwrthsefyll traul ac fel cynhaliad ar gyfer catalyddion.

Adeiledd boron nitrid

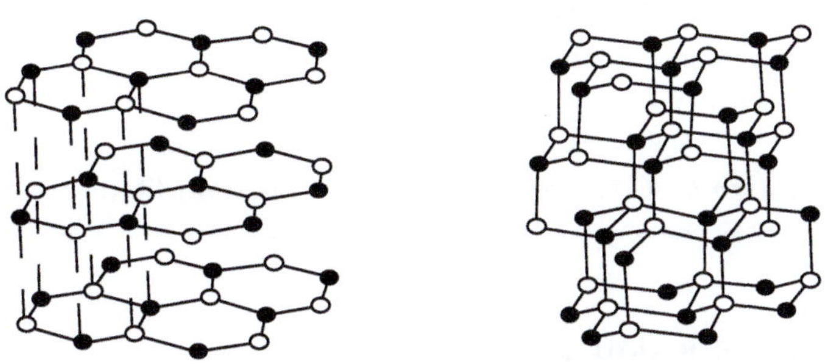

(a) Boron nitrid hecsagonol

Haenau lle mae atomau nitrogen a boron sydd wedi'u cyfuno mewn rhwydwaith hecsagonol yn cael eu gosod ar ben ei gilydd mewn adeiledd tebyg i graffit.

(b) Boron nitrid ciwbig

Mae atomau boron a nitrogen yn cyfuno mewn adeiledd tri dimensiwn yn lle atomau carbon mewn diemwnt.

Nanotiwbiau boron nitrid

Mae'n bosibl lapio haen o foron nitrid hecsagonol o amgylch nanotiwbiau carbon. Mae'r boron nitrid yn gweithredu fel haen ynysu o amgylch y nanotiwb carbon sy'n dargludo trydan, gan gadw'r cerrynt yn y nanotiwb.

Term Allweddol

Isoelectronol = yr un nifer o electronau yn y plisgyn allanol.

Gwella gradd

Gwnewch yn siŵr eich bod yn gallu dwyn i gof briodweddau graffit a boron nitrid ac y gallwch chi eu cysylltu â'u hadeileddau.

Gwella gradd

Mae plwm a thun yn dangos cyflyrau ocsidiad +2 a +4. Mewn tun +4 yw'r mwyaf sefydlog, ond mewn plwm +2 yw'r mwyaf sefydlog.

cwestiwn cyflym

⑧ Mae'n bosibl defnyddio carbon monocsid fel rhydwythydd ond nid felly PbO. Esboniwch y gwahaniaeth.

Grŵp 4

Yng ngrŵp 4, rydyn ni'n astudio'r gwahaniaethau rhwng yr elfennau, yn enwedig y rhai ar frig ac ar waelod y grŵp. Mae'r gwahaniaethau'n arwyddocaol, ac fel arfer maen nhw'n gysylltiedig â'r cynnydd mewn nodweddion metelig wrth fynd i lawr y grŵp neu â sefydlogrwydd cynyddol cyflwr ocsidiad +2.

Priodweddau metelig/anfetelig

Mae'r elfennau ar frig grŵp 4, sef carbon a silicon, yn anfetelau sydd ag adeileddau cofalent enfawr. Y ddwy elfen ar waelod y grŵp yw tun a phlwm ac mae'r rhain yn fetelau, ac felly mae ganddyn nhw fondio metelig gyda dellt o ïonau metel positif mewn môr o electronau dadleoledig.

Cyflyrau ocsidiad

Y cyflwr ocsidiad mwyaf yng ngrŵp 4 yw +4, ond mae'r effaith pâr anadweithiol yn cynyddu wrth fynd i lawr y grŵp, ac felly mae gan elfennau isaf y grŵp gyflwr ocsidiad +2 hefyd.

Mae carbon yn sefydlog mewn cyflwr ocsidiad +4 a'r unig gyfansoddyn lle mae'n bodoli fel +2 yw CO. Mae hyn yn golygu bod CO yn gweithredu fel rhydwythydd wrth iddo geisio cyrraedd y cyflwr ocsidiad sefydlog +4. Mae CO yn cael ei ddefnyddio wrth echdynnu metelau o'u hocsidau; echdyniad haearn yw'r enghraifft fwyaf cyffredin:

$$Fe_2O_3 + 3\,CO \longrightarrow 2\,Fe + 3\,CO_2$$

Mae tun hefyd yn sefydlog yn y cyflwr +4, ac felly mae cyfansoddion tun(II) yn rhydwythyddion, er enghraifft wrth rydwytho nitrobensen yn uned 4.

Mae gan blwm gyfansoddion gyda'r cyflyrau ocsidiad +4 a +2, fel PbO_2 a PbO. Cyflwr ocsidiad +2 yw'r mwyaf sefydlog, ac felly mae cyfansoddion plwm(IV) yn ocsidyddion. Er enghraifft:

$$PbO_2\,(s) + 4\,HCl\,(crynodedig) \longrightarrow PbCl_2\,(s) + Cl_2\,(n) + 2\,H_2O\,(h)$$

Ocsidau a chloridau grŵp 4

Ar frig grŵp 4, mae'r elfennau'n anfetelau, ac felly maen nhw'n defnyddio bondio cofalent. Yn achos CO_2, CCl_4 a $SiCl_4$ mae gan y cyfansoddion adeileddau moleciwlaidd syml; mae CO_2 yn nwy ac mae CCl_4 a $SiCl_4$ yn hylifau.

Mae plwm(II) ocsid a phlwm(II) clorid yn defnyddio bondio ïonig ac yn ffurfio adeileddau ïonig enfawr. Mae'r ddau gyfansoddyn hyn yn solidau.

Priodweddau asid–bas ocsidau

Mae carbon deuocsid yn **ocsid asidig**, ac felly mae'n adweithio'n rhwydd â basau.

$$2\ NaOH\ (d) + CO_2\ (n) \longrightarrow Na_2CO_3\ (d) + H_2O\ (h)$$

Fel y rhan fwyaf o ocsidau metelau bloc *p*, mae plwm(II) ocsid yn ocsid amffoterig, ac felly mae'n adweithio ag asidau a hefyd â basau gan ffurfio hydoddiannau di-liw.

Adwaith ag asid:

$$PbO\ (s) + 2\ HNO_3\ (d) \longrightarrow Pb(NO_3)_2\ (d) + H_2O\ (h)$$

Adwaith â bas:

$$PbO\ (s) + 2\ NaOH\ (d) + H_2O\ (h) \longrightarrow Na_2[Pb(OH)_4]\ (d)$$

Termau Allweddol

Ocsid asidig = ocsid sy'n adweithio â basau.

Ocsid basig = ocsid sy'n adweithio ag asidau.

Adweithiau cloridau â dŵr

Mae'r rhan fwyaf o gloridau cofalent yn adweithio â dŵr, ac felly pan ychwanegir $SiCl_4$ at ddŵr, mae'r ddau hylif yn adweithio'n gyflym iawn, gan ffurfio solid gwyn (SiO_2) a swigod sy'n rhyddhau mygdarthau niwlog o HCl:

$$SiCl_4 + 2\ H_2O \longrightarrow SiO_2 + 4\ HCl$$

Pan ychwanegir CCl_4 at ddŵr, nid yw'n adweithio ond mae'n ffurfio haen hylifol ddi-liw ar wahân. Y rheswm dros y gwahaniaeth hwn yw presenoldeb orbitalau *d* ym mhlisgyn allanol silicon; nid yw'r rhain yn bresennol mewn carbon. Mae'r orbitalau *d* hyn yn galluogi pâr unig ar atom ocsigen i fondio â'r atom silicon mewn $SiCl_4$ a dechrau'r adwaith. Oherwydd nad oes gan garbon orbitalau *d*, nid yw'n gallu adweithio.

Nid yw cloridau ïonig fel $PbCl_2$ yn adweithio â dŵr a gan fod $PbCl_2$ yn anhydawdd, bydd yn aros yn solid gwyn wrth gael ei roi mewn dŵr.

Gwella gradd

Mae dau ïon metel yn ffurfio gwaddod melyn gydag ïonau ïodid, sef arian a phlwm(II). Mae'r arsylw hwn yn cael ei ddefnyddio'n rheolaidd mewn cwestiynau i adnabod y metelau hyn.

Awgrym

Wrth drafod y ffaith nad oes adwaith rhwng dŵr a CCl_4, mae'n bwysig sylweddoli bod gan garbon orbitalau *d* yn y trydydd plisgyn, a'r rhai uwch sy'n wag, ond nad oes rhai yn ei blisgyn allanol (sef yr ail). Nid yw'r orbitalau *d* hyn ar gael gan fod eu hegni'n rhy uchel.

Adweithiau Pb^{2+}

Mae'r rhan fwyaf o gyfansoddion Pb^{2+} yn anhydawdd; plwm(II) nitrad a phlwm(II) ethanoad yw'r unig gyfansoddion hydawdd cyffredin. Fel arfer bydd ychwanegu hydoddiannau eraill at hydoddiant sy'n cynnwys ïonau Pb^{2+} (d) yn achosi i waddod ffurfio.

Ïonau a ychwanegir	Arsylw	Gwaddod
OH^- (d)	Gwaddod gwyn	Plwm(II) hydrocsid, $Pb(OH)_2$
Gormodedd o OH^- (d)	Mae'r gwaddod yn hydoddi gan ffurfio hydoddiant di-liw	Ïonau tetrahydrocsoplwmbad(II), $[Pb(OH)_4]^{2-}$ mewn hydoddiant
Cl^- (d)	Gwaddod gwyn	Plwm(II) clorid, $PbCl_2$
I^- (d)	Gwaddod melyn llachar	Plwm(II) ïodid , PbI_2

Mae'r adweithiau gwaddodi'n dilyn yr un hafaliad ïonig cyffredinol:

$$M^{2+}(d) + 2\ X^-\ (d) \longrightarrow MX_2\ (s)$$

Mae plwm yn fetel amffoterig, ac felly mae'r gwaddod gwyn yn hydoddi mewn gormodedd o hydoddiant sodiwm hydrocsid yn ôl yr hafaliad ïonig:

$$Pb(OH)_2 + 2\ OH^- \longrightarrow [Pb(OH)_4]^{2-}$$

cwestiwn cyflym

⑨ Esboniwch sut mae'n bosibl defnyddio hydoddiant sodiwm hydrocsid i wahaniaethu rhwng hydoddiannau magnesiwm nitrad a phlwm(II) nitrad.

Term Allweddol

Dadgyfraniad = adwaith lle mae rhai atomau o'r un elfen yn cael eu hocsidio ac atomau eraill yn cael eu rhydwytho, gan ffurfio cynhyrchion gwahanol.

» *Awgrym*

Wrth drafod ocsidiad a rhydwythiad, gwnewch yn siŵr eich bod yn glir a'ch bod yn nodi bod ïodid yn rhydwythydd ac ïodin yn ocsidydd.

Grŵp 7

Dylech chi fod yn gyfarwydd â llawer o gemeg grŵp 7 yn sgil eich gwaith blaenorol. Bydd hyn yn cynnwys ymddangosiad yr elfennau a'r profion ar gyfer ïonau clorid, bromid ac ïodid gan ddefnyddio arian nitrad.

Patrymau mewn adweithiau grŵp 7

Wrth astudio adweithiau'r grŵp hwn, y ffactor allweddol yn aml yw sefydlogrwydd cyflyrau ocsidiad gwahanol. Mae potensialau electrod safonol, E^{θ}, yn mesur gallu'r elfennau i ocsidio sylweddau eraill.

	E^{θ} / Folt
$Cl_2\,(d) + 2e^- \rightleftharpoons 2\,Cl^-(d)$	+1.36
$Br_2\,(d) + 2e^- \rightleftharpoons 2\,Br^-(d)$	+1.09
$I_2\,(d) + 2e^- \rightleftharpoons 2\,I^-(d)$	+0.54

Clorin yw'r ocsidydd cryfaf ac ïodin yw'r ocsidydd lleiaf cryf o'r tri. Mae hyn yn dangos bod cyflwr ocsidiad −1 ar gyfer clorin yn fwy sefydlog na chyflwr ocsidiad −1 ar gyfer bromin neu ïodin.

Adweithiau dadleoli

Yn ystod uned 1, rydych chi wedi astudio adweithiau dadleoli'r halogenau, lle mae halogen mwy adweithiol yn ocsidio ïonau un llai adweithiol. Er enghraifft, mae clorin yn dadleoli ïonau bromid:

$$Cl_2\,(n) + 2\,Br^-\,(d) \longrightarrow 2\,Cl^-\,(d) + Br_2\,(d)$$

Yn nhermau potensialau electrod safonol (E^{θ}), gallwn ni ddangos, oherwydd bod E^{θ} clorin yn fwy positif nag un bromin, mai clorin yw'r ocsidydd cryfaf ac y bydd yn ocsidio bromid yn fromin. Mae angen i chi allu esbonio pam mae ïodid yn cael ei ocsidio gan glorin neu gan fromin yn yr un modd.

Adwaith clorin â sodiwm hydrocsid

Mae clorin yn adweithio â sodiwm hydrocsid gwanedig mewn un o ddwy ffordd, gan ddibynnu ar y tymheredd sy'n cael ei ddefnyddio. Pan fydd hi'n oer, byddan nhw'n gwneud sodiwm clorid, NaCl, a sodiwm clorad(I), NaOCl. Adwaith **dadgyfrannu** yw hwn, gan fod cyflwr ocsidiad clorin yn −1 mewn NaCl a +1 mewn NaOCl:

$$Cl_2 + 2\,NaOH \longrightarrow NaCl + NaOCl + H_2O$$

Pan fyddan nhw'n cael eu gwresogi, mae adwaith gwahanol yn digwydd, sy'n cynhyrchu sodiwm clorid, NaCl, a sodiwm clorad(V), $NaClO_3$. Dadgyfraniad yw hwn hefyd, gan fod cyflwr ocsidiad clorin yn −1 mewn NaCl ac yn +5 mewn $NaClO_3$:

$$3\,Cl_2 + 6\,NaOH \longrightarrow 5\,NaCl + NaClO_3 + 3\,H_2O$$

Adwaith halidau sodiwm ag asid sylffwrig crynodedig

Pan fydd asid sylffwrig crynodedig yn cael ei ychwanegu at unrhyw halid sodiwm, NaX, bydd yr un adwaith cemegol yn digwydd ar y dechrau ar gyfer NaCl, NaBr neu NaI. Mae'r adwaith hwn yn cynhyrchu mygdarthau niwlog o nwy HX:

$$NaX + H_2SO_4 \longrightarrow NaHSO_4 + HX$$

Gyda NaCl, dyma'r unig adwaith sy'n digwydd ond mae HBr a HI yn adweithio ymhellach oherwydd bod gan fromid ac ïodid werthoedd E^{θ} llai, ac felly mae'n haws ocsidio'r halidau hyn.

Gall yr asid sylffwrig ocsidio HBr, gan ffurfio mygdarth oren o Br_2. Yn ystod y broses, mae'r sylffwr mewn $NaHSO_4$ yn cael ei rydwytho o +6 ac yn ffurfio SO_2, lle mae ei gyflwr ocsidiad yn +4. Mae'r bromid yn rhydwythydd digon cryf i rydwytho sylffwr o +6 i +4.

Gall yr asid sylffwrig ocsidio HI, gan ffurfio I_2, ar ffurf solid du neu fygdarth porffor. Yn ystod y broses mae'r sylffwr mewn $NaHSO_4$ yn cael ei rydwytho o +6 ac yn ffurfio SO_2, cyflwr ocsidiad +4, *S* ar ffurf solid melyn, (cyflwr ocsidiad 0) ac H_2S, sef nwy ag arogl wyau drwg (cyflwr ocsidiad −2). Mae'r ïodid yn rhydwythydd llawer cryfach a gall rydwytho sylffwr o +6 i −2.

Defnyddio clorin a chlorad (I)

- Mae clorin a hefyd ïonau clorad (I) yn ocsidyddion. Maen nhw'n fwy sefydlog ar ffurf ïonau clorid ac mae eu rhydwythiad o gyflyrau ocsidiad 0 (clorin) neu +1 (clorad) i -1 mewn clorid yn ffafriol iawn. Mae llawer o'r ffyrdd y mae clorin a chlorad (I) yn cael eu defnyddio'n seiliedig ar y rhydwythiad hwn.

$$Cl_2 + 2e \longrightarrow 2\,Cl^-$$

$$ClO^- + 2\,H^+ + 2e \longrightarrow Cl^- + H_2O$$

- Mae clorin yn cael ei ddefnyddio i ddiheintio cyflenwadau dŵr. Mae'n lladd bacteria drwy ocsidio llawer o'r moleciwlau biolegol hanfodol ynddyn nhw. Pan fydd DNA y bacteria yn cael ei ocsidio, ni all reoli'r gell bellach ac mae'r bacteriwm yn marw.
- Mae sodiwm clorad(I), NaOCl, yn cynnwys ïonau ClO^-, sy'n lladd bacteria ac yn gweithredu fel cannydd. Mae hyn oherwydd eu bod yn ocsidyddion cryf ac mae ocsidio llifynnau yn ffurfio cyfansoddion di-liw. Pan fydd moleciwlau biolegol yn cael eu hocsidio gan glorad (I), mae'n cael yr un effaith ar ficrobau â phan fyddan nhw'n cael eu hocsidio gan glorin, ac felly mae clorad (I) yn cael ei ddefnyddio fel bacterioleiddiad.

Awgrym

Bydd angen i chi gofio'r cynhyrchion a'r arsylwadau ar gyfer adweithiau asid sylffwrig crynodedig â NaCl, NaBr a NaI ac mae angen i chi allu cysylltu pob arsylw â chyfansoddyn penodol.

Gwella gradd

Os gofynnir i chi enwi defnydd ar gyfer clorin, mae'n rhaid i chi nodi sut mae'r elfen yn cael ei defnyddio.
Os gofynnir i chi enwi defnydd ar gyfer un o gyfansoddion clorin, ddylech chi ddim sôn am glorin ei hun.

Cwestiwn cyflym

(10) Rhestrwch y cynhyrchion sy'n cynnwys sylffwr ar gyfer adwaith NaI ag asid sylffwrig crynodedig, gan roi'r arsylw perthnasol lle mae hynny'n bosibl.

3.4 Cemeg yr elfennau trosiannol bloc *d*

Metelau trosiannol bloc d

Mae elfennau bloc *d* yn cael eu dosbarthu'n **elfennau trosiannol** os yw eu horbitalau *d* wedi'u llenwi'n rhannol yn eu hatomau neu eu hïonau. Mae ganddyn nhw i gyd rai priodweddau allweddol y mae angen eu galw i gof a'u hesbonio:

- Mae ganddyn nhw sawl cyflwr ocsidiad gwahanol.
- Maen nhw'n ffurfio cymhlygion drwy fondio cyd-drefnol; mae gan y rhain liw, fel arfer.
- Gall y metelau eu hunain a hefyd eu cyfansoddion weithredu fel catalyddion.

Term Allweddol

Elfennau trosiannol = elfennau ag orbitalau *d* sydd wedi'u llenwi'n rhannol yn eu hatomau neu yn eu hïonau.

Awgrym

Mae elfennau trosiannol yn rhedeg o ditaniwm at gopr. Mae copr yn elfen drosiannol oherwydd bod gan yr ïon Cu^{2+} orbital *d* sydd wedi'i lenwi'n rhannol, ond nid felly sinc oherwydd bod gan yr atom a'i ïonau orbitalau *d* llawn.

Gwella gradd

Os bydd angen i chi ysgrifennu trefniant electronau mewn atomau cromiwm neu gopr, cofiwch eu bod yn eithriadau gan mai un electron yn unig sydd yn eu horbitalau 4*s*, sy'n rhoi set hanner llawn o orbitalau *d* i gromiwm a set lawn i gopr.

Ffurfweddau electronol

Mae ffurfweddau electronol yn dangos sut mae'r electronau wedi'u trefnu mewn orbitalau *s*, *p* a *d*. Mae'r plisg mewnol yn llawn ac yn cynnwys 18 electron, a drefnir fel $1s^2\ 2s^22p^6\ 3s^23p^6$. Mae'r electronau allanol yn yr orbitalau 3*d* a 4*s* – cofiwch fod orbital 4*s* yn cael ei lenwi cyn orbitalau 3*d*.

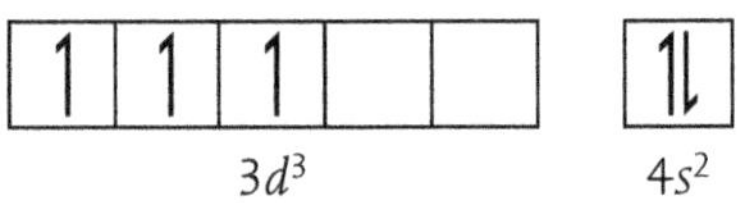

Ffurfwedd electronol fanadiwm

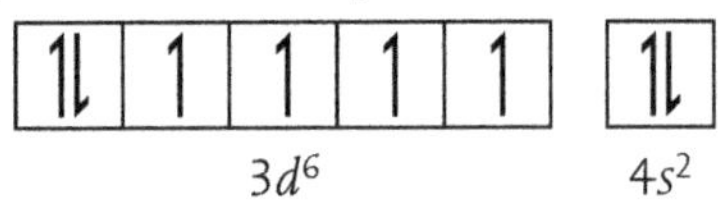

Ffurfwedd electronol haearn

Awgrym

Mae angen i chi alw i gof liwiau llawer o ïonau ac ocsoïonau metelau trosiannol rydych wedi'u gweld yn ystod y cwrs. Mae'r rhain yn cynnwys Cr^{3+} (gwyrdd tywyll), CrO_4^{2-} (melyn), $Cr_2O_7^{2-}$ (oren), MnO_4^- (porffor), Co^{2+} (pinc), Fe^{2+} (gwyrdd golau), Fe^{3+} (coch-brown), Cu^{2+} (glas golau).

Ïonau metelau trosiannol

Wrth ysgrifennu'r ffurfwedd electronol ar gyfer ïonau metelau trosiannol, cofiwch fod yr atomau'n colli electronau 4*s* cyn electronau 3*d*. Mae hyn yn golygu bod yr orbital 4*s* yn wag ym mhob un o ïonau metelau trosiannol.

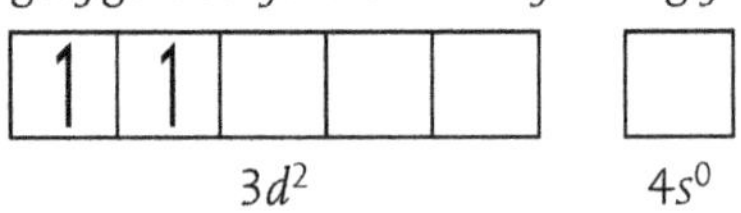

Ffurfwedd electronol V^{3+}

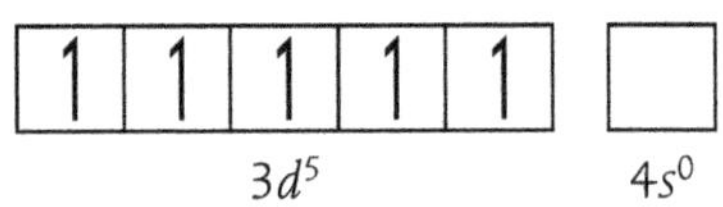

Ffurfwedd electronol Fe^{3+}

cwestiwn cyflym

⑪ Gweithiwch allan ffurfweddau electronol yr atomau Ti a Co a'r ïonau Cr^{3+} a Ni^{2+}.

Cyflyrau ocsidiad

Mae egnïon ïoneiddiad yn debyg ar gyfer yr holl electronau mewn orbitalau *d*, sy'n golygu bod gan bob metel trosiannol wahanol gyflyrau ocsidiad. Mae angen i chi gofio cyflyrau ocsidiad cyffredin rhai o'r metelau cyffredin:

- Cromiwm: +3 a +6
- Manganîs: +2, +4 a +7
- Haearn: +2 a +3
- Cobalt: +2 a +3
- Copr: +1 a +2

Cymhlygion metelau trosiannol

Mae **cymhlygion** yn cynnwys ïon metel trosiannol sydd wedi'i fondio ag atomau neu foleciwlau sy'n ei amgylchynu. Mae orbitalau gwag ar yr ïon metel ac mae gan y ligandau barau unig, ac felly gallan nhw ffurfio bondiau cyd-drefnol â'i gilydd. Fel arfer, mae chwe **ligand** mewn cymhlygyn, sydd â siâp octahedrol, ond mae rhai yn cynnwys pedwar ligand ac mae ganddyn nhw siâp tetrahedrol. Mae ligandau nodweddiadol yn cynnwys dŵr (H_2O), amonia (NH_3) a chlorid (Cl^-).

Termau Allweddol

Cymhlygyn = ligandau wedi'u cysylltu â metel trosiannol gan fondiau cyd-drefnol.

Ligand yw moleciwl bach sydd â phâr unig sy'n gallu ffurfio bond ag ïon metel trosiannol.

Ligand deuddanheddog (nid yw yn y testun ond mae'n bwysig) = ligand sydd â dau atom sy'n gallu bondio ag ïon metel.

Ligand undanheddog (nid yw yn y testun ond mae'n bwysig) = ligand sydd ag un atom sy'n gallu bondio ag ïon metel.

Enghreifftiau o gymhlygion

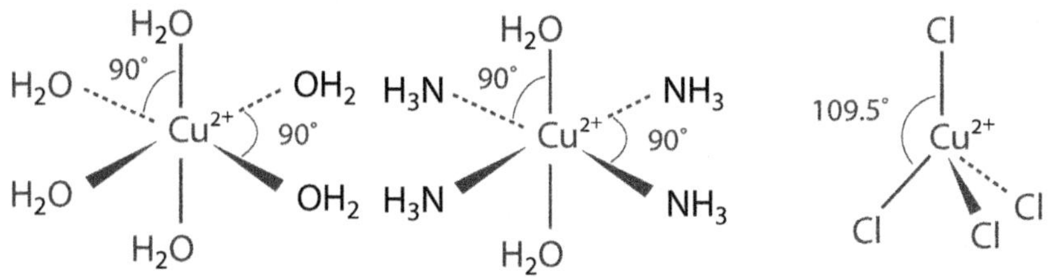

A = $[Cu(H_2O)_6]^{2+}$	*B* = $[Cu(NH_3)_4(H_2O)_2]^{2+}$	*C* = $[CuCl_4]^{2-}$
Cymhlygyn octahedrol	Cymhlygyn octahedrol	Cymhlygyn tetrahedrol
Glas golau	Glas brenhinol	Melyn-gwyrdd

Os byddwch chi'n hydoddi cyfansoddyn metel trosiannol mewn dŵr, bydd y moleciwlau dŵr yn gweithredu fel ligandau, ac fel arfer byddan nhw'n ffurfio cymhlygion octahedrol fel cymhlygyn A. I newid cymhlygyn A yn un o'r lleill, mae angen i chi ychwanegu hydoddiant sy'n cynnwys ligand newydd. Mae ychwanegu hydoddiant amonia yn ffurfio cymhlygyn B ac mae ychwanegu asid hydroclorig crynodedig yn ffurfio cymhlygyn C. Mae cobalt yn cyfnewid ligandau mewn ffordd debyg gydag asid hydroclorig. Mae'r cymhlygyn pinc $[Co(H_2O)_6]^{2+}$ yn ffurfio'r cymhlygyn tetrahedrol glas $[CoCl_4]^{2-}$.

Gwella gradd

Pan fyddwch chi'n lluniadu'r cymhlygion, cofiwch ddefnyddio llinellau lletem a llinellau toredig i ddangos yr adeiledd tri dimensiwn, gyda'r bondiau yn mynd at yr atom sydd â'r pâr unig.

Awgrym

Does dim lliw gan bob cymhlygyn. Os oes gan ïon metel trosiannol orbitalau *d* llawn (e.e. Cu^+) neu orbitalau *d* gwag (e.e. Sc^{3+}, Ti^{4+}), ni all electronau symud o'r lefel egni isaf at yr un uchaf.

Lliw cymhlygion

Dim ond wrth ffurfio cymhlygion y mae gan ïonau metelau trosiannol liw. Mewn ïon metel trosiannol, mae gan yr holl orbitalau *d* yr un lefel egni, ond pan fydd yr ïon yn ffurfio cymhlygyn, mae hyn yn achosi i'r orbitalau *d* hollti gan ffurfio dwy set – 3 orbital ag egni is a 2 orbital ag egni uwch.

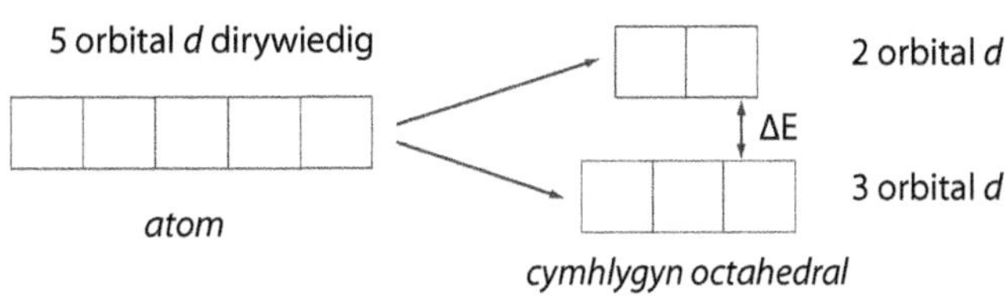

Er mwyn i electronau symud o'r lefel egni isaf i'r lefel egni uchaf, mae'n rhaid iddyn nhw amsugno'r maint cywir o egni, ΔE. Mae'r egni hwn yn cyfateb i amledd golau penodol, oherwydd $\Delta E = hf$. Mae'r lliw a welwn ni'n cynnwys amleddau golau nad ydyn nhw'n cael eu hamsugno. Mae gwahanol ligandau'n achosi i'r orbitalau *d* ymhollti mewn ffyrdd gwahanol, ac felly mae amleddau gwahanol yn cael eu hamsugno ac mae hyn yn rhoi lliwiau gwahanol.

Gwella gradd

Wrth ddisgrifio'r arsylwadau pan ychwanegir sodiwm hydrocsid at hydoddiant, rhowch liw'r hydoddiant gwreiddiol a lliw'r gwaddod. Os yw'r gwaddod yn hydoddi gyda gormodedd o sodiwm hydrocsid, rhowch liw'r hydoddiant sy'n cael ei ffurfio.

cwestiwn cyflym

⑫ Ysgrifennwch hafaliadau ïonig ar gyfer adweithiau Cu^{2+} a Fe^{3+} â hydoddiant sodiwm hydrocsid.

Awgrym

Mae copr(II) hydrocsid hefyd yn cael ei ffurfio pan ychwanegir hydoddiant amonia dyfrllyd at gyfansoddion copr(II) mewn hydoddiant. Yna, mae'n adweithio ymhellach gan ffurfio hydoddiant o'r cymhlygyn glas brenhinol $[Cu(NH_3)_4(H_2O)_2]^{2+}$.

Awgrym

Gwnewch yn siŵr y gallwch chi alw i gof y catalyddion metelau trosiannol sy'n cael eu rhestru.

Adweithiau â sodiwm hydrocsid

Mae llawer o gyfansoddion metelau trosiannol yn ffurfio hydoddiannau lliw. Os ychwanegwch chi hydoddiant sodiwm hydrocsid at yr hydoddiannau hyn, byddwch chi'n gweld gwaddod lliw. Os ychwanegwch chi fwy fyth o sodiwm hydrocsid, nes ei fod mewn gormodedd, gall rhai gwaddodion hydoddi eto gan ffurfio hydoddiant lliw.

	Lliw'r hydoddiant	Arsylw gyda NaOH (d)	Arsylw gyda gormodedd o NaOH (d)
Cromiwm(III), Cr^{3+}	gwyrdd	gwaddod llwyd-gwyrdd	hydoddiant gwyrdd
Haearn(II), Fe^{2+}	gwyrdd golau	gwaddod gwyrdd tywyll	dim newid
Haearn(III), Fe^{3+}	melyn	gwaddod coch-brown	dim newid
Copr(II), Cu^{2+}	glas	gwaddod glas golau	dim newid

Mae'r adweithiau gwaddod hyn yn dilyn y naill neu'r llall o ddau hafaliad ïonig cyffredinol:

$$M^{2+}(d) + 2\,OH^-(d) \longrightarrow M(OH)_2\,(s)$$

$$M^{3+}(d) + 3\,OH^-(d) \longrightarrow M(OH)_3\,(s)$$

Mae adwaith gormodedd o sodiwm hydrocsid â $Cr(OH)_3$ yn dilyn yr hafaliad:

$$Cr(OH)_3 + 3\,OH^- \longrightarrow [Cr(OH)_6]^{3-}$$

Defnyddio metelau trosiannol

Catalyddion

Mae atomau ac ïonau metelau trosiannol yn gallu gweithredu fel catalyddion ar gyfer amrediad o adweithiau. Mae'n bosibl dosbarthu catalyddion yn rhai heterogenaidd neu'n rhai homogenaidd:

Catalyddion heterogenaidd yw'r rhai sydd mewn cyflwr ffisegol gwahanol i'r adweithyddion. Mae'r rhain yn cynnwys catalyddion solet ar gyfer adweithiau yn y cyflwr nwyol neu mewn hydoddiant. Caiff yr adweithyddion eu harsugno ar arwyneb y catalydd solet, sy'n eu dwyn ynghyd.

Mae **catalyddion homogenaidd** yn yr un cyflwr ffisegol â'r adweithyddion. Mae ganddyn nhw orbitalau *d* sydd wedi'u llenwi'n rhannol a chyflyrau ocsidiad amrywiol. Mae hyn yn eu galluogi i fondio â moleciwlau adweithyddion ac yna ocsidio neu rydwytho'r rhain gan eu gwneud yn llawer mwy adweithiol.

Dyma enghreifftiau o gatalyddion metel trosiannol:

- Haearn – proses Haber ar gyfer cynhyrchu amonia.
- Nicel – hydrogeniad catalytig alcenau.
- Fanadiwm(V) ocsid – y broses gyffwrdd ar gyfer cynhyrchu asid sylffwrig.
- Manganîs (IV) ocsid – dadelfeniad catalytig hydrogen perocsid.

3.5 Cineteg gemegol

Mesur a defnyddio cyfraddau adwaith

Mewn cineteg gemegol, rydyn ni'n astudio cyfraddau adweithiau cemegol a sut maen nhw'n newid. Wrth fesur cyfradd adwaith, rydyn ni'n mesur un ffactor wrth iddo newid dros gyfnod o amser. Dyma'r dulliau cyffredin o fesur cyfraddau:

- Lliwfesuriaeth – mae'n cael ei ddefnyddio pan fydd sylwedd lliw yn cael ei greu neu ei ddileu yn ystod adwaith cemegol.
- Mesur cyfaint nwy (ar wasgedd cyson) â chwistrell nwy – mae'n cael ei ddefnyddio pan fydd nwy yn cael ei gynhyrchu mewn adwaith cemegol.
- Mesur màs – mae'n cael ei ddefnyddio pan fydd nwy yn cael ei ryddhau mewn adwaith cemegol.
- Mesur gwasgedd nwy (ar gyfaint cyson) – mae'n cael ei ddefnyddio ar gyfer adwaith lle mae'r adweithyddion a'r cynhyrchion yn nwyon a nifer y moleciwlau nwy yn newid.
- Samplu a throchoeri – mae hyn yn cael ei ddefnyddio pan na fydd y dulliau uchod yn addas. Caiff samplau bach o gymysgedd adwaith eu tynnu ar amserau rheolaidd. I atal yr adwaith rhag parhau, mae'n cael ei drochoeri, yn aml drwy ei roi mewn dŵr â rhew ynddo er mwyn lleihau'r tymheredd a lleihau crynodiadau'r adweithyddion. Wedyn mae'n bosibl dadansoddi pob sampl gan ddefnyddio technegau fel titradiad.

Cyfrifo cyfraddau

Gallwch chi gyfrifo cyfraddau o werthoedd rhifiadol neu o graffiau. Os ydych chi'n cael gwerthoedd, yna mae angen i chi rannu'r newid ym maint neu grynodiad y sylwedd gyda'r amser y mae'n ei gymryd.

Amser (s)	Crynodiad yr adweithydd (môl dm^{-3})
0	1.50
60	1.20

$$Cyfradd = \frac{newid}{amser} = \frac{(1.20 - 1.50)}{60} = -5.0 \times 10^{-3} \text{ môl dm}^{-3} \text{ s}^{-1}$$

Os yw'r rhain yn cael eu lluniadu ar ffurf graff, mae angen i chi lunio tangiad i'r gromlin a chyfrifo ei raddiant mewn modd tebyg i'r dull isod.

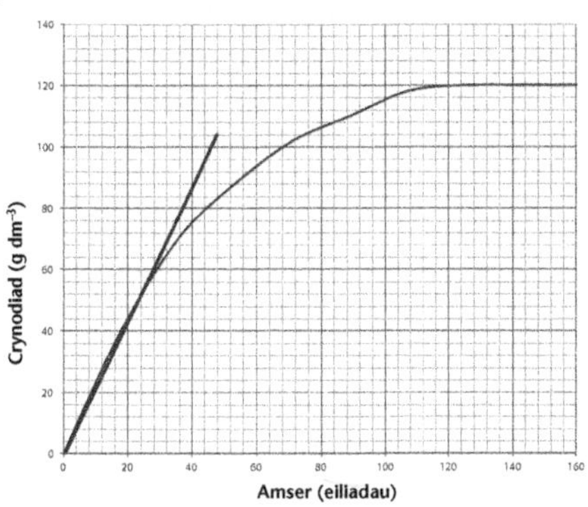

$$Cyfradd = \frac{newid}{amser} = \frac{44}{20} = 2.2 \text{g dm}^{-3} \text{ s}^{-1}$$

Gwella gradd

Os ydych chi'n disgrifio dull o fesur cyfraddau, mae'n rhaid i chi sôn am amser er mwyn sicrhau eich bod yn cael y marciau.

Awgrym

Mae'n bosibl y caiff y technegau ymarferol hyn eu hasesu yn uned 3 neu yn uned 5.

Awgrym

Mae unedau cyfradd yn dibynnu ar unedau'r mesuriadau rydych chi'n eu cael. Mae amser yn cael ei roi mewn eiliadau fel arfer, ond os yw'n cael ei roi mewn munudau, yna unedau'r gyfradd fyddai, er enghraifft môl dm^{-3} $munud^{-1}$.

cwestiwn cyflym

⑬ Rhowch ddau ddull o fesur cyfradd yr adwaith canlynol ar 150 °C:

C_2H_4 (n) + Br_2(n) → $C_2H_4Br_2$ (n)

cwestiwn cyflym

⑭ Mewn adwaith rhwng sodiwm hydrocsid a bromobwtan, caiff bwtanol ei gynhyrchu. Os yw'r adwaith yn cynhyrchu 0.046 môl o fwtanol yn y 10 eiliad cyntaf, cyfrifwch y gyfradd gychwynnol, gan roi ei hunedau.

Termau Allweddol

Ar gyfer yr hafaliad cyfradd:
Cyfradd = k $[A]^m[B]^n$

Cysonyn cyfradd = k, a ysgrifennir bob amser fel k fach.

Gradd yr adwaith mewn perthynas ag A = m

Gradd gyffredinol yr adwaith = m + n

Gwella gradd

Cofiwch y bydd y papur arholiad yn cynnwys cwestiynau sy'n ymwneud â gwaith o bapurau Safon Uwch eraill. Yn y testun hwn, gallech chi gael cwestiwn yn gofyn i chi restru'r ffactorau sy'n effeithio ar gyfradd a'u hesbonio yn nhermau amlder gwrthdrawiadau llwyddiannus (damcaniaeth gwrthdrawiadau).

Awgrym

Mae'n bosibl rhoi graddau adwaith fel rhifau fel 0, 1 a 2 a'u disgrifio fel rhai gradd sero, gradd un neu radd dau.

cwestiwn cyflym

⑮ Rhowch radd yr adweithiau canlynol ac unedau'r cysonyn cyfradd ym mhob achos:

(a) Cyfradd = $k\,[HI]\,[Cl_2]$

(b) Cyfradd = $k\,[O_3]$

Graddau adwaith

Bydd cyfradd adwaith cemegol yn dibynnu ar grynodiadau'r adweithyddion, ond nid yw'n berthynas cyfrannedd syml bob amser. Pan fydd crynodiad un adweithydd (a nodir fel [A]) yn dyblu, mae gwyddonwyr wedi gweld y gall cyfradd yr adwaith fod:

Yr un fath	Nid yw'r gyfradd yn ddibynnol ar y crynodiad	cyfradd α $[A]^0$
x 2	Mae'r gyfradd mewn cyfrannedd â'r crynodiad	cyfradd α $[A]^1$
x 4	Mae'r gyfradd mewn cyfrannedd â'r crynodiad wedi'i sgwario	cyfradd α $[A]^2$

Mae'n rhaid cael data ar gyfraddau i weithio allan y radd; allwch chi ddim ei wneud drwy ddefnyddio'r hafaliad cemegol yn unig. Os edrychwch ar y tabl o ddata isod, gallwch chi weithio allan y radd mewn perthynas â Br_2 a'r radd mewn perthynas ag alcen.

	$[Br_2]$ / môl dm^{-3}	[alcen] / môl dm^{-3}	Cyfradd / môl dm^{-3} s^{-1}
1	1.0×10^{-3}	6.0×10^{-3}	0.5×10^{-3}
2	2.0×10^{-3}	6.0×10^{-3}	2.0×10^{-3}
3	6.0×10^{-3}	1.0×10^{-3}	3.0×10^{-3}
4	6.0×10^{-3}	2.0×10^{-3}	6.0×10^{-3}

Mae angen i ni gael dwy set o ddata lle nad oes ond un o'r crynodiadau'n newid. Yn yr achos hwn, gallwn ni ddefnyddio llinellau 1 a 2 lle mae crynodiad Br_2 yn newid ond crynodiad yr alcen yn aros yr un fath. Wrth i grynodiad Br_2 ddyblu, mae'r gyfradd yn cynyddu o ffactor o 4, sy'n golygu bod yr adwaith yn radd dau mewn perthynas â Br_2.

O edrych ar linellau 3 a 4, fe welwch fod crynodiad yr alcen yn newid ond bod crynodiad Br_2 yn aros yr un fath. Wrth i grynodiad yr alcen ddyblu, mae'r gyfradd yn cynyddu o ffactor o 2, sy'n golygu bod yr adwaith yn radd un mewn perthynas â'r alcen.

Hafaliad cyfradd

Gyda'r wybodaeth hon, gallwch chi lunio hafaliad cyfradd cyflawn. Ar gyfer yr adwaith uchod: cyfradd = $k\,[Br_2]^2[\text{alcen}]^1$; yr enw ar k yw'r cysonyn cyfradd.

Gradd yr adwaith mewn perthynas â Br_2 yw 2 a gradd yr adwaith mewn perthynas â'r alcen yw 1. Gradd gyffredinol yr adwaith yw 3.

Cysonion cyfradd

Cysonyn yn yr hafaliad cyfradd yw hwn. Mae'n gyson ar gyfer adwaith penodol ar dymheredd penodol. Nid yw newid crynodiad yr adweithyddion yn ei newid, ond mae'n newid os byddwn ni'n newid y tymheredd neu'n ychwanegu catalydd.

Fel arfer rydyn ni'n nodi cyfradd adwaith mewn hydoddiant fel môl dm^{-3} s^{-1}, sef y newid yn y crynodiad (môl dm^{-3}) bob eiliad.

Gradd	Hafaliad cyfradd	Unedau k
Sero	Cyfradd = k	môl dm^{-3} s^{-1}
Un	Cyfradd = k [A]	s^{-1}
Dau	Cyfradd = k $[A]^2$	$môl^{-1}$ dm^3 s^{-1}

Cyfraddau a mecanweithiau

Mecanwaith adwaith yw'r gyfres o gamau sy'n digwydd yn ystod adwaith cemegol. Mae'r hafaliad cyfradd yn rhoi gwybodaeth bwysig am un o'r camau hyn, sef y cam arafaf yr ydyn ni'n ei alw'n **gam penderfynu cyfradd**. Mae'r sylweddau yn yr hafaliad cyfradd yn cyfateb i'r adweithyddion yn y cam penderfynu cyfradd ac mae eu graddau'n cyfateb i'r rhifau cydbwyso yn yr hafaliad.

Enghreifftiau

Cyfradd = $k[N_2O_4]$, ac felly mae'n rhaid i hafaliad y cam penderfynu cyfradd ddechrau $N_2O_4 \longrightarrow$

Cyfradd = $k[NO^2]$, ac felly mae'n rhaid i hafaliad y cam penderfynu cyfradd ddechrau 2 $NO \longrightarrow$

Cyfradd = $k[H_2][I_2]$, ac felly mae'n rhaid i hafaliad y cam penderfynu cyfradd ddechrau $H_2 + I_2 \longrightarrow$

Os mai'r cam penderfynu cyfradd yw $O_3 + Cl^- \longrightarrow O_2 + OCl^-$ yna Cyfradd = $k[O_3][Cl^-]$

Term Allweddol

Y **cam penderfynu cyfradd** yw'r cam arafaf mewn mecanwaith adwaith.

cwestiwn cyflym

⑯ a) Ysgrifennwch hafaliad cyfradd ar gyfer adwaith sydd â'r cam penderfynu cyfradd canlynol:

$N_2O_5 + H_2O \longrightarrow 2HNO_3$

b) Awgrymwch gam penderfynu cyfradd ar gyfer hydrolysis alcalïaidd bromobwtan, sydd â'r hafaliad cyfradd canlynol:

Cyfradd = $k[C_4H_9Br][OH^-]$

Effaith tymheredd ar gyfraddau

Mae codi tymheredd adwaith yn achosi i'r gyfradd adwaith gynyddu. Mewn termau ansoddol, mae hyn oherwydd bod gan y gronynnau fwy o egni, ac felly mae gan fwy o'r gwrthdrawiadau ddigon o egni i achosi adwaith ('egni actifadu').

Yn nhermau'r hafaliad cyfradd, mae cyfradd yr adwaith yn cynyddu wrth i werth y cysonyn cyfradd, k, gynyddu. Gallwn ni fesur effaith tymheredd ar y cysonyn cyfradd drwy ddefnyddio hafaliad Arrhenius.

$$k = Ae^{(-E_a/RT)}$$

k = Cysonyn cyfradd

A = Ffactor amlder. Mae ei unedau yr un fath ag unedau'r cysonyn cyfradd.

e = Cysonyn mathemategol, sydd ar bob cyfrifiannell gwyddonol.

E_a = Egni actifadu, mewn J môl^{-1}. Mae'n cael ei roi'n aml mewn kJ mol^{-1} y mae angen ei luosi â 1000.

R = Cysonyn nwy, sydd i'w weld ar y ddalen ddata yn yr unedau J K^{-1} mol^{-1}. (8.31 J K^{-1} mol^{-1})

T = Tymheredd mewn kelvin (K)

Mae gwerth A yn rhoi amlder y gwrthdrawiadau ac mae'r mynegiad $e^{(-E_a/RT)}$ yn rhoi amcan i ni pa ffracsiwn o'r rhain sy'n llwyddiannus. Gan fod y mynegiad yn cynnwys dau gysonyn (e, R) mae'n rhaid i dri o'r pedwar ffactor sy'n weddill (k, A, E_a a T), fod yn hysbys er mwyn i ni gyfrifo gwerth ar gyfer y ffactor olaf. Mae'n bosibl y bydd angen i chi gyfrifo unrhyw un o'r newidynnau hyn.

ychwanegol

2 Ad-drefnwch hafaliad Arrhenius i roi mynegiadau ar gyfer A =, E_a = a T =.

Gwella gradd

Os nad ydych chi'n hyderus wrth ad-drefnu hafaliad Arrhenius, bydd angen i chi alw i gof fynegiadau ar gyfer yr hafaliad wedi'i ad-drefnu.

cwestiwn cyflym

⑰ Cysonyn cyfradd adwaith yw 1.76×10^3 s^{-1} ar 298 K, a'i egni actifadu yw 66 kJ môl^{-1}. Cyfrifwch y ffactor amlder, A, a thrwy hyn cyfrifwch y cysonyn cyfradd ar 308 K.

Awgrym

Mae hafaliad Arrhenius hefyd yn esbonio effeithiau catalyddion. Mae'r rhain yn lleihau'r egni actifadu, ac felly maen nhw'n cynyddu ffracsiwn y gwrthdrawiadau sy'n llwyddiannus.

3.6 Newidiadau enthalpi ar gyfer solidau a hydoddiannau

Newidiadau enthalpi

Mae gan lawer o newidiadau enthalpi enwau arbennig ac mae angen i chi fod yn gyfarwydd â'r rhain, er na fydd angen i chi roi diffiniadau ffurfiol.

Newid enthalpi atomeiddiad: y newid enthalpi i ffurfio un môl o atomau yn y cyflwr nwy. Er enghraifft:

Na (s) ⟶ Na (g) neu ½ Cl_2 (g) ⟶ Cl (g)

Newid enthalpi ffurfio dellt: y newid enthalpi sy'n digwydd pan fydd un môl o gyfansoddyn ïonig yn cael ei ffurfio o ïonau o'r elfennau yn y cyflwr nwy. Er enghraifft:

Na^+ (g) + Cl^- (g) ⟶ NaCl (s) neu Ca^{2+} (g) + 2Cl^- (g) ⟶ $CaCl_2$ (s)

Newid enthalpi torri dellt: sef gwrthdroi ffurfio dellt – y newid enthalpi sy'n digwydd pan fydd un môl o gyfansoddyn ïonig yn cael ei dorri i ïonau'r elfennau yn y cyflwr nwy. Er enghraifft:

NaCl (s) ⟶ Na^+ (g) + Cl^- (g) neu $CaCl_2$ (s) ⟶ Ca^{2+} (g) + 2Cl^- (g)

Newid enthalpi hydradiad: y newid enthalpi sy'n digwydd pan fydd un môl o ïonau nwyol yn cael eu hamgylchynu gan foleciwlau dŵr i wneud hydoddiant. Er enghraifft:

Na^+ (g) + dŵr ⟶ Na^+ (d) neu Ca^{2+} (g) + dŵr ⟶ Ca^{2+} (d)

Newid enthalpi hydoddiant: y newid enthalpi sy'n digwydd pan fydd un môl o gyfansoddyn ïonig yn hydoddi mewn dŵr i ffurfio hydoddiant. Er enghraifft:

NaCl (s) + dŵr ⟶ NaCl (d) neu $CaCl_2$ (s) + dŵr ⟶ $CaCl_2$ (d)

Y berthynas rhwng newidiadau enthalpi

Defnyddioch chi ddeddf Hess mewn uned flaenorol ac mae'n nodi, pan fydd newid yn gallu digwydd ar hyd dau lwybr gwahanol, fod y newid egni'n gyfartal ar gyfer y ddau.

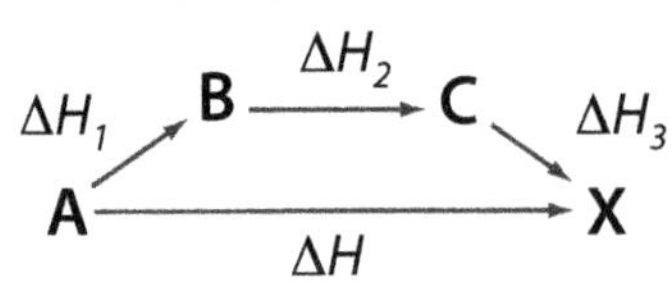

$$\Delta H = \Delta H_1 + \Delta H_2 + \Delta H_3$$

Gwella gradd

Cofiwch y bydd y papur arholiad yn cynnwys cwestiynau sy'n ymwneud â gwaith o bapurau Safon Uwch eraill. Yn y testun hwn efallai y gofynnir i chi ddefnyddio deddf Hess, newidiadau enthalpi hylosgiad a ffurfiant ac enthalpïau bond.

Awgrym

Ar gyfer Safon Uwch, gallwch chi drin enthalpi fel pe bai'n union yr un peth ag egni.

Awgrym

Ar gyfer nwy deuatomig, fel Cl_2 neu O_2, mae newid enthalpi atomeiddiad yn hafal i hanner yr egni bond.

Gwella gradd

Mae hydoddedd cyfansoddyn yn dibynnu yn bennaf a yw'r enthalpi hydoddiant yn ecsothermig. Mae enthalpi hydoddiant yn hafal i enthalpi torri dellt plws enthalpi hydradiad yr ïonau. Mae hyn yn golygu bod yr enthalpi hydradiad ar gyfer yr ïonau'n gorfod bod yn fwy na'r enthalpi torri dellt os yw am fod yn hydawdd.

Ffurfio cyfansoddion ïonig

Mae'r newid enthalpi ffurfiant ar gyfer cyfansoddyn ïonig yn mesur y newid enthalpi pan gaiff cyfansoddyn ei ffurfio o'i elfennau. Gallwn ni lunio cylchred egni gan ddefnyddio'r gwerthoedd ar gyfer camau unigol i gyfrifo gwerth anhysbys yn y broses hon, sef fel arfer y newid enthalpi ffurfio dellt gan nad yw'n bosibl mesur hwnnw'n uniongyrchol.

I lunio cylchred egni er mwyn cyfrifo newid enthalpi, ysgrifennwch yr hafaliad rydych chi'n dymuno ei gyfrifo ac yna rhowch lwybr arall ar gyfer yr un newid.

Enghraifft:

$$Na (s) + ½ Cl_2 (n) \longrightarrow NaCl (s)$$

Hafaliad	Gwerth enthalpi / kJ môl^{-1}
$Na (n) \longrightarrow Na^+ (n) + e^-$	496
$Cl (n) + e \longrightarrow Cl^- (n)$	−349
$Na (s) \longrightarrow Na (n)$	108
$Cl_2 (n) \longrightarrow 2\ Cl (n)$	242
$Na^+ (n) + Cl^- (n) \longrightarrow NaCl (s)$	−788

Os ydyn ni am lunio cylchred ar sail yr hafaliad cyflawn, yna mae'n rhaid i ni ddod o hyd i hafaliadau yn y tabl sy'n cynnwys yr un sylweddau ag sydd yn yr hafaliad cyflawn.

Rydyn ni'n gweld nawr fod angen i ni gysylltu'r Na â'r Na^+ a'r Cl â'r Cl^-.

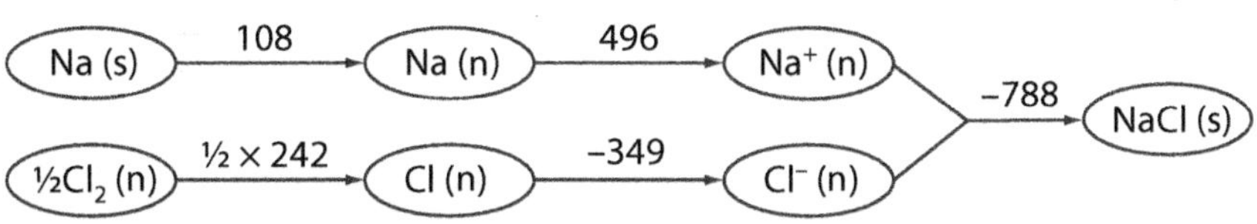

Mae hyn yn creu cylchred gyfan a gallwn ni gyfrifo'r gwerth cyflawn drwy ddechrau gyda'r Na (s) + ½ Cl_2(n) ac yna dilyn y cylch nes cyrraedd NaCl (s).

$$\Delta H = 108 + (½ \times 242) + 496 - 349 - 788 = -412 \text{ kJ môl}^{-1}$$

Sefydlogrwydd cyfansoddion

Un ffordd o farnu a yw cyfansoddyn yn sefydlog yw defnyddio'r enthalpi ffurfiant. Yn gyffredinol, mae cyfansoddyn yn sefydlog o'i gymharu â'r elfennau os yw'r enthalpi ffurfiant yn negatif (ecsothermig). Y mwyaf negatif yw'r gwerth, y mwyaf sefydlog yw'r cyfansoddyn.

Gwella gradd

Os cewch chi gyfrifiad lle mae rhifau cydbwyso yn yr hafaliad cemegol, mae'n rhaid eu trosglwyddo i'r cyfrifiad.

Awgrym

Efallai y gofynnir i chi ddefnyddio gwerthoedd enthalpi (H) neu werthoedd enthalpi safonol (H^θ). Mae gwerthoedd enthalpi safonol i'w cael dan yr amodau safonol, sef 298 K ac 1 atmosffer.

Awgrym

Mae'n bosibl cyflwyno gwybodaeth am gylchred enthalpi fel cylchred Born-Haber fel yr un isod.

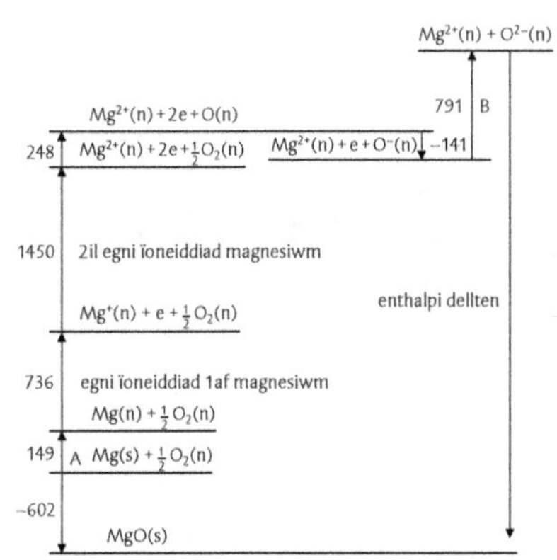

3.7 Entropi a dichonoldeb adweithiau

Entropi

Mae entropi yn fesur o ryddid moleciwlau neu atomau mewn moleciwl. Pan fydd gan foleciwlau fwy o ryddid, mae hyn yn arwain at fwy o anhrefn. Mewn unrhyw newid naturiol, bydd cyfanswm yr entropi'n tueddu i gynyddu.

Mae gan y moleciwlau mewn nwyon fwy o ryddid na'r moleciwlau mewn hylifau; moleciwlau mewn solidau sydd â lleiaf o ryddid. Mae hyn yn golygu mai nwyon sydd â'r entropi mwyaf, wedyn hylifau, ac mai solidau sydd â'r entropi isaf. Gallwn ni ysgrifennu hyn fel hyn:

$$S \text{ (nwy)} > S \text{ (hylif)} > S \text{ (solid)}$$

Yn wahanol i enthalpi, mae gwerthoedd entropi a newidiadau entropi'n cael eu rhoi mewn $J\ K^{-1}\ môl^{-1}$. I gyfrifo'r newid entropi yn ystod adwaith cemegol, gallwch chi ddefnyddio entropi pob adweithydd a chynnyrch. Ar gyfer ffurfio dŵr o'i elfennau:

$$H_2\text{ (n)} + \tfrac{1}{2}\, O_2\text{ (n)} \longrightarrow H_2O\text{ (h)}$$

$$\Delta S = S(H_2O(h)) - S(H_2(n)) - \tfrac{1}{2}S(O_2(n)) = 70 - 131 - \tfrac{1}{2} \times 205$$

$$= -163.5\ J\ K^{-1}\ môl^{-1}$$

Egni rhydd Gibbs

Mae'r newid entropi yn negatif ar gyfer adwaith nwyon hydrogen ac ocsigen i roi dŵr. Gan fod entropi bob amser yn tueddu i gynyddu mewn newidiadau naturiol, efallai y byddwch chi'n meddwl bod hyn yn golygu na fydd yr adwaith yn digwydd. Mewn gwirionedd mae'r adwaith rhwng hydrogen ac ocsigen yn ddichonadwy iawn. Mae hyn oherwydd bod adwaith ecsothermig yn cynyddu entropi'r amgylchoedd ac mae angen i ni gynnwys hyn yn ein cyfrifiadau. Y mesur sy'n cyfuno enthalpi ac entropi yw egni rhydd Gibbs, ΔG:

$$\Delta G = \Delta H - T\Delta S$$

Os yw gwerth ΔG yn negatif, gall yr adwaith ddigwydd yn ddigymell.

Os yw gwerth ΔG yn bositif, ni all yr adwaith ddigwydd yn ddigymell.

Bydd y cydbwysedd hwn rhwng enthalpi ac entropi yn gadael i brosesau endothermig ddigwydd, fel berwi, hydoddi sodiwm clorid neu adweithiau dadelfennu thermol. Ym mhob achos, mae'r cynnydd yn rhyddid y gronynnau yn yr hydoddiant hylifol neu'r cyflwr nwy yn achosi cynnydd mawr mewn entropi yn ystod y newid. Mae hyn yn fwy na'r newid enthalpi, yn enwedig ar dymereddau uwch, gan wneud gwerth cyflawn ΔG yn negatif.

» *Awgrym*

Byddwch yn ofalus wrth ddefnyddio S a ΔS. Byddai S (nwy) yn cyfeirio at entropi nwy, ond mae ΔS yn cyfeirio at y newid entropi yn ystod adwaith cemegol neu newid ffisegol.

Gwella gradd

Un camgymeriad cyffredin yw defnyddio unedau anghywir wrth gyfrifo ΔG. Mae'n rhaid rhannu'r entropi â 1000 i drawsnewid J yn kJ ac mae'n rhaid rhoi'r tymheredd mewn kelvin.

cwestiwn cyflym

⑱ Cyfrifwch y newid entropi ar gyfer yr adwaith isod:

$Na_2CO_3(s) \longrightarrow Na_2O(s) + CO_2(n)$

	Entropi, S / $J\ K^{-1}\ môl^{-1}$
Na_2CO_3 (s)	136
Na_2O (s)	73
CO_2 (n)	214

cwestiwn cyflym

⑲ Cyfrifwch y newid enthalpi ar gyfer yr adwaith uchod gan ddefnyddio'r enthalpïau ffurfiant isod.

	Δ_fH / $kJ\ môl^{-1}$
Na_2CO_3 (s)	−1131
Na_2O (s)	−416
CO_2 (n)	−394

Defnyddio egni rhydd Gibbs

Gallwn ni ddefnyddio egni rhydd Gibbs i ddarganfod y tymheredd sydd ei angen er mwyn i adwaith ddigwydd. Wrth i'r tymheredd newid, mae gwerth egni rhydd Gibbs hefyd yn newid gan fod tymheredd yn cael ei gynnwys yn y mynegiad:

$$\Delta G = \Delta H - T\Delta S$$

Mae angen i werth egni rhydd Gibbs fod yn negatif er mwyn i adwaith ddigwydd ac ar y tymheredd lle mae'r adwaith yn dechrau bod yn bosibl, mae gwerth egni rhydd Gibbs yn dechrau dod yn negatif. Ar y pwynt hwn $\Delta G = 0$, ac felly gallwch chi ysgrifennu:

$$\Delta H - T\Delta S = 0 \qquad \text{felly} \qquad T = \Delta H \div \Delta S$$

Mae angen defnyddio'r un unedau egni ar gyfer ΔH a ΔS, ond fel arfer mae rhai gwahanol yn cael eu rhoi, ac felly y cam cyntaf yw lluosi ΔH â 1000 er mwyn ei drawsnewid yn J môl^{-1}.
Mae'r cyfrifiad yn cynhyrchu tymheredd mewn K.

Enghraifft

Mae calsiwm carbonad yn dadelfennu wrth gael ei wresogi, gan ffurfio calsiwm ocsid a charbon deuocsid:

$$CaCO_3\,(s) \longrightarrow CaO\,(s) + CO_2\,(n)$$

Ar gyfer yr adwaith hwn, $\Delta H = 178$ kJ môl^{-1} a $\Delta S = 161$ J K^{-1} môl^{-1}. Defnyddiwch y gwerthoedd hyn i gyfrifo'r tymheredd isaf sydd ei angen er mwyn i'r dadelfeniad ddigwydd.

Ateb

Ar y tymheredd isaf ar gyfer yr adwaith, $\Delta G = 0$ a thrwy hyn gallwn ni ddangos bod: $T = \Delta H \div \Delta S$, ac felly bod $T = 178{,}000 \div 161 = 1106$ K.

Gwella gradd

Mae'n rhaid i chi nodi'r unedau bob tro y byddwch chi'n cyfrifo tymheredd oherwydd gallai'r ateb fod mewn kelvin neu °C. I drawsnewid yr unedau hyn, tynnwch 273 oddi wrth y tymheredd mewn kelvin er mwyn cael y gwerth mewn °C.

cwestiwn cyflym

⑳ Defnyddiwch yr atebion i gwestiynau cyflym 18 ac 19 i gyfrifo'r newid yn egni rhydd Gibbs ar gyfer yr adwaith hwn ar 300 K.

cwestiwn cyflym

㉑ Defnyddiwch yr atebion i gwestiynau cyflym 18 a 19 i gyfrifo'r tymheredd isaf lle gall yr adwaith ddigwydd.

3.8 Cysonion ecwilibriwm

Ecwilibria cyffredinol

Mae ecwilibriwm yn cael ei sefydlu pan fydd adwaith cildroadwy yn cyrraedd pwynt lle mae symiau'r adweithyddion a'r cynhyrchion yn aros yr un fath oherwydd bod cyfraddau'r blaenadwaith a'r ôl-adwaith yn hafal. Yn uned 1, astudioch chi sut bydd y symiau hyn yn newid pan fydd y tymheredd a'r gwasgedd yn newid, gan ddefnyddio egwyddor Le Chatelier. Nid yw'r dull hwn yn eich galluogi i weithio allan symiau pob adweithydd a chynnyrch ac er mwyn gwneud hyn, mae angen i chi ddefnyddio cysonyn ecwilibriwm.

» Awgrym
Cofiwch fod y mynegiad ar gyfer unrhyw gysonyn ecwilibriwm yn rhoi'r **cynhyrchion dros yr adweithyddion.**

Ysgrifennu cysonion ecwilibriwm

Mae dau fath o gysonyn ecwilibriwm cyffredinol, sef K_c a K_p. K_c yw'r cysonyn ecwilibriwm yn nhermau crynodiad. Rydyn ni'n ei ddefnyddio ar gyfer hydoddiannau, ond mae'n bosibl ei ddefnyddio ar gyfer mathau eraill o gymysgeddau hefyd os ydych chi'n cael crynodiadau. Ar gyfer adwaith cildroadwy mewn hydoddiant o'r math:

$$a\,\text{A (d)} + b\,\text{B (d)} \rightleftharpoons x\,\text{X (d)} + y\,\text{Y (d)}$$

y cysonyn ecwilibriwm ar gyfer yr adwaith mewn hydoddiant yw:

$$K_c = \frac{[X]^x[Y]^y}{[A]^a[B]^b}$$ lle mae [X] yn cynrychioli crynodiad X

Mae'r llinell uchaf yn cynnwys lluoswm crynodiadau'r holl gynhyrchion i bwerau eu rhifau cydbwyso. Mae'r llinell isaf yn cynnwys lluoswm crynodiadau'r holl adweithyddion i bwerau eu rhifau cydbwyso. Er enghraifft:

Ar gyfer yr adwaith: $Sn^{4+} + 2\,Fe^{2+} \rightleftharpoons 2\,Fe^{3+} + Sn^{2+}$

rhoddir y cysonyn ecwilibriwm, K_c, gan: $K_c = \dfrac{[Fe^{3+}]^2\,[Sn^{2+}]}{[Sn^{4+}]\,[Fe^{2+}]^2}$

K_p yw'r cysonyn ecwilibriwm yn nhermau gwasgeddau rhannol, ac mae'n ddefnyddiol ar gyfer cymysgeddau nwyon yn unig. Rydyn ni'n ysgrifennu'r mynegiad ar gyfer y cysonyn ecwilibriwm K_p mewn ffordd debyg i K_c. Ar gyfer adwaith cildroadwy rhwng y nwyon isod

$$a\,\text{A (n)} + b\,\text{B (n)} \rightleftharpoons x\,\text{X (n)} + y\,\text{Y (n)}$$

Y cysonyn ecwilibriwm ar gyfer yr adwaith yw:

$$K_p = \frac{p_X^{\,x}\,p_Y^{\,y}}{p_A^{\,a}\,p_B^{\,b}}$$ lle mae p_X yn cynrychioli gwasgedd rhannol X

Mae'r llinell uchaf yn cynnwys lluoswm gwasgeddau rhannol yr holl gynhyrchion i bwerau eu rhifau cydbwyso. Mae'r llinell isaf yn cynnwys lluoswm gwasgeddau rhannol yr holl adweithyddion i bwerau eu rhifau cydbwyso. Er enghraifft:

Ar gyfer yr adwaith: $N_2O_4\,(n) \rightleftharpoons 2\,NO_2\,(n)$

Y cysonyn ecwilibriwm, K_p, yw: $K_p = \dfrac{P^2_{NO_2}}{P_{N_2O_4}}$

cwestiwn cyflym

㉒ Ysgrifennwch y cysonyn ecwilibriwm, Kp, ar gyfer yr ecwilibriwm isod:

$4\,NH_3(n) + 5\,O_2(n) \rightleftharpoons 4\,NO(n) + 6\,H_2O(n)$

» Awgrym
Os byddwch chi'n ysgrifennu bachau petryal mewn unrhyw fynegiad, maen nhw'n golygu crynodiad. Os oes unrhyw fachau petryal mewn unrhyw fynegiad K_p mae'n gorfod bod yn anghywir.

Cyfrifo K_p neu K_c

Gallwch chi gyfrifo gwerthoedd K_c a K_p os oes gennych wybodaeth am grynodiadau'r adweithyddion a'r cynhyrchion ar ecwilibriwm (ar gyfer K_c) neu eu gwasgeddau rhannol (ar gyfer K_p). Mewn enghraifft cymharol syml, byddai'r cwestiwn yn rhoi'r holl grynodiadau sydd eu hangen arnoch.

Enghraifft: Mewn cymysgedd o anweddau hydrogen ac ïodin, mae'r adwaith cildroadwy canlynol yn digwydd: $H_2 + I_2 \rightleftharpoons 2\,HI$

Mae'r cymysgedd ecwilibriwm sy'n cael ei gynhyrchu yn ystod yr adwaith hwn yn cynnwys 0.0035 môl dm^{-3} o bob adweithydd a 0.0235 môl dm^{-3} o HI. Cyfrifwch werth K_c.

Ateb: $\frac{[HI]^2}{[H_2][I_2]} = \frac{0.0235^2}{0.0035 \times 0.0035} = 45.1$

Gan fod dau grynodiad ar linell uchaf y mynegiad a dau ar y gwaelod, maen nhw'n canslo ei gilydd a **does dim unedau** gan *Kc*.

Gweithio allan cymysgeddau ecwilibriwm

Os nad yw'r wybodaeth sy'n cael ei rhoi yn rhestru crynodiadau pob adweithydd a chynnyrch ar ecwilibriwm, yna mae angen i chi eu gweithio allan. Er enghraifft, yn aml byddwch chi'n cael crynodiadau pob adweithydd ar y dechrau ac yna'n cael crynodiad **un** o'r cynhyrchion ar ecwilibriwm.

Enghraifft: Mae hydoddiant yn cynnwys yr un nifer o folau o A a B a chrynodiad pob un yw 0.5 môl dm^{-3}. Mae'r hydoddiant yn cael ei adael i gyrraedd ecwilibriwm, pan fydd y cymysgedd yn cynnwys 0.2 môl dm^{-3} o D. Cyfrifwch werth K_c.

$$\mathbf{A + B \longrightarrow 2\,C + D}$$

Ateb:

	[A]	[B]	[C]	[D]
Crynodiadau ar y dechrau / môl dm^{-3}	0.5	0.5	0	0
Crynodiadau ar ecwilibriwm / môl dm^{-3}	0.3	0.3	0.4	0.2

Ar y dechrau mae gennym A a B yn unig, y ddau â chrynodiad 0.5 môl dm^{-3}.

Ar ecwilibriwm mae gennym [D] = 0.2 môl dm^{-3}, ond gan fod 2 C yn cael eu gwneud pan gaiff pob D ei wneud, yna [C] = 0.4 môl dm^{-3}.

I wneud 0.2 D mae'n rhaid i ni ddefnyddio 0.2 A a 0.2 B, gan adael 0.3 o bob un yn weddill.

Nawr, mae'n rhaid i ni ysgrifennu mynegiad ar gyfer K_c a rhoi'r gwerthoedd hyn ynddo er mwyn cael gwerth K_c. Cofiwch gynnwys yr unedau.

Felly, y cysonyn ecwilibriwm yw: $K_c = \frac{[C]^2[D]}{[A][B]} = \frac{0.4^2 \times 0.2}{0.3 \times 0.3} = 0.355$ môl dm^{-3}

≫ Awgrym

Mae gan rai cysonion ecwilibriwm unedau ac mae rhai hebddynt. Os yw nifer y termau crynodiad ar dop a gwaelod y cysonyn ecwilibriwm yn hafal, bydd yr unedau hyn yn canslo, ac felly nid oes unedau. Os yw nifer y termau crynodiad ar dop a gwaelod y cysonyn ecwilibriwm yn wahanol, bydd rhai unedau yn canslo ond bydd rhai unedau ar ôl.

$$\frac{\text{môl dm}^{-3} \times \cancel{\text{môl dm}^{-3}}}{\cancel{\text{môl dm}^{-3}}}$$

Beth mae cysonion ecwilibriwm yn ei ddweud wrthyn ni?

Mae cysonion ecwilibriwm yn gallu awgrymu i ba raddau y mae ecwilibriwm yn gorwedd tuag at y cynhyrchion neu'r defnyddiau cychwynnol. Byddai gan ecwilibriwm sydd â symiau tebyg o'r defnyddiau cychwynnol a'r cynhyrchion werth K_c o ryw 1.

Os yw K_c yn llawer llai nag 1, yna ychydig iawn o'r cynhyrchion sy'n cael eu ffurfio, a'r defnyddiau cychwynnol yw'r rhan fwyaf o'r cymysgedd. Mae hyn yn digwydd pan fydd ΔG yn bositif, gan nad yw'r adwaith yn digwydd yn ddigymell.

Os yw K_c yn llawer mwy nag 1, yna mae'r rhan fwyaf o'r adweithyddion wedi'u trawsnewid yn gynhyrchion. Dyma'r sefyllfa pan fydd ΔG ar gyfer yr adwaith yn negatif, gan y bydd yr adwaith yn digwydd yn ddigymell.

Awgrym

Pan nodir bod ecwilibriwm yn ecsothermig, mae hyn yn golygu ei fod yn ecsothermig yn y drefn y mae wedi'i ysgrifennu. Mae'r blaenadwaith yn ecsothermig ac mae'r ôl-adwaith yn endothermig.

cwestiwn cyflym

(23) Esboniwch effaith cynyddu'r tymheredd ar y cysonyn ecwilibriwm, K_p, ar gyfer yr adwaith ecsothermig isod.

$$2\,SO_2(n) + O_2(n) \rightleftharpoons 2\,SO_3(n)$$

Effaith amodau ar K_c a K_p

Mae'r enw 'cysonyn ecwilibriwm' yn awgrymu y byddai gwerthoedd K_c a K_p yn gyson drwy'r amser ac mae hyn yn wir ar y cyfan. Yr unig ffactor a fydd yn newid gwerth K_c neu K_p yw'r tymheredd – os byddwn ni'n newid y gwasgedd, ychwanegu catalydd neu wneud unrhyw newidiadau eraill, bydd gwerthoedd K_c a K_p yn aros yn gyson. Pan fyddwn ni'n newid y tymheredd, mae'n rhaid i ni ddefnyddio egwyddor Le Chatelier i weithio allan yr effaith ar y safle ecwilibriwm.

Os yw'r adwaith yn ecsothermig, bydd cynyddu'r tymheredd yn symud yr ecwilibriwm i'r chwith gan mai dyma'r cyfeiriad endothermig. Mae hyn yn lleihau maint y cynhyrchion (llinell uchaf mynegiad y cysonyn ecwilibriwm) ac yn cynyddu maint yr adweithyddion (llinell isaf mynegiad y cysonyn ecwilibriwm), gan wneud y cysonyn ecwilibriwm yn llai.

Os yw'r adwaith yn endothermig, bydd cynyddu'r tymheredd yn symud yr ecwilibriwm i'r dde gan mai dyma'r cyfeiriad endothermig. Mae hyn yn cynyddu maint y cynhyrchion (llinell uchaf mynegiad y cysonyn ecwilibriwm) ac yn lleihau maint yr adweithyddion (llinell isaf mynegiad y cysonyn ecwilibriwm), gan wneud y cysonyn ecwilibriwm yn fwy.

Enghraifft

$$N_2 + 3\,H_2 \rightleftharpoons 2\,NH_3 \quad \textit{Ecsothermig}$$

Os yw'r tymheredd yn cynyddu, bydd yr ecwilibriwm yn symud i'r cyfeiriad endothermig, sef i'r chwith, er mwyn gwrthweithio'r newid mewn tymheredd. Mae hyn yn cynyddu crynodiad yr N_2 a'r H_2 ac yn lleihau crynodiad yr NH_3. Y cysonyn ecwilibriwm, K_c yw:

$$K_c = \frac{[NH_3]^2}{[N_2][H_2]^3}$$

Effaith y newid hwn yw lleihau $[NH_3]$ a chynyddu $[N_2]$ a $[H_2]$ a bydd hyn yn lleihau gwerth K_c.

Ecwilibria a chyfraddau

Mae data ar ecwilibria a data cinetig yn gallu rhoi gwybodaeth i ni am adweithiau cemegol; ond maen nhw'n dweud pethau gwahanol wrthyn ni:

Mae data ar ecwilibria'n dweud wrthyn ni am sefydlogrwydd cymharol yr adweithyddion a'r cynhyrchion a'r newidiadau egni sy'n digwydd. Dydyn nhw ddim yn dweud dim wrthyn ni am sut mae'r adwaith yn digwydd.

Mae cyfraddau adwaith yn rhoi gwybodaeth i ni am y newidiadau sy'n digwydd rhwng yr adweithyddion a'r cyflwr trosiannol. Mae hyn yn ein galluogi i ddiddwytho beth sy'n digwydd *yn ystod* yr adwaith, gan roi **mecanwaith yr adwaith**.

Cymhwyso hafaliadau ecwilibriwm a chyfradd

Mae cwmnïau yn ystyried data cinetig, egnïeg ac ecwilibriwm wrth gynllunio unrhyw broses ac mae unrhyw adwaith mewn diwydiant yn ceisio cael cymaint ag sy'n bosibl o gynnyrch mor gyflym â phosibl gan ddefnyddio'r egni lleiaf posibl. Yn aml, mae angen cyfaddawd, sy'n sicrhau bod pob un o'r ffactorau hyn mor agos at ei werth delfrydol â phosibl.

Ecwilibriwm: Mae'n bosibl newid maint y cynnyrch ar ecwilibriwm drwy newid y crynodiad, y gwasgedd neu'r tymheredd. Mae'r cysonyn ecwilibriwm yn dweud wrthyn ni pa grynodiad neu wasgedd sy'n ffafrio cynnyrch uchel ac mae'r egnïeg yn dangos i ni a yw'r adwaith yn ecsothermig neu'n endothermig.

Cyfraddau: Mae'n bosibl gwneud y cyfraddau mor gyflym â phosibl drwy gynyddu'r tymheredd, cynyddu'r gwasgedd neu ychwanegu catalydd.

Egnïeg: Bydd cyfrifiadau egni'n nodi faint o egni y mae angen ei roi i'r system er mwyn i adwaith ddigwydd, gan osgoi rhoi egni diangen i mewn. Yn yr un modd, os yw'r adwaith yn ecsothermig, gallwn ni ddefnyddio'r egni sy'n cael ei ryddhau yn hytrach na'i golli fel gwres gwastraff.

Awgrym

Dylech chi allu dehongli data ar wahanol amodau neu lwybrau i ffurfio cyfansoddyn. Yn ogystal â chyfraddau adwaith a chynnyrch y cynhyrchion, dylech chi ystyried agweddau ar gemeg gwyrdd. Mae'r rhain yn cynnwys yr economi atom, a yw'n bosibl cael y defnyddiau cychwynnol mewn modd cynaliadwy ac a oes unrhyw rai o'r sgil gynhyrchion yn niweidiol.

3.9 Ecwilibria asid–bas

Termau Allweddol

Asid = cyfrannydd ïonau H^+ (cyfrannydd protonau).

Bas = derbynnydd ïonau H^+ (derbynnydd protonau).

Awgrym

Byddwch chi'n gweld y termau proton ac H^+ yn cael eu defnyddio'n gydgyfnewidiol, oherwydd dim ond un proton yw ïon hydrogen.

Gwella gradd

Peidiwch â drysu rhwng asidau cryf ac asidau crynodedig. Mae cryf a gwan yn cyfeirio at faint o'r moleciwlau sy'n rhyddhau ïonau H^+, ond mae crynodedig a gwanedig yn cyfeirio at faint o asid sydd wedi'i hydoddi mewn cyfaint o ddŵr.

Asidau a basau

Yn eich gwaith blaenorol, byddwch chi wedi gweld bod Lowry a Brønsted wedi diffinio **asidau** a **basau** yn nhermau ennill a cholli ïonau H^+ a'i bod yn bosibl dosbarthu asidau'n rhai cryf neu'n rhai gwan.

Mae asidau cryf yn cyfrannu'r cyfan o'u hïonau H^+ mewn hydoddiant dyfrllyd, er enghraifft asid hydroclorig:

$$HCl\ (d) + H_2O\ (h) \longrightarrow H_3O^+\ (d) + Cl^-\ (d)$$

Mae asidau gwan yn cyfrannu ychydig o'u hïonau H^+ mewn hydoddiant dyfrllyd gan eu bod yn sefydlu ecwilibriwm dynamig, er enghraifft asid ethanöig:

$$CH_3COOH\ (d) + H_2O\ (h) \rightleftharpoons CH_3COO^-\ (d) + H_3O^+\ (d)$$

Yn y ddau hafaliad hyn, mae H_2O yn derbyn proton, ac felly mae'n gweithredu fel bas, ond nid dyma'r unig fas ym mhob hafaliad. Oherwydd mai ecwilibriwm yw'r ail hafaliad, gallwn ni ysgrifennu'r hafaliad i'r naill gyfeiriad neu'r llall, ac yn yr ôl-adwaith mae CH_3COO^- yn derbyn ïon H^+ gan H_3O^+, hynny yw, mae'r CH_3COO^- yn gweithredu fel bas. Rydyn ni'n galw'r CH_3COO^- yn fas cyfieuol CH_3COOH, ac H_3O^+ yn asid cyfieuol H_2O.

cwestiwn cyflym

㉔ Cyfrifwch pH hydoddiant lle $[H^+] = 0.015$ môl dm^{-3}.

pH ac asidedd

Rydyn ni fel arfer yn dyfynnu cryfderau asidau ar raddfa pH. Fel arfer mae hyn yn rhedeg o 0 (asid cryf) drwy 7 (niwtral) i 14 (alcali cryf).

0	1	2	3	4	5	6	7	8	9	10	11	12	13	14
Asid Cryf			Asid Gwan			Niwtral		Alcali Gwan			Alcali Cryf			

Mae gan asidau werthoedd pH dan 7.	*Mae gan alcalïau werthoedd pH dros 7.*
Y pellaf yw gwerth pH hydoddiant 1 môl dm^{-3} o dan niwtral (7), y cryfaf yw'r asid.	Y pellaf yw gwerth pH hydoddiant 1 môl dm^{-3} dros niwtral (7), y cryfaf yw'r alcali.

Rydyn ni'n cyfrifo'r rhifau ar y raddfa pH gan ddefnyddio crynodiad yr ïonau H^+ (d) yn yr hydoddiant. Diffiniad pH yw:

$$pH = -\log_{10}[H^+(d)]$$

Felly os yw crynodiad H^+ yn 0.15 môl dm^{-3}, pH = −log(0.15) = 0.82.

Gallwch chi ddefnyddio'r fformiwla hon i weithio allan grynodiad H^+ mewn hydoddiant lle rydych chi'n gwybod y pH. Y fformiwla wedi'i had-drefnu yw:

$$[H^+(d)] = 10^{-pH}$$

Gan fod pH yn raddfa logarithmig, mae newid o un uned pH yn cyfateb i newid 10 gwaith mewn crynodiad H^+, felly mae 2 uned pH yn cyfateb i 100 waith ac mae 3 yn cynrychioli 1000 gwaith.

Awgrym

I gyfrifo 10^{-pH} ar lawer o gyfrifianellau, rydych chi'n defnyddio'r botwm INV neu SHIFT cyn gwasgu $\log_{10}$.

cwestiwn cyflym

㉕ Cyfrifwch grynodiad H^+ mewn hydoddiant sydd â pH 3.2.

Cysonion ecwilibriwm ar gyfer asidau

Proses ecwilibriwm yw daduniad asid, ac felly mae ganddo gysonyn ecwilibriwm. Yr ecwilibriwm yw:

$$HA\,(d) \rightleftharpoons H^+(d) + A^-(d)$$

Mae'r ecwilibriwm hwn wedi'i symleiddio gan ei fod yn anwybyddu y rhan y mae dŵr yn ei chwarae. Mae ganddo gysonyn ecwilibriwm arbennig o'r enw K_a. Ar gyfer yr asid HA:

$$K_a = \frac{[H^+][A^-]}{[HA]}$$

Y mwyaf y mae'r asid yn daduno, y mwyaf o ïonau hydrogen ac anionau sy'n bresennol, ac felly'r mwyaf yw gwerth K_a. Mae gwerth K_a yn isel ar gyfer asid gwan ac mae gwerth K_a yn uchel ar gyfer asid cryf.

Cyfrifo pH ar gyfer asidau cryf a gwan

I gyfrifo pH asid, mae angen i ni wybod crynodiad yr ïonau H^+ yn yr hydoddiant. Rydyn ni'n cyfrifo $[H^+]$ mewn ffyrdd gwahanol ar gyfer asidau cryf ac asidau gwan.

Asidau cryf

Ar gyfer asid cryf monobasig, mae pob moleciwl o'r asid yn rhyddhau ïonau H^+ ac felly mae $[H^+]$ yn hafal i grynodiad yr asid cryf. Er enghraifft, ar gyfer hydoddiant HCl â chrynodiad 0.10 môl dm^{-3}, $[H^+]$ = 0.10 môl dm^{-3}.

$$pH = -\log_{10}[H^+(d)] = -\log_{10}(0.10) \qquad \text{felly} \qquad pH = 1$$

Asidau gwan

Ar gyfer asid gwan, nid yw pob moleciwl o'r asid yn rhyddhau ïonau H^+, ac felly bydd crynodiad H^+ mewn hydoddiant yn llai na chrynodiad yr asid a bydd yn amrywio o asid i asid. I weithio allan $[H^+]$ mae angen i ni wybod gwerth K_a ar gyfer yr asid. Ar gyfer asid ethanöig, $K_a = 1.7 \times 10^{-5}$ môl dm^{-3}, ac felly i gyfrifo $[H^+]$ mewn hydoddiant â chrynodiad 1.0 môl dm^{-3}, gwelwn fod:

$$K_a = \frac{[H^+][CH_3COO^-]}{[CH_3COOH]}$$

Gan fod pob moleciwl CH_3COOH sy'n daduno yn cynhyrchu un CH_3COO^- ac un H^+, yna $[H^+] = [CH_3COO^-]$, sy'n rhoi:

$$K_a = \frac{[H^+]^2}{[CH_3COOH]}$$

Ar gyfer asid gwan, ychydig iawn o'r moleciwlau sydd wedi daduno, ac felly gallwn ni dybio bod crynodiad y CH_3COOH sy'n bresennol yn hafal i'r crynodiad cychwynnol. Yn yr achos hwn mae hyn yn rhoi:

$$K_a = \frac{[H^+]^2}{[CH_3COOH]} \text{ sy'n ad-drefnu i roi } [H^+] = \sqrt[2]{K_a \times [CH_3COOH]}$$

Yn yr enghraifft hon, $[H^+] = \sqrt[2]{1.7 \times 10^{-5} \times 1.0} = 4.1 \times 10^{-3}$ môl dm^{-3}

Gan ddefnyddio $pH = -\log[H^+] = -\log(4.1 \times 10^{-3})$ = **pH = 2.4**

» Awgrym

Oherwydd bod pob mynegiad K_a yn debyg, gyda dau grynodiad ar y top ac un ar y gwaelod, mae'r unedau bob amser yr un fath, sef: môl dm^{-3}.

cwestiwn cyflym

㉖ Gweithiwch allan pH hydoddiant asid methanöig, HCOOH, â chrynodiad 0.5 môl dm^{-3} ($K_a = 1.6 \times 10^{-5}$ môl dm^{-3}).

cwestiwn cyflym

㉗ pH hydoddiant asid monobasig â chrynodiad 0.5 môl dm^{-3} yw 4.5. Cyfrifwch werth K_a ar gyfer yr asid hwn.

Daduniad dŵr

Er y byddwn bob amser yn ysgrifennu dŵr fel H_2O, bydd unrhyw sampl o ddŵr pur bob amser yn cynnwys ychydig bach o ïonau H^+ ac OH^-. Mae hyn oherwydd adwaith cildroadwy sy'n bresennol ym mhob sampl o ddŵr:

$$H_2O\,(h) \rightleftharpoons H^+(d) + OH^-(d)$$

Mae'r ecwilibriwm yn tueddu'n gryf at yr ochr chwith, ac felly mae bron y cyfan o'r dŵr yn bodoli fel moleciwlau dŵr, gydag ychydig iawn o ïonau. Oherwydd bod crynodiad y dŵr yn aros yn gyson i bob pwrpas, gallwn ni ysgrifennu cysonyn ecwilibriwm o'r enw *lluoswm ïonig dŵr*, K_w.

$$K_w = [H^+][OH^-]$$

Mae gwerth K_w yn gyson ar dymheredd penodol, ac ar 25 °C gwerth K_w yw tua 1.0×10^{-14} môl² dm⁻⁶.

Pan fydd asid yn adweithio â bas, yr adwaith yw cildroad yr ecwilibriwm uchod a'r hafaliad ar gyfer yr adwaith niwtraliad yw:

$$H^+\,(d) + OH^-\,(d) \longrightarrow H_2O\,(h)$$

Cyfrifo pH ar gyfer basau cryf

I gyfrifo pH unrhyw hydoddiant, mae angen i ni wybod crynodiad yr ïonau H^+ yn yr hydoddiant. Bydd ïonau H^+ rhydd hyd yn oed mewn hydoddiant bas, ond bydd llai na'r nifer sy'n bresennol mewn dŵr. I gyfrifo $[H^+]$, mae angen i ni ddefnyddio'r mynegiad ar gyfer K_w:

$$K_w = [H^+][OH^-] \text{ felly } [H^+] = \frac{K_w}{[OH^-]}$$

Ar gyfer bas cryf, bydd pob ïon hydrocsid wedi daduno o'r bas, ac felly bydd $[OH^-]$ yn hafal i grynodiad y bas. Ar gyfer hydoddiant NaOH â chrynodiad 0.2 môl dm⁻³, gan fod $K_w = 1.0 \times 10^{-14}$ môl² dm⁻⁶, yna:

$$[H^+] = \frac{K_w}{[OH^-]} = \frac{1.0 \times 10^{-14}}{0.2} = 5 \times 10^{-14} \text{ môl dm}^{-3}$$

Gan ddefnyddio ein mynegiad ar gyfer
$pH = -\log_{10}[H^+] = -\log_{10}(5 \times 10^{-14}) = 13.3$

Awgrym

Oherwydd bod y mynegiad ar gyfer K_w yr un fath bob amser, gyda dau grynodiad wedi'u lluosi â'i gilydd, mae'r unedau bob amser yr un fath, sef: môl² dm⁻⁶.

Awgrym

Mae angen i chi allu ysgrifennu mynegiadau ac unedau ar gyfer K_a a K_w. Does dim angen i chi ddwyn i gof y gwerthoedd ar gyfer K_a na K_w.

Cwestiwn cyflym

(28) Gweithiwch allan pH hydoddiant y bas cryf, NaOH, â chrynodiad 0.3 môl dm⁻³.

Byfferau

Hydoddiannau y mae eu pH yn aros yn eithaf cyson wrth i ychydig o asid neu alcali gael ei ychwanegu yw byfferau. Mae'r hydoddiant byffer yn cynnal pH sydd bron yn gyson drwy ddileu unrhyw H^+ neu OH^- sy'n cael ei ychwanegu. Mae hydoddiant byffer nodweddiadol yn cynnwys cymysgedd o asid gwan a halwyn o'r un asid, er enghraifft CH_3COOH a CH_3COONa. Maen nhw'n cael eu defnyddio i gadw'r pH yn gyson pan gaiff ensymau eu storio neu eu defnyddio.

Gwella gradd

Wrth ysgrifennu'r ddau hafaliad ar gyfer esbonio byfferau, mae'n rhaid i chi nodi bod un yn gildroadwy a'r llall yn anghildroadwy.

Sut mae byfferau'n gweithio?

Mewn hydoddiant byffer, mae'r halwyn yn daduno'n llwyr:

$$CH_3COONa\ (d) \longrightarrow CH_3COO^-\ (d) + Na^+\ (d)$$

Mae'r asid yn daduno'n rhannol, mewn adwaith cildroadwy:

$$CH_3COOH\ (d) \rightleftharpoons H^+(d) + CH_3COO^-(d)$$

Yn ôl egwyddor Le Chatelier, bydd y crynodiad uchel o CH_3COO^- sy'n cael ei ryddhau gan yr halwyn yn gwthio'r ecwilibriwm hwn i'r chwith, sy'n golygu mai ychydig iawn o'r asid fydd yn daduno.

Pan ychwanegir asid at fyffer, mae hyn yn cynyddu crynodiad yr H^+, ac felly bydd yr adwaith cildroadwy yn symud i'r chwith, gan ddileu'r ïonau H^+ drwy'r adwaith â CH_3COO^-.

Pan ychwanegir bas at fyffer, mae'n adweithio â'r ïonau H^+ ac yn lleihau eu crynodiad, ac felly bydd yr adwaith cildroadwy yn symud i'r dde, gan ryddhau rhagor o ïonau H^+ o'r CH_3COOH.

Mae system fyffro debyg ar gyfer cynnal pH alcalïaidd yn seiliedig ar gymysgedd o hydoddiannau amoniwm clorid ac amonia. Yn yr achos hwn, yr ecwilibriwm sy'n symud pan ychwanegir asid neu fas yw:

$$NH_4^+ \rightleftharpoons NH_3 + H^+$$

Awgrym

Pan fydd gan fyffer grynodiadau cyfartal o'r asid a'r halwyn, yna $[H^+] = K_a$ ar gyfer yr asid.

pH byfferau

I gyfrifo pH hydoddiant byffer, mae angen i chi dybio bod y cyfan o'r halwyn yn daduno, fel bod $[CH_3COO^-] = [CH_3COONa]$, ac nad yw'r asid yn daduno o gwbl, fel bod $[CH_3COOH]$ yn hafal i grynodiad yr asid sy'n cael ei ddefnyddio.

$$K_a = \frac{[H^+][CH_3COO^-]}{[CH_3COOH]} \quad \text{ac felly} \quad [H^+] = \frac{K_a \times [CH_3COOH]}{[CH_3COO^-]}$$

Os ydyn ni'n gwneud byffer o CH_3COOH â chrynodiad 0.20 môl dm^{-3} a CH_3COONa â chrynodiad 0.20 môl dm^{-3} (K_a ar gyfer $CH_3COOH = 1.7 \times 10^{-5}$ môl dm^{-3}), yna, er mwyn cyfrifo'r pH, mae angen i ni gyfrifo $[H^+]$ ac yna defnyddio'r hafaliad ar gyfer pH.

$$[H^+] = \frac{1.7 \times 10^{-5} \times (0.20)}{(0.20)} = 1.7 \times 10^{-5} \text{ môl dm}^{-3}$$

$$pH = -\log_{10}[H^+] = -\log_{10}(1.7 \times 10^{-5}) = 4.8$$

Cwestiwn cyflym

(29) Cyfrifwch pH hydoddiant byffer sy'n cynnwys HCOOH â chrynodiad 0.10 môl dm^{-3} ac HCOONa â chrynodiad 0.20 môl dm^{-3}.

(K_a ar gyfer HCOOH = 1.6×10^{-5} môl dm^{-3}.)

Titradiadau asid–bas

Pan ychwanegir alcali at asid, mae adwaith niwtraliad yn digwydd. Mae hyn yn arwain at gynnydd yn y pH wrth i'r alcali gael ei ychwanegu; fodd bynnag, nid yw'r newid yn ffurfio graff llinell syth. Mae siâp y graff yn dibynnu ar gryfder yr asid a'r bas.

Cromlin titradiad asid cryf–bas cryf (HCl gyda NaOH)

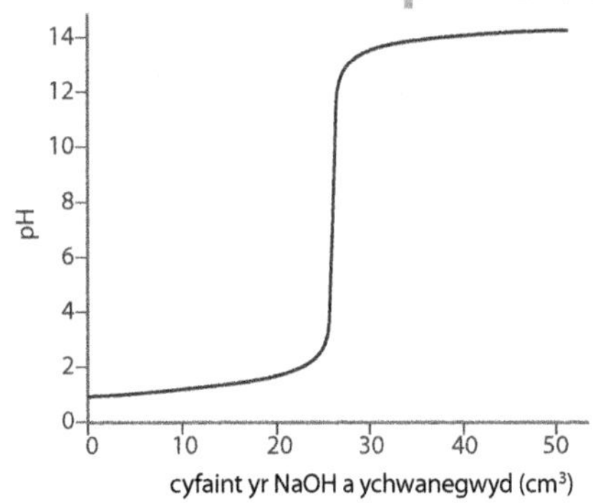

Mae'r pH yn cynyddu'n araf nes bod maint yr NaOH a ychwanegwyd yn debyg i faint yr HCl, pan fydd cynnydd sydyn. Mae canol y gromlin yn fertigol, cyn iddi lefelu ar y diwedd. Yr enw ar ganolbwynt y rhanbarth fertigol yw'r pwynt cywerthedd ac yma mae maint yr alcali a ychwanegwyd yn hafal i faint yr asid.

Cromlin titradu ar gyfer ychwanegu NaOH â chrynodiad 0.1 môl dm^{-3} at 25cm^{3} o HCl â chrynodiad 0.1 môl dm^{-3}

Dangosyddion

Gallwn ni adnabod y pwynt cywerthedd drwy ddefnyddio dangosydd. Asid neu fas gwan yw dangosydd, lle mae gan y moleciwlau dadunedig ac unedig liwiau gwahanol.

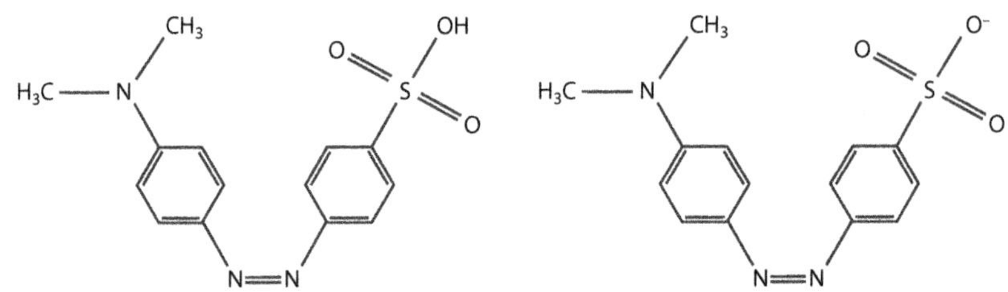

methyl oren (ffurf goch) (mewn asid)

methyl oren (ffurf oren) (mewn alcali)

Mae'r dangosydd yn newid lliw dros ystod fach o pH, ond os yw'r ystod hon yn cynnwys rhan fertigol y gromlin, yna bydd y newid lliw i'w weld pan ychwanegir un diferyn yn unig o'r hydoddiant basig. Mae dangosyddion gwahanol yn newid lliw dros ystodau pH gwahanol ac mae'r gwerthoedd ar gyfer rhai dangosyddion yn y tabl isod.

Dangosydd	Ystod fras y newid lliw
Ffenolffthalein	8.3 – 10.0
Bromothymol glas	6.0 – 7.5
Litmws	4.0 – 6.5
Methyl oren	3.2 – 4.4

Cromliniau titradu lle mae asid gwan neu fas gwan

Pan fydd asid gwan yn cael ei ddefnyddio mewn titradiad, mae'r rhanbarth fertigol yn y gromlin titradu'n fyrrach ac mae'r gromlin yn dechrau ar pH uwch oherwydd bod yr asid yn wannach.
Mae'r gromlin yn codi'n fwy graddol tuag at y pwynt cywerthedd, ond mae'n lefelu ar tua hanner y cyfaint sydd ei angen ar gyfer niwtraliad. Y rheswm dros y rhanbarth gwastad hwn yw bod cymysgedd o halwyn ac asid yn ffurfio yma ac yn achosi effaith byffro.

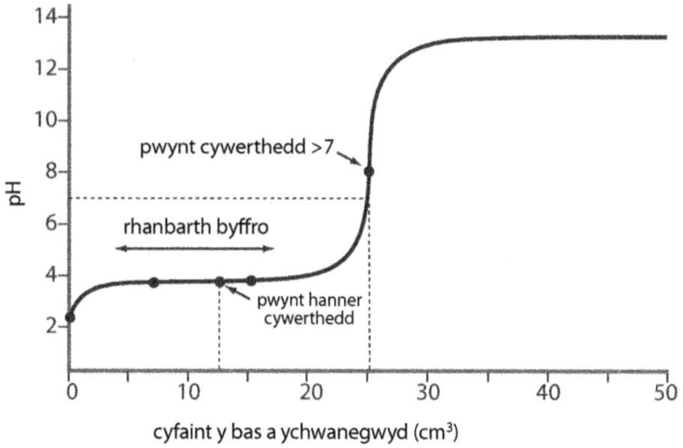

Cromlin titradiad ar gyfer ychwanegu 0.1 môl dm^{-3} o NaOH at 0.1 môl dm^{-3} o CH_3COOH.

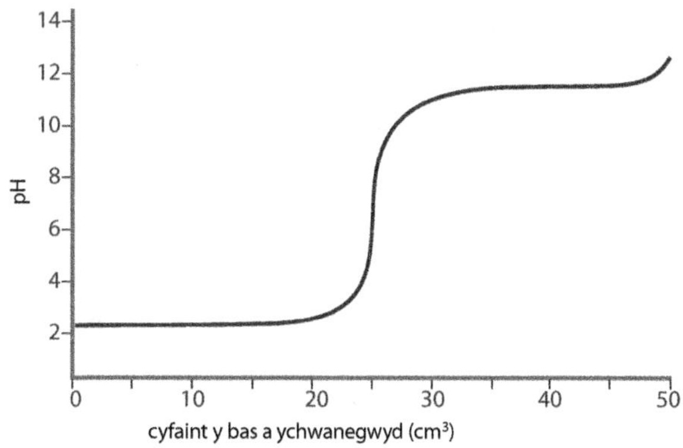

Cromlin titradiad ar gyfer ychwanegu 0.1 môl dm^{-3} o NH_3 at 0.1 môl dm^{-3} o HCl.

Mae'r gromlin asid cryf/bas gwan yn dangos patrwm tebyg yn rhanbarth basig y graff, gyda chynnydd graddol o pH 7 nes iddi lefelu (effaith byffro), ac ar ôl hyn mae'n cynyddu'n raddol i'w pH terfynol, sy'n llai na 14 oherwydd bod y bas yn wan. Does dim rhanbarth fertigol yn y gromlin titradu asid gwan/bas gwan, ac felly nid yw dangosydd yn addas ar gyfer y titradiad ac mae'n rhaid defnyddio mesurydd pH.

pH halwynau

Ar bwynt cywerthedd pob un o'r cromliniau hyn, mae gennym hydoddiant o'r halwyn sy'n cael ei ffurfio o'r asid a'r bas. pH yr hydoddiant hwn yw canolbwynt rhan fertigol y gromlin. Ar gyfer asid cryf/bas cryf, y pH hwn yw 7, sy'n dangos bod hydoddiant yr halwyn yn yr achos hwn yn niwtral. Pan fydd gennym asid gwan a bas cryf, nid yw'r halwyn a ffurfir yn niwtral ac mae'n ffurfio hydoddiant sy'n fasig, gyda pH tua 8–10. Mae hyn oherwydd bod yr halwyn yn rhyddhau ei holl anionau, er enghraifft yr anion ethanoad CH_3COO^-, ac mae'r rhain yn adweithio â'r ïonau H^+ ac yn eu dileu o'r hydoddiant oherwydd yr ecwilibriwm isod:

$$H^+(d) + CH_3COO^-(d) \rightleftharpoons CH_3COOH\ (d)$$

Pan fydd gennym asid cryf a bas gwan, mae'r halwyn a ffurfir yn asidig, gyda pH o ryw 4–6. Mae hyn oherwydd bod y catïon sy'n bresennol, er enghraifft NH_4^+, yn gallu daduno gan ryddhau ïonau H^+ mewn adwaith cildroadwy:

$$NH_4^+ \rightleftharpoons NH_3 + H^+$$

Gwella gradd

Mewn titradiad asid gwan/bas cryf, mae cymysgedd gyda'r un nifer o folau o asid a halwyn yn cael ei ffurfio pan fydd hanner cyfaint y bas sydd ei angen ar gyfer niwtraliad wedi cael ei ychwanegu. Mae hyn yn fyffer a'i pH = $-\log K_a$.

Awgrym

Gan fod yn rhaid i'r dangosydd sy'n cael ei ddefnyddio mewn titradiad newid lliw yn llwyr yn rhanbarth fertigol y gromlin, ni fydd pob dangosydd yn addas ar gyfer y titradiadau hyn. Gan ddefnyddio'r tabl ar y dudalen flaenorol, gallwn weld mai ffenolffthalein yw'r gorau ar gyfer titradiad bas cryf/asid gwan ac mai methyl oren yw'r gorau ar gyfer titradiad bas gwan/asid cryf.

Crynodeb: UNED 3 Cemeg Ffisegol ac Anorganig

3.1 Rhydocs a photensial electrod safonol

Rhydocs

- Mewn unrhyw adwaith rhydocs, mae un rhywogaeth yn cael ei rhydwytho ac un arall yn cael ei hocsidio.
- Mae'n bosibl diffinio ocsidiad a rhydwythiad gan ddefnyddio:
  - Trosglwyddo electronau (ocsidiad yw colli electronau, rhydwythiad yw ennill electronau).
  - Cyflyrau ocsidiad (yn ystod ocsidiad, mae cyflyrau ocsidiad yn dod yn fwy positif, ac yn ystod rhydwythiad, maen nhw'n dod yn llai positif).
- Mae'n bosibl defnyddio celloedd tanwydd i gael egni o danwyddau.
  - Mae'r manteision yn cynnwys effeithlonrwydd uchel a dim nwyon tŷ gwydr yn cael eu cynhyrchu o nwy hydrogen.
  - Mae'r anfanteision yn cynnwys y ffaith bod tanwyddau ffosil yn cael eu defnyddio i gynhyrchu hydrogen a'r anhawster o storio nwy hydrogen fflamadwy.

Electrocemeg

- Mae celloedd electrocemegol yn cynnwys dau hanner cell wedi'u cysylltu gan bont halwyn a foltmedr gwrthiant uchel.
- Rydyn ni'n mesur potensial electrod safonol drwy gysylltu hanner cell â'r electrod hydrogen safonol.
- Yr amodau safonol yw gwasgedd 1 atm, crynodiad 1 môl dm^{-3} a thymheredd 298 K.
- Gwerth g.e.m. cell yw'r gwahaniaeth rhwng potensialau electrod safonol y ddau hanner cell.
- Mae adwaith yn ddichonadwy os yw'r g.e.m. yn bositif.

3.2 Adweithiau rhydocs

- Mae'n bosibl llunio adweithiau rhydocs drwy gyfuno dau hanner hafaliad – un ar gyfer ocsidiad ac un ar gyfer rhydwythiad.
- Mae titradiadau rhydocs yn rhoi gwybodaeth am grynodiadau hydoddiannau, gan ddefnyddio'r hafaliad molau = crynodiad (mewn môl dm^{-3}) × cyfaint (mewn dm^{3}).
- Mae'n bosibl defnyddio titradiad i astudio ïonau copr drwy ychwanegu ïonau ïodid, sy'n rhyddhau ïodin (I_2).

3.3 Cemeg y bloc *p*

- Mae llawer o'r cyfansoddion yn amffoterig – maen nhw'n adweithio ag asidau a hefyd ag alcalïau.
- Gall eu cyflyrau ocsidiad fod yn wahanol oherwydd:
  - Yr effaith pâr anadweithiol – mae hyn yn lleihau'r cyflwr ocsidiad o 2 ac yn dod yn bwysicach wrth fynd i lawr y grŵp.
  - Ehangiad yr wythawd – mae hyn yn galluogi elfennau yn y trydydd cyfnod ac yn is i fod â chyflyrau ocsidiad uwch na +4 drwy ddefnyddio orbitalau *d*.

Grŵp 3

- Mae llawer o gyfansoddion yn electron ddiffygiol – mae gan yr atomau lai nag 8 electron yn eu plisgyn allanol.
- Maen nhw'n ffurfio bondiau cyd-drefnol gyda pharau unig, sy'n ffurfio deumerau fel Al_2Cl_6.
- Mae gan foron nitrid adeiledd a bondio tebyg i graffit, ond nid yw'n dargludo trydan gan fod yr electronau'n lleoledig.

Grŵp 4

- Maen nhw'n newid o fod yn anfetelau i fod yn fetelau wrth fynd i lawr y grŵp.
- Maen nhw'n sefydlog yn y cyflwr ocsidiad +4, ar wahân i blwm, sy'n sefydlog fel +2.
- Mae'r ocsidau'n asidig ar dop y grŵp, gan ddod yn amffoterig ar y gwaelod.
- Nid yw CCl_4 yn adweithio â dŵr, ond mae $SiCl_4$ yn gwneud.
- Mae cyfansoddion plwm(II) yn anhydawdd, ar wahân i $Pb(NO_3)_2$ a $(CH_3COO)_2Pb$.

Grŵp 7

- Mae'r elfennau yn dod yn ocsidyddion gwannach wrth fynd i lawr y grŵp.
- Mae'r halogenau sy'n ocsidyddion cryfach yn gallu dadleoli'r ïonau halid is o hydoddiant.
- Mae Cl_2 yn adweithio'n wahanol â NaOH (d) poeth ac oer, gan roi cynhyrchion gwahanol mewn cyflyrau ocsidiad gwahanol.
- Mae asid sylffwrig yn adweithio â NaCl, NaBr a NaI, ond dim ond NaBr a NaI sy'n rhydwythyddion digon cryf i rydwytho'r H_2SO_4.

3.4 Cemeg y bloc *d*

- Mae elfennau trosiannol yn colli eu helectronau *s* yn gyntaf pan fyddan nhw'n adweithio ac mae ganddyn nhw orbitalau *d* sydd wedi'u llenwi'n rhannol yn eu hïonau.
- Mae gan bob elfen sawl cyflwr ocsidiad.
- Maen nhw'n ffurfio cymhlygion drwy fondio â ligandau.
- Mae cymhlygion yn amsugno rhai amleddau o olau ac mae'r golau a adlewyrchir yn rhoi lliw iddyn nhw.
- Mae'n bosibl eu defnyddio fel catalyddion mewn llawer o adweithiau.

3.5 Cineteg gemegol

- Gallwn ni fesur cyfraddau drwy astudio sut mae unrhyw ffactor (gwasgedd, cyfaint neu liw) yn newid dros amser.
- Mae gradd adwaith yn rhoi effaith pob crynodiad ar y gyfradd.
- Gallwn ni gyfrifo cyfradd yr adwaith o'r hafaliad cyfradd, sy'n cyfuno crynodiadau, graddau a'r cysonyn cyfradd.
- Mae'r sylweddau a'r graddau yn yr hafaliad cyfradd yn rhoi'r cam penderfynu cyfradd (y cam arafaf) ym mecanwaith yr adwaith.
- Mae'n bosibl defnyddio hafaliad Arrhenius i feintioli effaith tymheredd ar y cysonyn cyfradd.

3.6 Newidiadau enthalpi ar gyfer solidau a hydoddiannau

- Mae llawer o newidiadau enthalpi safonol ac maen nhw i gyd yn dechrau o 1 môl o sylwedd neu'n ffurfio 1 môl o sylwedd.
- Gallwn ni gyfuno newidiadau egni mewn cylchredau egni i gyfrifo newidiadau egni cyflawn.
- Mae gan gyfansoddion sefydlog enthalpïau ffurfiant negatif.

3.7 Entropi a dichonoldeb adweithiau

- Mae entropi'n mesur graddfeydd rhyddid mewn system, ac felly mae gan nwyon entropi uwch na hylifau a solidau.
- Mae egni rhydd Gibbs yn cyfuno enthalpi ac entropi, $\Delta G = \Delta H - T\Delta S$.
- Er mwyn i adwaith fod yn ddichonadwy, mae'n rhaid i ΔG fod yn negatif.

3.8 Cysonion ecwilibriwm

- Ar gyfer pob cysonyn ecwilibriwm, mae'r cynhyrchion yn cael eu rhannu â'r adweithyddion.
- Mae K_p yn cael ei ddiffinio yn nhermau gwasgedd a K_c yn nhermau crynodiad.
- Mae gan gysonion ecwilibriwm unedau sy'n aml yn deillio o unedau crynodiad neu wasgedd.
- Mae cysonion ecwilibriwm yn gyson, heblaw pan fydd y tymheredd yn newid.

3.9 Ecwilibria asid–bas

- Cyfranwyr protonau yw asidau a derbynyddion protonau yw basau, gydag asidau gwan yn daduno'n rhannol ac asidau cryf yn daduno'n llwyr.
- $pH = -\log[H^+]$ ac ar gyfer asid cryf $[H^+] = [\text{asid}]$.
- Mae K_a yn dangos cryfder asidau – mae K_a mwy yn golygu asid cryfach – a gallwn ni ei ddefnyddio i gyfrifo pH asid gwan.
- Mae $K_w = [H^+] \times [OH^-]$ ac mae hyn yn ein galluogi i gyfrifo pH bas cryf.
  Yn ystod titradiadau asid–bas mae'r pH yn newid mewn ffordd amrywiol, gyda phatrymau gwahanol gan ddibynnu ar gryfder yr asid a'r bas.
- Asidau neu fasau gwan sy'n newid lliw yw dangosyddion. Rydyn ni'n dewis dangosydd sy'n newid lliw yn llwyr yn rhanbarth fertigol cromlin titradiad.
- Hydoddiannau o asidau gwan a'u halwynau yw byfferau, sy'n cadw'r pH yn gyson.
- Bydd halwyn asid gwan yn fasig a bydd halwyn bas gwan yn asidig.

U4 Gwybodaeth a Dealltwriaeth

Dadansoddi ac Adeiladu Moleciwlau

Mae Uned 4 yn adeiladu ar syniadau sylfaenol sbectrosgopeg a'r cemeg organig sylfaenol a gafodd eu cyflwyno yn y cwrs UG a hefyd yn ymchwilio i'r cysyniadau hyn yn fwy manwl. Er mwyn deall cemeg organig modern, mae angen deall y cefndir mecanyddol i adweithiau sydd, yn eu tro, â chysylltiad agos â pholaredd mewn bondiau – yn enwedig bondiau rhwng atomau carbon, hydrogen, ocsigen, nitrogen a'r halogenau. Rydyn ni'n defnyddio sbectrosgopeg isgoch a chyseiniant magnetig niwclear (NMR) a sbectromedreg màs yn llawer mwy heddiw i ddarganfod adeiledd cyfansoddion organig, yn hytrach na'r dulliau mwy traddodiadol, sef dadansoddiad elfennol ac adweithiau grwpiau gweithredol. Mae gan y dulliau traddodiadol swyddogaeth bwysig o hyd, fodd bynnag, a bydd y gwahanol destunau yn yr uned hon yn trafod hyn.

Wedi'i adolygu!

		Nodiadau sylfaenol	Dealltwriaeth dda	Wedi adolygu'n llawn
4.1 Stereoisomeredd Mae'n bwysig sylweddoli nad oes llawer o foleciwlau yn 'wastad' a bod safleoedd y bondiau mewn gofod yn bwysig dros ben.	**tt. 48–49**	☐	☐	☐
4.2 Aromatigedd Wrth astudio ar gyfer U2, rydyn ni'n dod ar draws y syniad nad oes angen i foleciwlau fod â chadwyn syth neu â chadwyn ganghennog na ffurfio cylchoedd sy'n adweithio'n aliffatig (cyfansoddion aligylchol). Mae sefydlogrwydd y cylch mewn cyfansoddion aromatig yn llawer mwy nag yw mewn cyfansoddion aligylchol ac mae hynny'n arwain at adweithiau gwahanol.	**tt. 50–53**	☐	☐	☐
4.3 Alcoholau a ffenolau Daethon ni ar draws alcoholau yn y flwyddyn UG ac mae'r astudiaeth nawr yn ymestyn i gynnwys ffenolau, lle mae'r grŵp OH yn bondio'n uniongyrchol â'r cylch bensen. Rydyn ni'n cymharu adweithiau'r ddau grŵp hyn o gyfansoddion.	**tt. 54–56**	☐	☐	☐

			Nodiadau sylfaenol	*Dealltwriaeth dda*	*Wedi adolygu'n llawn*
4.4 Aldehydau a chetonau Mae'r rhain yn gyfansoddion pwysig iawn, sy'n cynnwys y grŵp carbonyl (C=O). Un ffordd o wneud y cyfansoddion carbonyl hyn yw drwy ocsidio alcoholau.	→	**tt. 57–59**	→ ☐	☐	☐
4.5 Asidau carbocsylig a'u deilliadau Mae asidau carbocsylig yn cynnwys y grŵp COOH. Drwy amnewid y grŵp OH, gallwn ni gynhyrchu amidau, halidau asid (asyl) ac esterau.	→	**tt. 60–64**	→ ☐	☐	☐
4.6 Aminau Mae amin yn cynnwys grŵp NH_2 sy'n bondio'n uniongyrchol ag atom carbon. Maen nhw'n ffurfio'r blociau adeiladu ar gyfer llawer o foleciwlau mwy sy'n bwysig mewn bioleg.	→	**tt. 65–68**	→ ☐	☐	☐
4.7 Asidau amino, peptidau a phroteinau Mae asidau amino'n cynnwys grwpiau NH_2 a COOH ac mae'n bosibl eu cyddwyso ynghyd i roi'r defnyddiau cychwynnol ar gyfer polypeptidau a phroteinau.	→	**tt. 69–70**	→ ☐	☐	☐
4.8 Synthesis organig a dadansoddi Mae'n bwysig iawn gallu cysylltu adweithiau â'i gilydd i roi dilyniannau, sy'n dangos sut mae'n bosibl syntheseiddio cyfansoddion arbennig. Mae'n bosibl darganfod adeiledd cyfansoddyn organig drwy ddadansoddiad cemegol a thrwy ddefnyddio technegau sy'n defnyddio offer fel cyseiniant magnetig niwclear (NMR), sbectromedreg màs a sbectrosgopeg amsugniad isgoch.	→	**tt. 71–79**	→ ☐	☐	☐

4.1 Stereoisomeredd

Mae stereoisomeredd yn ymwneud â sut mae atomau a grwpiau'n cael eu trefnu mewn gofod. Fel y mae'r enw'n ei awgrymu, mae'n rhaid i stereoisomerau fod yn isomerau sy'n wahanol i'w gilydd mewn rhyw ffordd sy'n gysylltiedig â'u trefniant gofodol. Mae'n rhaid iddyn nhw fod â'r un fformiwla adeileddol (trefniant yr atomau), ond mae'n rhaid i'r ffordd y mae'r bondiau'n cael eu trefnu mewn gofod fod yn wahanol. Mae dwy ffurf ar stereoisomeredd, sef isomeredd *E–Z* ac isomeredd optegol.

Isomeredd *E–Z*

Buoch chi'n trafod isomeredd *E–Z* yn ystod y cwrs UG, ond mae hefyd yn rhan o'r uned hon. Mae gan gyfansoddion sy'n dangos y math hwn o isomeredd o leiaf un bond dwbl carbon–carbon gydag atomau neu grwpiau gwahanol yn bondio â'r atomau carbon hyn. Gall yr atomau neu'r grwpiau hyn fod yr un fath neu'n wahanol ond nid yw'n bosibl cael dau atom neu grŵp unfath yn bondio â'r un atom carbon. Yr enghraifft symlaf yw'r enghraifft lle mae'r un atomau neu grwpiau ar bob 'pen' i'r bond dwbl.

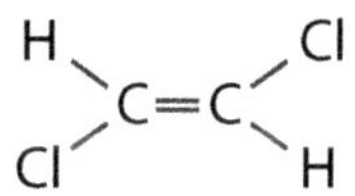

(*E*)- 1,2-deucloroethen

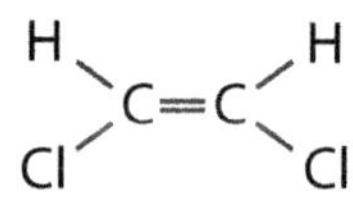

(*Z*)- 1,2-deucloroethen

Os yw'r ddau atom neu grŵp 'gyferbyn' â'i gilydd, yr isomer *E* sydd gennym, ac os nad ydyn nhw 'gyferbyn' â'i gilydd, yr isomer *Z* sydd gennym.

Does dim angen i'r atomau neu'r grwpiau fod yr un fath, wrth gwrs. Edrychwch ar stereoisomerau 1-cloro-2-bromopropen, $CH_3CBr{=}CHCl$. Gallwn ni lunio'r ffurfiau *E* neu *Z*.

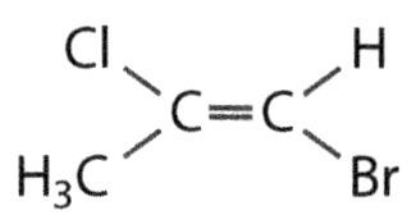

(*E*)- 1-bromo-2-cloropropen

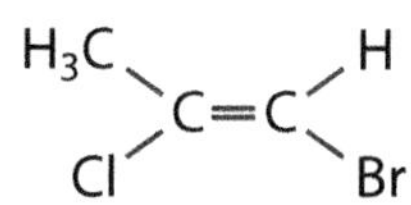

(*Z*)- 1-bromo-2- cloropropen

Mae'n amlwg bod y rhain yn stereoisomerau, gan fod trefniannau gofodol gwahanol i'r atomau/grwpiau. Mae rheolau ar gyfer penderfynu pa un yw'r isomer *E* a pha un yw'r isomer *Z*, ac mae'r rhain yn cael eu trafod yn y Canllaw Astudio ac Adolygu UG.

Tan yn ddiweddar, yr enw ar y math hwn o isomeredd oedd **isomeredd geometregol** a 'trans' oedd yr isomer *E* a 'cis' oedd yr isomer *Z*.

Weithiau, bydd cwestiynau arholiad yn gofyn 'pam mae'r math hwn o stereoisomeredd yn digwydd? Ni all naill ben y bond dwbl gylchdroi mewn perthynas â'i ben arall', ond mae'r ateb 'does dim cylchdro o amgylch bond dwbl' yn dderbyniol hefyd.

Gwella gradd

Byddwch yn ofalus iawn wrth ddisgrifio stereoisomeredd. Mae'n anghywir dweud 'bod gan stereoisomerau yr un fformiwlâu moleciwlaidd neu empirig ond bod gwahaniaeth rhyngddyn nhw o ran trefniant gofodol eu hatomau'. Nid yw cyfansoddion sydd â'r un fformiwlâu moleciwlaidd neu empirig yn gorfod bod yn yr un teulu o gyfansoddion.

Gwella gradd

Os gofynnir i chi esbonio pam mae isomeredd *E–Z* yn digwydd, peidiwch ag ysgrifennu 'oherwydd na all y bond dwbl gylchdroi.' Gall gylchdroi'n llwyr, wrth gwrs, ond y pwynt pwysig yw na all un pen gylchdroi mewn perthynas â'r pen arall.

cwestiwn cyflym

(30) Lluniadwch fformiwla adeileddol hecs-1-en a nodwch pam na all y cyfansoddyn hwn ddangos isomeredd *E–Z*.

cwestiwn cyflym

(31) Lluniadwch fformiwla adeileddol (*Z*)-pent-2-en.

Mae stereoisomeredd yn ymwneud â sut mae grwpiau neu ator
cyfansoddyn yn cael eu trefnu mewn gofod. Wrth drafod stereo
E–Z, edrychon ni ar y trefniannau gwahanol o amgylch bond dw
carbon. Yn yr adran hon, rydyn ni'n edrych ar y sefyllfa pan fydc
sengl yn bondio atom carbon â phedwar grŵp neu atom gwaha

Isomeredd optegol

Yr enw ar yr atom carbon 'canolog' sy'n bondio â phedwar grŵ
gwahanol yw **craidd cirol** (neu atom carbon cirol). Mewn llyfr
term 'atom carbon anghymesur' sy'n cael ei ddefnyddio. Mae c
gwahanol o'r craidd cirol hwn a'r pedwar atom sy'n bondio ag ef. .
drefniant hyn yn ddrychddelweddau o'i gilydd.

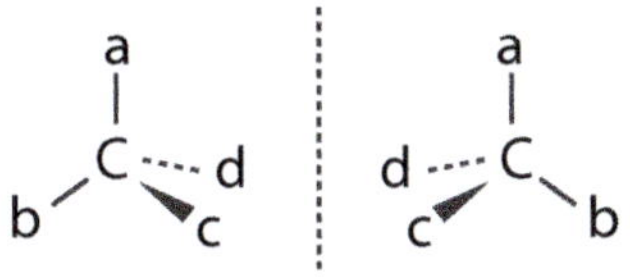

Yn ogystal â bod yn ddrychddelweddau, maen nhw'n effeithio ar blân golau plân polar, ac oherwydd hyn, rydyn ni'n eu galw nhw'n **isomerau optegol** neu'n **enantiomerau**. Bydd un o'r enantiomerau hyn yn cylchdroi plân golau plân polar i'r chwith a bydd y llall yn ei gylchdroi i'r dde. Nid oes angen gwybod pam mae hyn yn digwydd nac i ba gyfeiriad y bydd isomer penodol yn cylchdroi golau. Os oes cymysgedd o'r un nifer o folau o bob enantiomer mewn hydoddiant, yna bydd y cylchdro i'r naill gyfeiriad yn cydbwyso'r cylchdro i'r llall. Y canlyniad yw hydoddiant sy'n ymddangos yn anactif yn optegol; hynny yw, nid yw'n effeithio ar blân golau plân polar – yr enw arno yw **cymysgedd racemig**. Mae cyfansoddion cirol yn bwysig iawn mewn biocemeg lle na all ensymau weithio oni bai bod siâp y moleciwl yn gywir.

Mae cwestiynau ar y testun hwn yn aml yn gofyn i chi adnabod craidd cirol mewn fformiwla sy'n cael ei rhoi ar gyfer cyfansoddyn. Yn aml iawn, gofynnir i chi adnabod y craidd cirol hwn gyda seren (*).

Gwella gradd

Byddwch yn ofalus mewn cwestiynau sy'n gofyn i chi adnabod creiddiau cirol. Mae gan rai moleciwlau fwy nag un craidd cirol.

Gwella gradd

Wrth chwilio am greiddiau cirol, y pwynt pwysig i'w gofio yw bod yn rhaid i'r atom carbon cirol fondio'n uniongyrchol â *phedwar grŵp neu atom gwahanol*. Oherwydd hyn, nid yw'n bosibl i unrhyw atom carbon sydd â bond dwbl ag atom arall fod yn graidd cirol.

Cyfansoddion cyffredin sydd â chraidd cirol

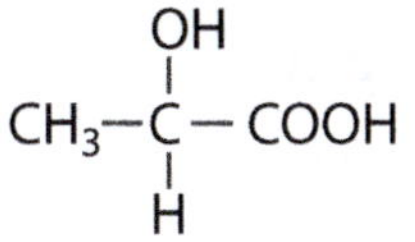

asid 2-hydrocsipropanöig

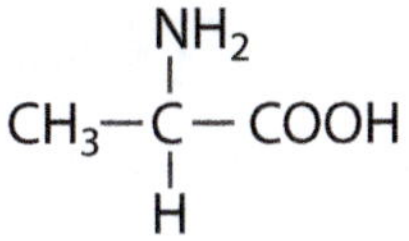

asid 2-aminopropanöig

Mae'r ddau gyfansoddyn hyn yn ddefnyddiol iawn i arholwyr oherwydd gallan nhw fod yn rhan o gwestiynau hirach.

Mae asid 2-aminopropanöig yn asid amino α; gall cwestiwn fynd yn ei flaen i ofyn am switerïonau a ffurfio deupeptidau.

cwestiwn cyflym

(32) Nodwch unrhyw greiddiau cirol yn fformiwla'r cyfansoddyn isod.

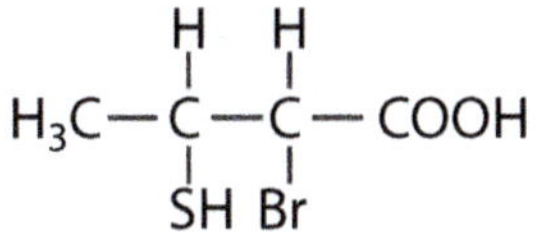

racemig = anactif optegol
gymysg yn un molec o bob enantiomer.
Enantiomer = moleciwl drychddelwedd o foleciwl arall ac yn cylchdroi plân golau plân polar.

Termau Allweddol

Dadleoliad = parau electron sy'n cael eu rhannu rhwng tri neu ragor o atomau carbon, er enghraifft mewn cyfansoddion aromatig fel bensen a naffthalen.

4.2 Aromatigedd

Adeiledd bensen

Fformiwla foleciwlaidd bensen yw C_6H_6 ac mae astudiaethau pelydr X yn dangos bod yr atomau carbon yn ffurfio hecsagon gwastad gydag ongl y bondiau C–C–C yn 120°. Mae adeiledd Kekulé ar gyfer bensen yn dangos bondiau carbon–carbon sengl a dwbl bob yn ail o gwmpas y cylch. Fodd bynnag, pe bai hyn yn gywir, byddai bensen yn dadliwio dŵr bromin, fel mae alcen yn ei wneud, ac nid yw hyn yn digwydd. Byddai hefyd yn gyfansoddyn adweithiol, ond nid felly mae.

ffurf Kekulé ffurf ddadleoledig

Mae tystiolaeth yn awgrymu bod bensen yn cynnwys adeiledd ag electronau **dadleoledig**, sef cwmwl o electronau π o amgylch y cylch. Y dystiolaeth sy'n cefnogi hyn yw'r ffaith bod gan bob bond carbon–carbon yr un hyd, sy'n hirach na bondiau dwbl ac yn fyrrach na bondiau sengl.

» *Awgrym*

Er nad yw bensen yn adweithio â bromin dyfrllyd (dŵr bromin), bydd cyfansoddion aromatig mwy adweithiol yn adweithio ag ef. Fodd bynnag, bydd y rhain yn ffurfio cynhyrchion amnewid yn hytrach na chynhyrchion adiad.

Egni dadleoliad bensen

Mae'r adwaith rhwng cylchohecsen (sef cylch o chwe atom carbon sydd ag un bond carbon–carbon dwbl) â hydrogen, sy'n cynhyrchu cylchohecsan, yn rhyddhau 120 kJ $môl^{-1}$ (ΔH = -120 kJ $môl^{-1}$).

Mae hydrogeniad tebyg i gylchohecsa-1,3-deuen i gynhyrchu cylchohecsan yn cynhyrchu −240 kJ $môl^{-1}$. Pe bai bensen yn cynnwys tri bond dwbl, (sef adeiledd Kekulé), bydden ni'n disgwyl gwerth o ryw −360 kJ $môl^{-1}$, wrth gynhyrchu cylchohecsan drwy hydrogeniad. Y gwir werth yw −208 kJ $môl^{-1}$. Mae'r ffigur hwn yn awgrymu *nad* adeiledd Kekulé yw adeiledd bensen a bod bensen yn fwy sefydlog na'r adeiledd sydd â bondiau dwbl a sengl bob yn ail. Yr enw ar y gwahaniaeth rhwng y gwerth 'disgwyliedig' a'r gwerth sy'n cael ei fesur (sef 152 kJ $môl^{-1}$) yw'r egni dadleoliad (neu'r egni cyseiniant).

Mae'r gwerthoedd egni hyn yn rhoi rhagor o dystiolaeth dros adeiledd dadleoledig bensen.

Gwella gradd

Dyma dri darn o dystiolaeth dros adeiledd dadleoledig bensen:

- Mae hyd pob bond yn gyfartal.
- Mae enthalpi hydrogeniad yn golygu bod bensen yn fwy sefydlog nag y byddai adeiledd Kekulé yn ei awgrymu.
- Mae bensen yn tueddu i adweithio drwy amnewidiad yn hytrach nag adiad.

Gwrthiant bensen i adweithiau adio

Mae alcenau'n adweithio'n bennaf drwy adiad, er enghraifft adwaith ethen â hydrogen clorid gan roi cloroethan.

$$CH_2{=}CH_2 + HCl \longrightarrow CH_3CH_2Cl$$

Fodd bynnag, mae'n anodd adweithio bensen drwy adiad. Dyma ragor o dystiolaeth dros adeiledd sefydlog y cylch o electronau dadleoledig. Pe bai adiad yn digwydd, byddai'r cwmwl sefydlog o electronau π yn cael ei golli. Mae bensen yn tueddu i adweithio drwy amnewid yr atomau hydrogen, gan fod hyn yn cadw adeiledd dadleoledig y moleciwl.

Nitradiad, halogeniad ac alcyleiddiad bensen

Fel arfer, mae bensen yn adweithio drwy amnewid sy'n golygu bod sefydlogrwydd y cylch o electronau π yn cael ei gadw. Gwefr negatif sydd gan y cwmwl o electronau π, ac felly **amnewid electroffilig** yw mecanwaith adwaith mwyaf cyffredin bensen. Mae'n rhaid i'r grŵp sy'n 'ymosod' fod yn electroffil, ac fel arfer mae'n cael ei wneud o'r adweithyddion yn y fan a'r lle – mae hyn yn golygu ei fod yn cael ei wneud ac yn adweithio wrth iddo gael ei ffurfio.

Term Allweddol

Amnewid electroffilig = gosod 'grŵp' electron-ddiffygiol fel NO_2^+ neu CH_3^+ yn lle atom hydrogen o'r cylch.

Nitradiad bensen

Caiff nitrobensen, $C_6H_5NO_2$, ei wneud drwy adweithio bensen â chymysgedd o asid nitrig ac asid sylffwrig crynodedig ar 50 °C neu'n is. Os bydd y tymheredd yn codi'n uwch na hynny, gall rhywfaint o ddeunitradiad ddigwydd, gan roi 1,3-deunitrobensen, sy'n solid lliw melyn golau.

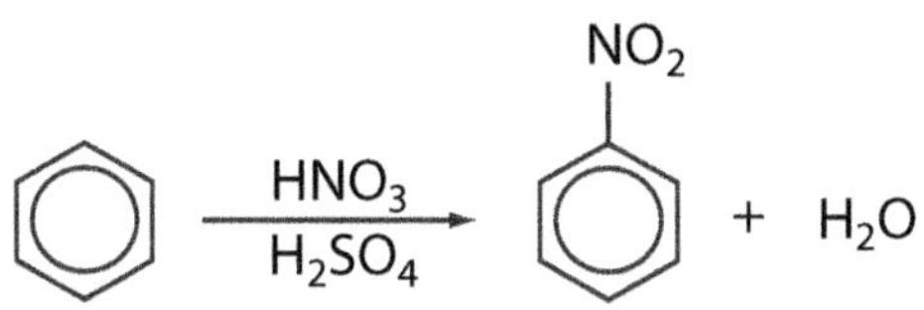

Cam cyntaf y mecanwaith yw cynhyrchu'r ïon nitroniwm, NO_2^+ (sy'n cael ei alw weithiau yn gatïon nitryl) sy'n gweithredu fel electroffil. Yn y cam nesaf mae'r ïon nitroniwm yn adweithio â bensen gan roi nitrobensen.

$$HNO_3 + 2H_2SO_4 \rightleftharpoons NO_2^+ + H_3O^+ + 2HSO_4^-$$

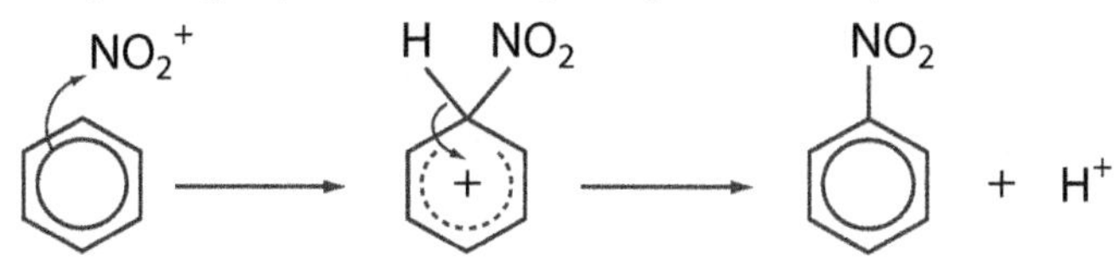

cwestiwn cyflym

㉝ Os caiff 0.1 môl o fensen ei nitradu'n llwyr gan roi nitrobensen yn unig, beth yw màs y nitrobensen sy'n cael ei gynhyrchu?
[A_r: H = 1; C = 12; N = 14; O = 16]

» Awgrym

Nid yw'n ddoeth cynnal yr adwaith hwn mewn golau haul cryf oherwydd gall y golau uwchfioled hyrwyddo adwaith adio rhwng bensen a'r halogen.

Halogeniad bensen

Caiff bromobensen, C_6H_5Br, ei wneud o fensen a bromin ym mhresenoldeb catalydd ar dymheredd ystafell. Y catalydd sy'n cael ei ddefnyddio'n aml yw haearn(III) bromid, ond mae'n bosibl y bydd defnyddiau addas eraill yn cael eu nodi mewn llyfrau. Weithiau disgrifir y catalydd fel 'cludydd halogen' a byddai hyn yn dderbyniol mewn ateb arholiad. Yn aml, mae llyfrau'n dweud bod yr adwaith yn cael ei gynnal yn y tywyllwch – ond, wrth gwrs, pe bai hyn yn llythrennol wir, fyddech chi ddim yn gallu gweld beth sy'n digwydd! Mae'n debyg mai 'allan o olau haul uniongyrchol' yw'r disgrifiad cywir.

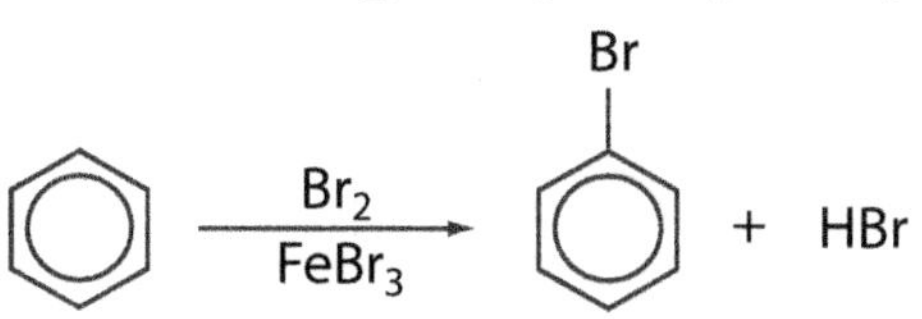

Term Allweddol

Polareiddiad = dosraniad anghyfartal o electronau mewn bond cofalent.

ychwanegol

3a Adweithiodd gwyddonydd 0.20 môl o fensen â bromin. Cafodd 24.0 g o fromobensen (M_r 157). Cyfrifwch gynnyrch canrannol bromobensen.

b Mewn arbrawf arall, nododd y gwyddonydd mai cynnyrch y bromobensen oedd 37.5 g, sef cynnyrch canrannol o 68%. Cyfrifwch fàs y bensen a ddefnyddiwyd ar y dechrau.

Gwella gradd

Wrth ysgrifennu mecanweithiau, gofalwch bob amser fod y saeth gyrliog yn dod o'r cylch bensen ac nid o'r grŵp nitro neu'r atom bromin. Mae ysgrifennu'r saeth y ffordd arall yn gamgymeriad cyffredin.

Fel yn achos nitradiad bensen, adwaith amnewid electroffilig yw'r halogeniad hwn. Mae'r catalydd yn achosi **polareiddiad** y bond Br–Br ac yna mae'n adweithio â'r cylch bensen.

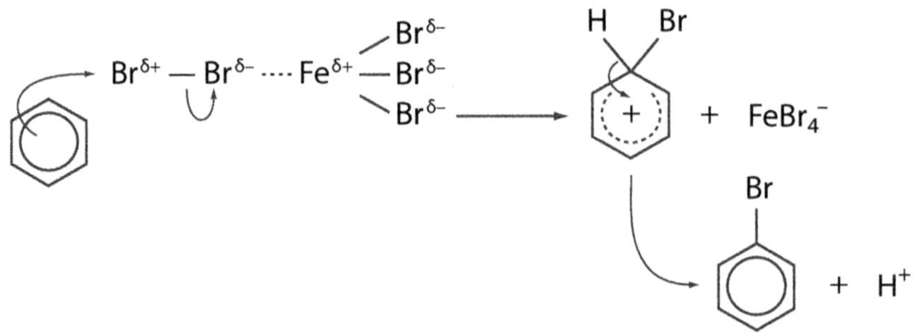

Yna, gall y ddau ïon sy'n cael eu ffurfio, H^+ a $FeBr_4^-$, adweithio â'i gilydd gan roi nwy hydrogen bromid a haearn(III) bromid. Mae nwy hydrogen bromid yn cael ei ryddhau o'r cymysgedd adwaith – dyna pam mae angen cynnal yr adwaith mewn cwpwrdd gwyntyllu. Yna gall yr haearn(III) bromid gynnal yr adwaith eto – felly mae'n gweithredu fel catalydd.

Os oes angen gwneud clorobensen, mae angen gyrru swigod o glorin drwy fensen 'yn y tywyllwch' gyda haearn(III) clorid, $FeCl_3$, neu alwminiwm clorid, $AlCl_3$, sy'n cael ei ddefnyddio fel catalydd.

Alcyleiddiad bensen

Mae'r adwaith hwn yn aml yn cael ei alw'n adwaith Friedel–Crafts, ar ôl y gwyddonwyr lwyddodd i'w ddarganfod. Mae'r term 'alcyleiddiad' yn golygu amnewid grŵp alcyl fel methyl, $-CH_3$, neu ethyl, $-CH_2CH_3$. Mae'r adwaith hwn yn cael ei gynnal mewn ffordd debyg i halogeniad bensen, ond gan ddefnyddio cloromethan, er enghraifft, yn lle bromin. Unwaith eto, mae catalydd yn cael ei ddefnyddio – yr un mwyaf cyffredin yw alwminiwm clorid.

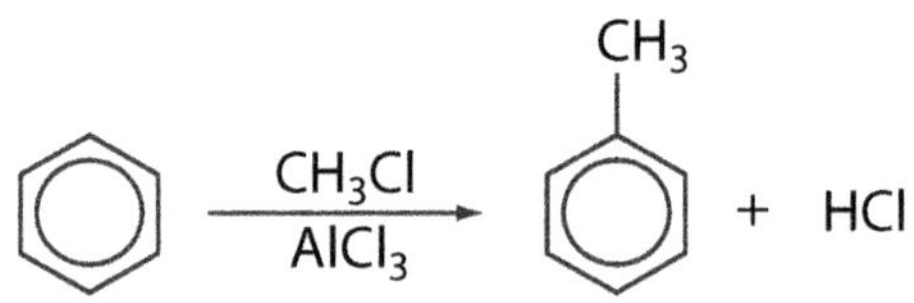

Amnewid electroffilig yw mecanwaith yr adwaith hwn hefyd, sy'n debyg i'r rhai uchod.

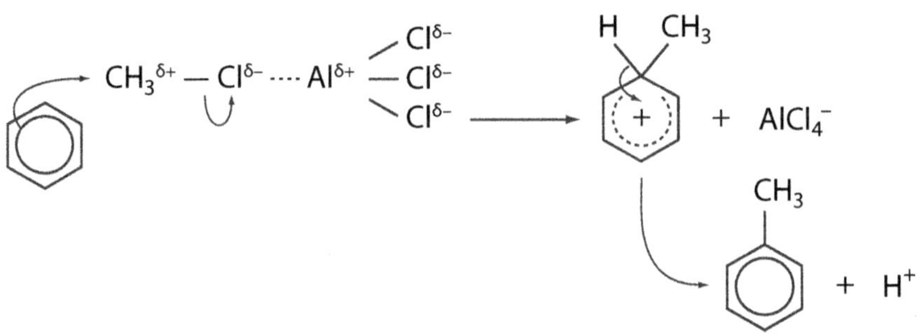

Hydrolysis alcalïaidd cloroalcanau a chlorobensen

Mae cloroalcan, er enghraifft 1-clorobwtan, yn adweithio'n rhwydd â hydoddiant sodiwm hydrocsid pan gaiff y cymysgedd ei adlifo, gan roi bwtan-1-ol fel y cynnyrch organig.

$$CH_3CH_2CH_2CH_2Cl + NaOH \longrightarrow CH_3CH_2CH_2CH_2OH + NaCl$$

Yn Uned 2, mae angen i chi wybod mai amnewid niwcleoffilig yw mecanwaith yr adwaith hwn.

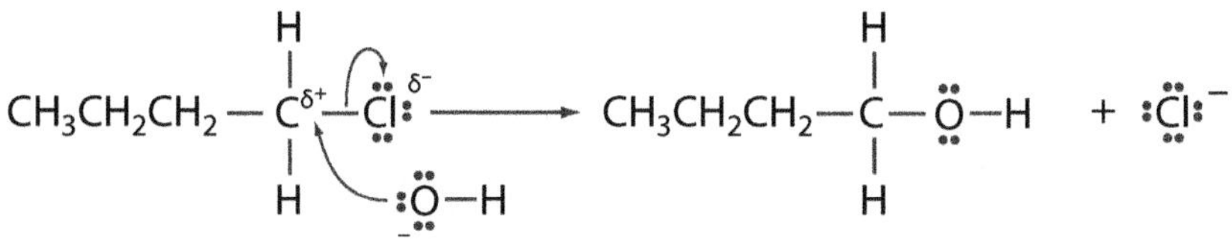

Fodd bynnag, nid yw bensen, gyda'i gylch sefydlog o electronau π, yn debygol o adweithio â niwcleoffil. Mae'r tudalennau blaenorol wedi eich atgoffa bod bensen yn tueddu i adweithio ag electroffilau'n bennaf. Mewn clorobensen, mae'r bond rhwng yr atom clorin a'r atom carbon yn gryfach na'r bond C–Cl aliffatig sydd mewn 1-clorobwtan.

Bond	Egni bond / kJ môl^{-1}
C-Cl aliffatig	346
C-Cl aromatig	399

Mae'r bond rhwng carbon a chlorin mewn clorobensen yn gryfach oherwydd bod y parau unig nad ydyn nhw'n bondio yn gorgyffwrdd â'r cylch o electronau π. Mae angen llawer mwy o egni i dorri'r bond rydyn ni'n ei gael o ganlyniad. Mae'n bosibl gwneud ffenol o glorobensen, ond mae angen amodau llym o ran tymheredd a gwasgedd i yrru'r adwaith, nid dim ond adlifo syml ar ryw 100 °C.

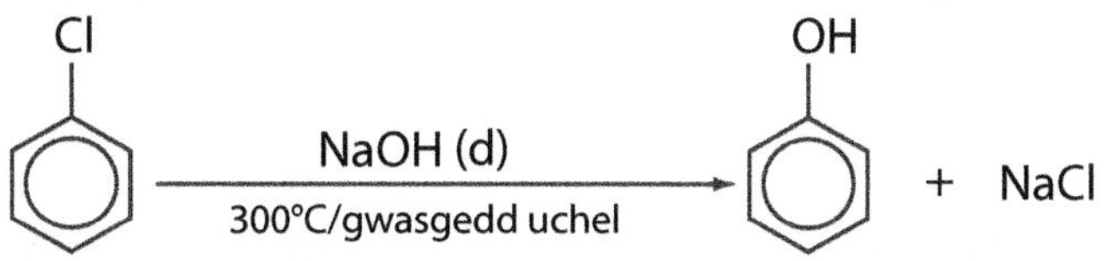

O ganlyniad, nid yw'n bosibl gwneud ffenol o glorobensen oni bai bod hynny'n digwydd o dan amodau eithafol, nad ydyn nhw'n hyfyw yn economaidd. Mewn diwydiant, mae ffenol yn cael ei gynhyrchu fel arfer o (1-methylethyl)bensen (cwmen). Un o fanteision y broses hon yw bod yr adwaith yn cynhyrchu propanon fel cydgynnyrch.

Term Allweddol

Egni bond = yr egni sydd ei angen i dorri bond cofalent i'w 'atomau' (yn y cyflwr nwy). Y mwyaf yw'r gwerth, y cryfaf yw'r bond.

Gwella gradd

Mae disgrifio gwaith ymarferol yn faes gwan i lawer o ymgeiswyr yn yr arholiad. Efallai y gofynnir i ymgeiswyr ddisgrifio beth a olygir wrth 'adlifo'.

Wrth ateb, dylech chi nodi bod anweddiad a chyddwysiad yn digwydd a bod y defnydd sydd wedi cyddwyso yn mynd yn ôl i'r fflasg lle mae'r adwaith yn digwydd. Oni bai eich bod chi'n dweud 'mynd yn ôl' i'r fflasg, gallech chi fod yn disgrifio distyllu!

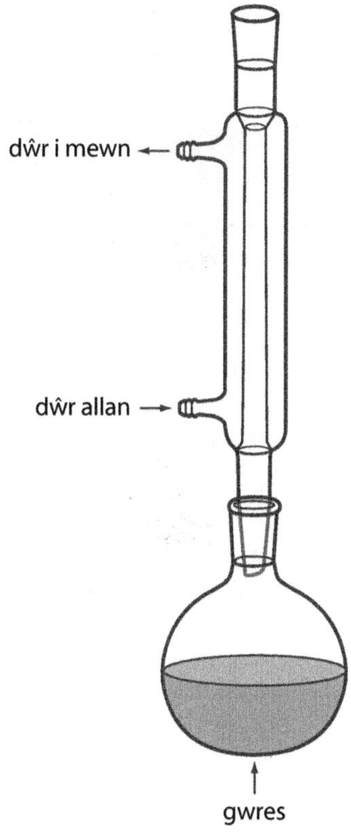

4.3 Alcoholau a ffenolau

Dulliau o ffurfio alcoholau cynradd ac eilaidd

Ffurfio alcoholau o halogenoalcanau

Caiff halogenoalcan ei wresogi dan adlifiad gyda hydoddiant **dyfrllyd** o alcali (sodiwm hydrocsid yn aml). Er enghraifft, mae'n bosibl cael pentan-1-ol o 1-cloropentan. Mae'n bosibl ysgrifennu'r hafaliad ar gyfer yr adwaith fel hafaliad cemegol llawn neu fel hafaliad ïonig.

$$CH_3CH_2CH_2CH_2CH_2Cl + NaOH \longrightarrow CH_3CH_2CH_2CH_2CH_2OH + NaCl$$

$$CH_3CH_2CH_2CH_2CH_2Cl + OH^- \longrightarrow CH_3CH_2CH_2CH_2CH_2OH + Cl^-$$

Rydyn ni'n disgrifio'r mecanwaith ar gyfer yr adwaith hwn fel amnewid niwcleoffilig ac mae sôn amdano yn Uned 2, ond gall cwestiwn amdano gael ei ofyn ym mhapur Uned 4. Ni all clorobensen adweithio'n rhwydd fel hyn – cafodd y rhesymau pam eu disgrifio yn yr adran flaenorol.

Ffurfio alcoholau o aldehydau a chetonau

Mae rhydwytho aldehydau a chetonau yn rhoi alcoholau cynradd ac eilaidd yn ôl eu trefn. Dyma wrthdro'r adweithiau a astudiwyd yn Uned 2 lle mae alcoholau cynradd ac eilaidd yn cael eu hocsidio yn aldehydau a chetonau yn ôl eu trefn gan ddefnyddio hydoddiant potasiwm deucromad asidiedig. Rhydwythiadau yw'r adweithiau hyn sy'n ffurfio alcoholau, a'r rhydwythydd arferol yw sodiwm tetrahydridoborad(III), $NaBH_4$, wedi'i hydoddi mewn dŵr. Weithiau mae'r cyfansoddyn yn cael ei alw'n 'sodiwm borohydrid'. Mae'r hafaliadau ar gyfer yr adweithiau hyn yn eithaf cymhleth ac mae'n dderbyniol cynrychioli'r rhydwythydd $NaBH_4$ fel [H] a chydbwyso'r hafaliad yn y ffordd arferol.

$$CH_3CH_2CH_2CHO + 2[H] \longrightarrow CH_3CH_2CH_2CH_2OH$$

bwtanal → bwtan-1-ol

$$CH_3CH_2CH_2COCH_3 + 2[H] \longrightarrow CH_3CH_2CH_2CH(OH)CH_3$$

pentan-2-on → pentan-2-ol

Gwella gradd

Mae rhai ymgeiswyr yn colli marciau drwy beidio â nodi mai sodiwm hydrocsid dyfrllyd sy'n cael ei ddefnyddio i adweithio â'r halogenoalcan. Os bydd hydoddiant alcoholig o'r alcali'n cael ei ddefnyddio, y prif gynnyrch yw'r alcen cyfatebol.

cwestiwn cyflym

(34) Rhowch fformiwla graffig y cynnyrch a geir drwy wresogi'r cyfansoddyn hwn

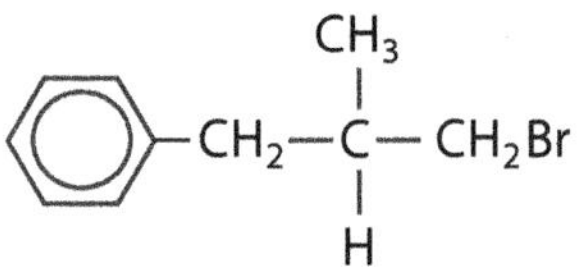

gyda sodiwm hydrocsid dyfrllyd.

ychwanegol

4a Enwch y cynnyrch organig sy'n cael ei wneud pan fydd 1-bromopropan yn adweithio â sodiwm hydrocsid dyfrllyd.

b Rhowch fformiwla graffig y cyfansoddyn sy'n cael ei gynhyrchu pan fydd ffenylethanon, $C_6H_5COCH_3$, yn cael ei rydwytho gan sodiwm tetrahydridoborad(III).

c Esboniwch pam mae'r cyfansoddyn sy'n cael ei gynhyrchu yn (b) yn gallu bodoli ar ffurf enantiomerau.

Adweithiau alcoholau cynradd ac eilaidd

Adwaith â halidau hydrogen

Mae adwaith alcoholau cynradd ac eilaidd â halidau hydrogen yn cynhyrchu halogenoalcanau. Nid yw'r adweithiau hyn yn rhoi cynnyrch da bob amser, ac yn aml maen nhw'n araf ac yn gildroadwy. Mae'r dull sy'n cael ei ddefnyddio yn dibynnu ar yr halogen sy'n bresennol yn y cynnyrch.

Clorineiddiad Un dull yw gyrru nwy hydrogen clorid i'r alcohol gan ddefnyddio sinc clorid anhydrus fel catalydd.

$$CH_3(CH_2)_4CH_2OH \xrightarrow[ZnCl_2]{HCl} CH_3(CH_2)_4CH_2Cl$$

Mae'n bosibl cyflawni clorineiddiad hefyd drwy ddefnyddio ffosfforws(V) clorid, PCl_5, neu sylffwr deuclorid ocsid, $SOCl_2$, fel ffynhonnell clorin.

Bromineiddiad Y dull arferol yw gwresogi cymysgedd o'r alcohol, potasiwm bromid ac asid sylffwrig 50%.

$$CH_3CH_2CH_2CH_2OH + KBr + H_2SO_4 \longrightarrow CH_3CH_2CH_2CH_2Br + KHSO_4 + H_2O$$

Ïodineiddiad Un dull yw cynhesu'r alcohol gyda chymysgedd o ffosfforws coch ac ïodin.

Adwaith ag ethanoyl clorid

Caiff **esterau** eu ffurfio'n gyflym drwy adweithio alcohol cynradd neu eilaidd gydag ethanoyl clorid, CH_3COCl. Mae hydrogen clorid yn cael ei ryddhau fel cyd-gynnyrch nwyol. Mae hyn yn ein galluogi i gael cynnyrch uwch na phe bai asid carbocsylig yn cael ei ryddhau, ond nid yw'n gost-effeithiol ar gyfer dull diwydiannol.

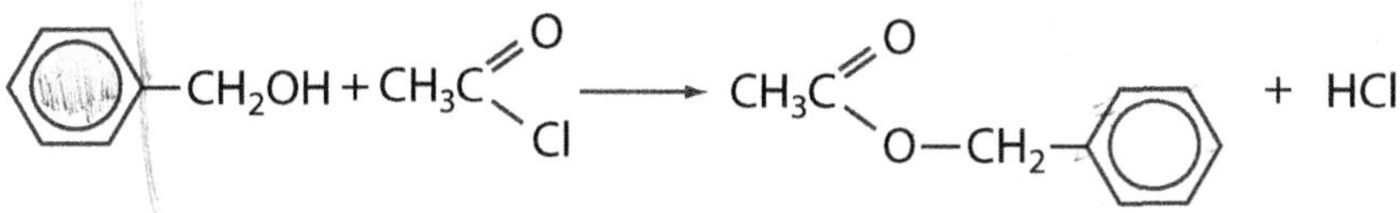

ffenylmethyl ethanoad

Adwaith ag asidau carbocsylig

Dyma ddull cyffredin iawn o gynhyrchu ester. Caiff yr alcohol a'r asid carbocsylig eu hadlifo gyda'i gilydd gydag ychydig o asid sylffwrig crynodedig, sy'n gweithredu fel catalydd. Caiff unrhyw asid sy'n weddill ei niwtralu drwy ddefnyddio hydoddiant sodiwm hydrogencarbonad ac yna mae'r haen sy'n cynnwys yr ester yn cael ei thynnu gan ddefnyddio twndish gwahanu. Ar ôl cael ei sychu, mae'r haen sy'n cynnwys yr ester yn cael ei distyllu ac mae'r ester yn cael ei gasglu ar ei dymheredd berwi.

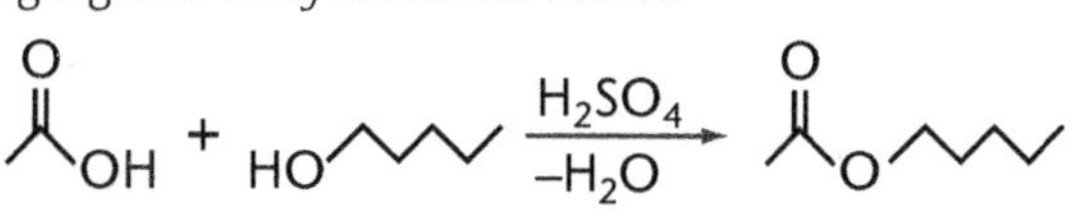

Term Allweddol

Ester = cyfansoddyn sy'n cynnwys y grŵp:

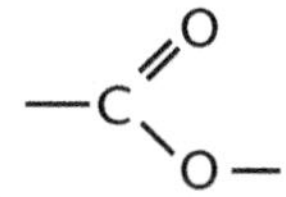

Gwella gradd

Mae defnyddio $SOCl_2$ i glorineiddio alcohol yn ddull da oherwydd bod y cynhyrchion eraill, SO_2 a HCl, i gyd yn nwyon ac yn cael eu colli o gymysgedd yr adwaith. Mae hyn yn golygu, fodd bynnag, fod angen defnyddio cwpwrdd gwyntyllu ar gyfer yr adwaith hwn.

cwestiwn cyflym

(35) Nodwch enw'r asid carbocsylig sy'n adweithio â methanol i gynhyrchu ester sydd â'r fformiwla isod.

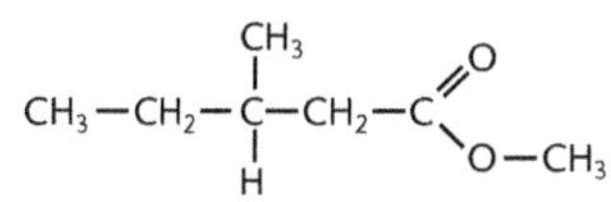

cwestiwn cyflym

(36) Ysgrifennwch fformiwla graffig unrhyw ester sydd â'r fformiwla foleciwlaidd $C_4H_8O_2$.

Asidedd ffenol a'i adweithiau â bromin, ethanoyl clorid a haearn(III) clorid.

Asidedd ffenol

Cyfansoddion yw ffenolau sy'n cynnwys cylch bensen â'r grŵp hydrocsyl wedi'i fondio'n uniongyrchol i'r cylch.

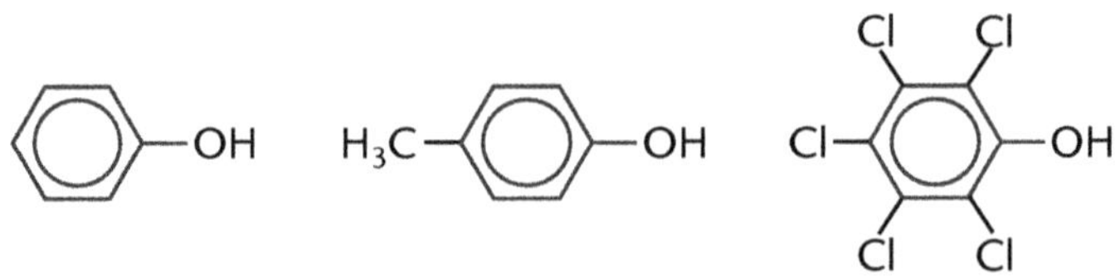

ffenol 4-methylffenol pentacloroffenol

Mae presenoldeb y cylch bensen yn tueddu i wanhau'r bond O–H. Mae hyn yn golygu bod ffenolau'n asidau gwan mewn hydoddiant dyfrllyd, gan fod protonau yn cael eu colli.

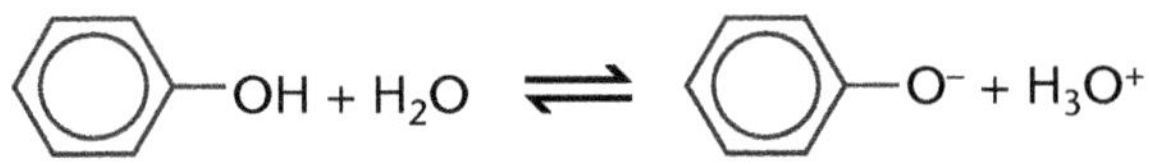

Mae'r ïon ffenocsid yn fwy sefydlog nag y byddech chi'n ei ddisgwyl oherwydd bod y wefr negatif yn tueddu i ledaenu 'ar draws' y cylch. O'u cymharu ag asidau carbocsylig, mae ffenolau yn asidau llawer gwannach fel arfer, ond maen nhw'n asidau cryfach nag alcoholau. Pan fydd asidau carbocsylig yn adweithio â sodiwm carbonad neu sodiwm hydrogencarbonad, mae carbon deuocsid yn cael ei gynhyrchu fel nwy di-liw, gan ymddangos fel swigod o nwy yn y cymysgedd. Nid yw ffenol yn ddigon asidig i adweithio fel hyn a does dim swigod i'w gweld.

cwestiwn cyflym

37 Rhowch yr hafaliad ar gyfer daduniad 2,4-deumethylffenol yn ïonau hydrogen (protonau) ac anion 2,4-deumethylffenol.

Gwella gradd

Wrth brofi ar gyfer ffenol gan ddefnyddio bromin dyfrllyd, y dull arferol yw ychwanegu bromin dyfrllyd fesul diferyn at yr hydoddiant ffenol. Caiff y bromin ei ddadliwio i ddechrau ac yna, pan fydd rhagor o fromin dyfrllyd yn cael ei ychwanegu, mae gwaddod gwyn o 2,4,6-tribromoffenol i'w weld. Pe bai ffenol yn cael ei ychwanegu at fromin dyfrllyd, byddai'n anodd gweld dadliwiad cychwynnol y bromin.

Adwaith ffenol â bromin

Mae ffenol yn fwy adweithiol na bensen a bydd yn adweithio â bromin (bydd yr adwaith yn cael ei gynnal mewn hydoddiant dyfrllyd fel arfer) gan gynhyrchu 2,4,6-tribromoffenol ar unwaith fel gwaddod gwyn. Caiff y bromin ei ddadliwio. Mae'n bosibl defnyddio'r adwaith hwn fel prawf ar gyfer ffenol.

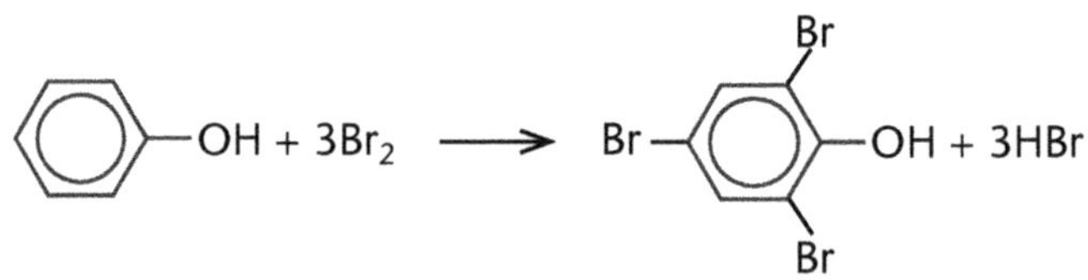

cwestiwn cyflym

38 Rhowch fformiwla empirig yr ester ffenyl ethanoad.

Adwaith ffenol ag ethanoyl clorid

Bydd ffenol yn adweithio ag ethanoyl clorid gan gynhyrchu'r ester ffenyl ethanoad a hydrogen clorid. Mae'n adwaith arafach nag adwaith cyfatebol alcohol ac ethanoyl clorid.

Adwaith ffenol â haearn(III) clorid

Prawf arall ar gyfer ffenolau yw ychwanegu hydoddiant haearn(III) clorid dyfrllyd, pan fydd lliw porffor i'w weld yn yr hydoddiant.

4.4 Aldehydau a chetonau

Ocsidiad alcoholau cynradd ac eilaidd

Rydych chi wedi astudio rhywfaint o gemeg alcoholau ym mlwyddyn gyntaf y cwrs hwn, gan gynnwys eu hocsidiad. Mae manylion i'w gweld yn y Canllaw Astudio ac Adolygu UG. Yr ocsidydd arferol yw potasiwm (neu sodiwm) deucromad asidiedig (deucromad asidiedig) a ysgrifennir weithiau fel $H^+/Cr_2O_7^{2-}$. Yn ystod yr adwaith, mae lliw oren y deucromad asidiedig yn troi'n lliw gwyrdd ïonau Cr^{3+}(d). Wrth ysgrifennu hafaliadau, mae defnyddio [O] i gynrychioli'r ocsidydd yn dderbyniol.

Mae alcoholau cynradd yn cael eu hocsidio yn aldehyd ac yna, wrth gael eu hocsidio ymhellach, yn asid carbocsylig. Er enghraifft, caiff propan-1-ol ei ocsidio yn bropanal ac yna yn asid propanöig.

$$CH_3CH_2CH_2OH + [O] \longrightarrow CH_3CH_2CHO + H_2O$$

$$CH_3CH_2CHO + [O] \longrightarrow CH_3CH_2COOH$$

Mae alcoholau eilaidd yn cael eu hocsidio yn yr un ffordd yn **geton**. Er enghraifft, caiff propan-2-ol ei ocsidio yn bropanon.

$$CH_3CH(OH)CH_3 + [O] \longrightarrow CH_3COCH_3 + H_2O$$

Gwahaniaethu rhwng aldehydau a chetonau

Gall aldehydau weithredu fel rhydwythyddion gan fod modd eu hocsidio ymhellach yn asidau carbocsylig ond nid oes modd ocsidio cetonau ymhellach. Mae'n bosibl defnyddio rhai adweithyddion sy'n cael eu rhydwytho gan aldehyd i wahaniaethu rhwng y cyfansoddion carbonyl hyn.

Adweithydd Tollens

Caiff ychydig o'r cyfansoddyn y tybir mai aldehyd neu geton ydyw ei ychwanegu at yr adweithydd ac mae'r tiwb sy'n cynnwys y cymysgedd yn cael ei roi mewn dŵr cynnes. Os oes aldehyd yn bresennol, mae drych arian i'w weld ar y tu mewn i'r tiwb. Nid yw ceton yn adweithio fel hyn.

$$Ag^+(d) + e^- \longrightarrow Ag(s)$$

Adweithydd Fehling

Wrth gael eu cynhesu ym mhresenoldeb cyfansoddyn y tybir mai aldehyd ydyw, caiff yr ïonau Cu^{2+} eu rhydwytho yn waddod coch-brown o gopr(I) ocsid, Cu_2O. Nid yw cetonau yn adweithio â'r naill adweithydd na'r llall. Dyma hafaliad syml sy'n dangos y rhydwythiad hwn:

$$2Cu^{2+} + 2OH^- + 2e^- \longrightarrow Cu_2O(s) + H_2O(h)$$

Term Allweddol

Cetonau = eu fformiwla yw R-C(O)-R' lle mae R ac R' yn grwpiau alcyl neu aryl.

ychwanegol

5 Dyma enwau pum cyfansoddyn:

- asid ethandeuöig
- cylchohecsen
- propan-1,2-deuol
- pentan-2-on
- hecsanal.

Nodwch pa un o'r cyfansoddion:

a fydd yn dadliwio bromin dyfrllyd

b fydd yn adweithio â hydoddiant Fehling

c fydd yn adweithio â deucromad asidiedig ond **nid** ag adweithydd Tollens

ch *na* fydd yn adweithio â deucromad asidiedig nac yn rhoi swigod o CO_2 gyda sodiwm hydrogencarbonad

d *na* fydd yn adweithio â deucromad asidiedig ond a fydd yn rhoi swigod o CO_2 gyda sodiwm hydrogencarbonad.

Term Allweddol

Cyfres homologaidd = teulu o gyfansoddion sydd â'r un fformiwla gyffredinol ac sy'n cynnwys yr un grŵp gweithredol.

Rhydwytho aldehydau a chetonau

Mae'n bosibl rhydwytho aldehydau yn alcoholau cynradd, a chetonau yn alcoholau eilaidd. Y rhydwythydd arferol yw sodiwm tetrahydridoborad(III), $NaBH_4$, mewn hydoddiant dyfrllyd. Disgrifiwyd yr adwaith hwn yn adran 4.3 Alcoholau a ffenolau.

Awgrym

Mae'r adran hon yn bwysig iawn i arholwyr gan eu bod yn gallu holi am y mecanwaith ac yna holi cwestiynau pellach am yr hydrocsinitril a'r cyfansoddion sy'n cael eu ffurfio ohono.

Adio hydrogen cyanid at gyfansoddion carbonyl

Mae sawl dosbarth o gyfansoddion sy'n cynnwys grwpiau carbonyl (C=O). Yn y cwrs hwn, mae'r term cyfansoddyn carbonyl yn cyfeirio at aldehydau a chetonau. Mae adwaith hydrogen cyanid ag aldehyd neu geton yn gam pwysig iawn mewn synthesis organig. Mae'r adwaith hwn yn cynnig ffordd o 'ddringo'r **gyfres homologaidd**'. Mae hyn yn golygu creu bond carbon–carbon newydd gan gynyddu hyd y gadwyn garbon. Mae adwaith hydrogen cyanid ag ethanal yn nodweddiadol.

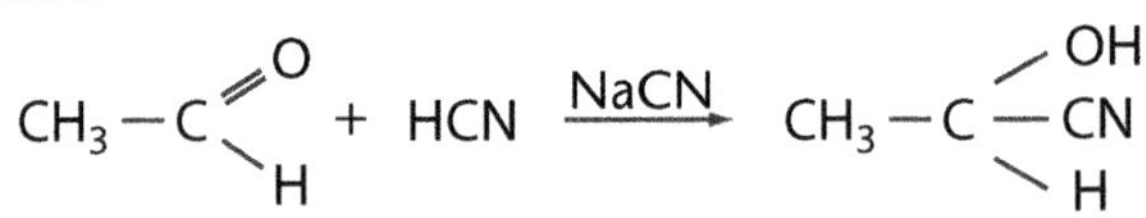

Y cynnyrch yw 2-hydrocsipropannitril, nad yw'n sylwedd arbennig o ddefnyddiol. Fodd bynnag, mae hydrolysu'r grŵp nitril, yn aml drwy ei gynhesu gydag asid sylffwrig gwanedig, yn rhoi asid 2-hydrocsipropanöig (asid lactig). Mae'n bosibl trawsnewid hwn yn gyfansoddion eraill.

Gwella gradd

Os bydd y cwestiwn yn dechrau gydag ethanal, byddwch chi'n gorffen gydag asid 2-hydrocsipropanöig ar ôl hydrolysu'r cynnyrch. Yna gallai'r arholwr ofyn am yr asid hwn gan ei fod yn cynnwys craidd cirol a'i fod yn asid a hefyd yn alcohol!

Mecanwaith yr adwaith

Mae aldehydau a chetonau'n cynnwys grŵp carbonyl, sy'n bolar, $C^{\delta+}= O^{\delta-}$. Mae hyn yn eu gwneud yn agored i ymosodiad gan niwcleoffiliau neu electroffilau. Mae hydrogen cyanid yn asid gwan ac nid oes ond ychydig o ïonau cyanid ar gael i ymosod ar y cyfansoddyn carbonyl. Ychwanegir ychydig o sodiwm cyanid at y cymysgedd i roi mwy o ïonau cyanid. Y cam cyntaf yn y mecanwaith yw ymosodiad ïon cyanid (y niwcleoffil) ar atom carbon δ+ y grŵp carbonyl. Mae hyn yn cynyddu polareiddiad y grŵp carbonyl gan adael i ïon hydrogen o'r hydrogen cyanid fondio â'r atom ocsigen, sydd nawr â gwefr negatif, gan ffurfio grŵp alcohol. Mae'r mecanwaith hwn yn cael ei alw'n adiad niwcleoffilig oherwydd bod y niwcleoffil CN^- yn ymosod ar yr atom carbon δ+ ar y dechrau ac yna'r ïon hydrogen yn cydio yn yr 'atom' ocsigen. Canlyniad hyn i gyd yw bod HCN wedi cael ei adio ar draws y bond dwbl carbon–ocsigen.

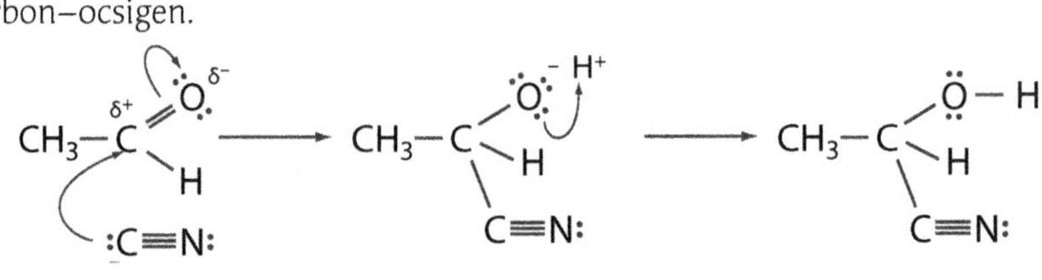

cwestiwn cyflym

39 Fformiwla'r cynnyrch a geir drwy adiad niwcleoffilig hydrogen cyanid at aldehyd neu geton yw $CH_3CH_2C(OH)(CH_3CH_2)CN$. Rhowch enw'r aldehyd neu'r ceton cychwynnol.

Adnabod aldehydau a chetonau

Mae'r profion gydag adweithydd Tollens ac adweithydd Fehling yn gadarnhaol ar gyfer aldehyd ac **nid** ar gyfer ceton oherwydd presenoldeb atom hydrogen y gallwch chi ei 'ocsidio' mewn aldehyd. Mae'n bosibl gwahaniaethu rhwng aldehyd a cheton drwy ei gynhesu gyda'r adweithydd deucromad asidiedig. Gan fod modd ocsidio aldehyd yn asid carbocsylig, bydd yn rhydwytho'r deucromad asidiedig lliw oren yn hydoddiant gwyrdd sy'n cynnwys ïonau Cr^{3+} dyfrllyd. Adweithydd arall y mae'n bosibl ei ddefnyddio i adnabod aldehyd yw hydoddiant potasiwm manganad(VII) asidiedig (H^+/MnO_4^-). Mae aldehyd yn rhydwytho'r hydoddiant porffor hwn yn hydoddiant sy'n cynnwys ïonau Mn(II) dyfrllyd. Ni fydd ceton yn adweithio â hydoddiant deucromad asidiedig na hydoddiant manganad(VII) asidiedig.

Bydd unrhyw brawf sy'n gadarnhaol ar gyfer y grŵp carbonyl yn unig yn rhoi canlyniad cadarnhaol ar gyfer aldehydau a hefyd ar gyfer cetonau. Yr unig brawf y mae angen i chi ei wybod yw'r prawf sy'n defnyddio hydoddiant 2,4-deunitroffenylhydrasin (2,4-DNP neu adweithydd Brady). Nid oes angen gwybod fformiwla 2,4-DNP na fformiwla'r cynnyrch a geir pan fydd aldehyd neu geton yn adweithio ag ef. Fodd bynnag, mae angen i chi wybod mai adiad niwcleoffilig yw'r adwaith a bod dileu moleciwl bach (sef dŵr) yn dilyn. Yn aml, mae hyn yn cael ei fyrhau i adio–dileu niwcleoffilig, neu weithiau caiff ei ddisgrifio'n adwaith cyddwyso.

Bydd yr aldehyd neu'r ceton yn adweithio â 2,4-deunitroffenylhydrasin gan roi gwaddod oren-coch nodedig. Caiff hwn ei hidlo i ffwrdd a'i buro. Yna, mae tymheredd ymdoddi'r solid yn cael ei fesur a'i gymharu â gwerthoedd tymereddau ymdoddi mewn gwerslyfrau. Yna bydd y gwerth yn cael ei ddefnyddio i adnabod yr aldehyd neu'r ceton cychwynnol. Mae llawer o aldehydau a chetonau'n hylifau â berwbwyntiau eithaf isel ac mae eu natur fflamadwy yn aml yn ei gwneud yn anodd eu hadnabod yn syml, yn ddiogel ac yn fanwl gywir o'u tymheredd berwi yn unig. Mae ystod tymereddau ymdoddi'r deilliadau gyda 2,4-DNP yn addas ar gyfer mesur y rhan fwyaf o'r tymereddau ymdoddi, rhwng rhyw 75 °C a 175 °C. Un enghraifft o hyn yw ethanal.

Mae ethanal yn berwi ar 21 °C ond mae ei ddeilliad gyda 2,4-DNP yn ymdoddi ar 147 °C.

Profion ar gyfer y grŵp $CH_3C{=}O$ mewn cetonau

Ymhlith y cyfansoddion sy'n cynnwys $CH_3C{=}O$ y mae propanon a bwtanon. Pan fydd y rhain yn adweithio â hydoddiant alcalïaidd o ïodin (neu gymysgedd dyfrllyd o sodiwm clorad(I) a photasiwm ïodid), mae gwaddod melyn o driïodomethan (ïodofform), CHI_3, yn ffurfio. Ceir canlyniad cadarnhaol i'r prawf hwn (adwaith triiodomethan) hefyd gyda chyfansoddion sy'n cynnwys y grŵp $CH_3CH(OH)$, gan ei fod yn cael ei ocsidio i'r grŵp $CH_3C{=}O$ yn ystod yr adwaith. Mae hyn yn golygu bod ethanol a phropan-2-ol hefyd yn adweithio fel hyn ond nid propan-1-ol.

Gwella gradd

Rydyn ni weithiau'n galw'r prawf ar gyfer y grŵp $CH_3C{=}O$ mewn cetonau yn adwaith 'ïodofform', sef enw traddodiadol triiodomethan. Peidiwch â defnyddio triiodomethan (ïodofform) fel un o'r adweithyddion. Hwn yw'r cynnyrch yn y prawf!

cwestiwn cyflym

40 Nodwch pa un o'r cyfansoddion hyn fydd yn dangos adwaith triiodomethan.

(a) pentan-2-ol

(b) hecsan-3-ol

(c) 1,3-deucloropropanon

(ch) methanal

(d) 2-methylffenol

Term Allweddol

Asid = cyfansoddyn sy'n gyfrannydd proton (H^+). Mae'r rhan fwyaf o asidau carbocsylig a ffenolau'n asidau gwan, gan mai daduno'n rhannol y maen nhw i ffurfio ïonau mewn hydoddiant dyfrllyd.

Awgrym

Yr hafaliad ar gyfer niwtralu ffenol gan sodiwm hydrocsid yw $C_6H_5OH + NaOH \longrightarrow C_6H_5O^-Na^+ + H_2O$

Gwella gradd

Gwnewch yn siŵr, os bydd y cwestiwn yn gofyn am arsylwadau, eich bod yn rhoi arsylwadau nid canlyniadau. Er enghraifft, mae 'sïo' yn arsylw, ond nid felly 'mae carbon deuocsid yn cael ei gynhyrchu'.

4.5 Asidau carbocsylig a'u deilliadau

Asidedd cymharol asidau carbocsylig, ffenolau, alcoholau a dŵr

Gall cyfansoddyn weithredu fel **asid** os yw'n cynhyrchu ïonau hydrogen, H^+(d), wrth 'hydoddi' mewn dŵr, er enghraifft

$$CH_3COOH(d) + H_2O(h) \longrightarrow CH_3COO^-(d) + H_3O^+(d)$$

Mae'r hafaliad yn dangos yr ïon hydrogen yn ei ffurf hydradol, H_3O^+(d), ond byddwn ni'n aml yn ei ddangos ar ffurf H^+(d), gan fod hynny'n symlach. Mae nifer yr ïonau hydrogen sy'n cael eu ffurfio yn rhoi mesur o asidedd. Yn uned 3 astudioch chi K_a, sy'n fesur o faint o foleciwlau sydd wedi daduno'n ïonau. Yn syml, gallwn ni edrych ar pH hydoddiannau dyfrllyd (â'r un crynodiad) i gymharu cryfder asidig gwahanol fathau o gyfansoddion. Mae enghraifft o hyn i'w weld yn y tabl.

cyfansoddyn	pH
asid ethanöig	2.9
ffenol	5.5
dŵr	7.0
ethanol	~ 8.5

Fe welwch mai asid ethanöig yw'r asid cryfaf ac nad yw dŵr ac ethanol yn asidig o gwbl. Felly beth yw'r rhesymau dros yr amrywiaethau hyn mewn asidedd?

Pan fydd ASID ETHANÖIG yn cael ei ychwanegu at ddŵr, mae ïonau hydrogen ac ïonau ethanoad yn cael eu ffurfio.

$$CH_3COOH_{(d)} \rightleftharpoons CH_3COO^-_{(d)} + H^+_{(d)}$$

Mae nifer yr ïonau hydrogen sy'n cael eu ffurfio yn dibynnu'n rhannol ar sefydlogrwydd y defnyddiau cychwynnol a'r cynhyrchion. Mae'r ïon ethanoad (ac ïonau tebyg sy'n cael eu ffurfio o asidau carbocsylig eraill) yn fwy sefydlog na'r ïonau sy'n cael eu ffurfio gan ethanol a dŵr gan ei bod yn bosibl dadleoli'r wefr negatif dros sawl atom.

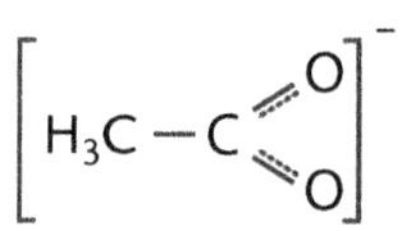

FFENOL Mae'r ïon ffenocsid, $C_6H_5O^-$, yn fwy sefydlog na'r ïonau sy'n cael eu ffurfio gan ddŵr ac ethanol oherwydd dadleoliad y wefr negatif o gwmpas cylch electronau π y bensen.

ETHANOL Nid oes llawer o dueddiad i foleciwlau ethanol ïoneiddio oherwydd nad yw'r ïon ethocsid, $C_2H_5O^-$, yn cael ei sefydlogi drwy ddadleoliad.

Mae alcali fel sodiwm hydrocsid yn gallu niwtralu ffenol a hefyd asid ethanöig, gan roi halwyn. Fodd bynnag, dim ond asid carbocsylig sy'n ddigon asidig i gynhyrchu carbon deuocsid pan ychwanegir carbonad. Mae'r prawf hwn yn cynnig ffordd o ddangos y gwahaniaeth yn asidedd cymharol y cyfansoddion hyn.

Ffurfio asidau carbocsylig drwy ocsidiad

Ocsidiad alcoholau cynradd ac aldehydau

Mae'n bosibl ocsidio alcoholau cynradd (ond nid alcoholau eilaidd) yn asidau carbocsylig gan ddefnyddio ocsidydd addas. Yn yr hafaliad canlynol mae [O] yn cynrychioli'r ocsidydd.

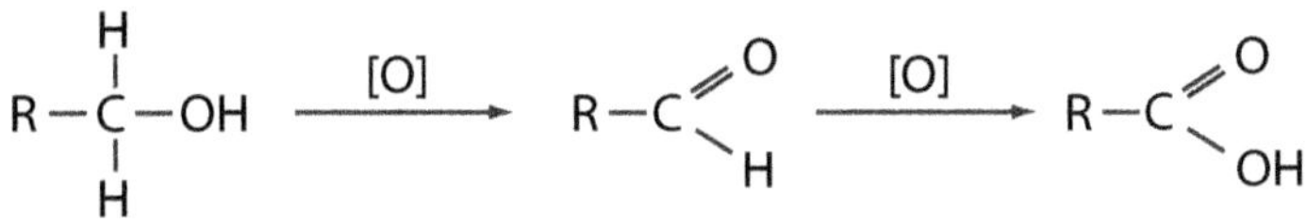

Yr ocsidydd arferol yw hydoddiant potasiwm deucromad asidiedig, sef hydoddiant potasiwm deucromad mewn asid sylffwrig dyfrllyd cryf. Weithiau bydd y 'fformiwla' H^+(d) /$Cr_2O_7^{2-}$(d) yn cael ei ddefnyddio i'w gynrychioli. I gynhyrchu'r asid carbocsylig, caiff yr alcohol neu'r aldehyd ei adlifo gyda **gormodedd** o'r ocsidydd. Mae'r lliw yn newid o oren i wyrdd wrth i ïonau deucromad, $Cr_2O_7^{2-}$, gael eu rhydwytho yn ïonau cromiwm(III), Cr^{3+}(d), sy'n wyrdd, ond wrth gwrs mae gormodedd o'r deucromad, lliw oren, yn bresennol.

Dewis arall yw defnyddio ocsidydd cryf fel hydoddiant potasiwm manganad(VII) asidiedig. Mae'n bosibl defnyddio'r 'fformiwla' H^+(d)/MnO_4^-(d) i gynrychioli'r hydoddiant hwn o botasiwm manganad(VII) mewn asid sylffwrig dyfrllyd cryf. Caiff y cymysgedd hwn ei adlifo gyda'r alcohol neu'r aldehyd. Mae'r ïonau manganad(VII) porffor yn cael eu rhydwytho yn ïonau Mn^{2+}(d), sy'n 'ddi-liw'. Gall y newid lliw hwn fod yn anodd ei weld gan fod gormodedd o'r manganad(VII) yn cael ei ddefnyddio. Yn y ddau baratoad, caiff yr asid carbocsylig ei ddistyllu o gymysgedd yr adwaith a'i buro.

Ocsidiad alcylbensenau

Mae'n bosibl cael asidau carbocsylig **aromatig**, fel asid bensencarbocsylig (asid bensöig), C_6H_5COOH, drwy adlifo alcylbensen gyda hydoddiant potasiwm manganad(VII) alcalïaidd. Hydrocarbon bensen yw alcylbensen gyda grŵp methyl, er enghraifft, yn lle atom hydrogen. Dyma hafaliad cyffredinol:

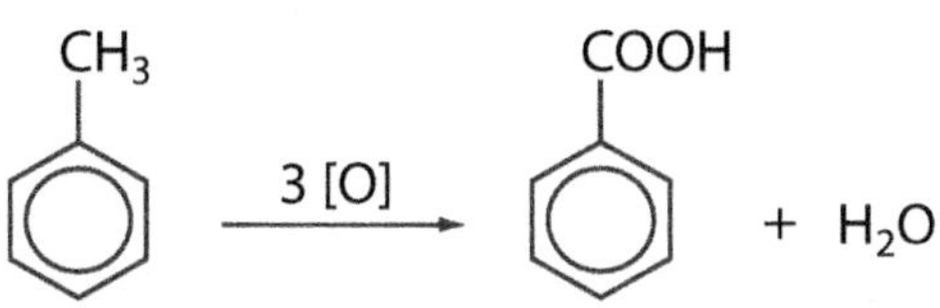

Caiff yr hydoddiant potasiwm manganad(VII), sy'n borffor, ei rydwytho yn fanganîs(IV) ocsid, sydd i'w weld fel llaid brown. Gan fod yr adwaith hwn yn digwydd mewn hydoddiant alcalïaidd, y cynnyrch organig yw sodiwm bensencarbocsylad (sodiwm bensoad), $C_6H_5COO^-Na^+$, er enghraifft. Yna caiff y cymysgedd ei asidio gydag asid gwanedig (er enghraifft HCl(d)) gan gynhyrchu grisialau gwyn o asid bensencarbocsylig.

Term Allweddol

Asid carbocsylig **aromatig** = maen nhw'n cynnwys grŵp asid carbocsylig (–COOH) sy'n bondio'n uniongyrchol â chylch bensen.

Gwella gradd

Wrth ocsidio alcylbensen gyda hydoddiant manganad(VII) alcalïaidd, cofiwch asidio'r cynnyrch i gael yr asid carbocsylig.

cwestiwn cyflym

41 Rhowch fformiwla **empirig** yr asid carbocsylig sy'n ffurfio pan gaiff 1,4-deumethylbensen ei ocsidio gan hydoddiant potasiwm manganad(VII) alcalïaidd.

Gwella gradd

Mae ymgeiswyr yn aml yn cael anhawster nodi'n glir enw'r rhydwythydd sydd â'r fformiwla $LiAlH_4$. Er bod arholwyr wedi tueddu i fod yn drugarog gydag enw mor drafferthus – ceisiwch ddysgu mai lithiwm tetrahydridoalwminad(III) ydyw.

Rhydwytho asidau carbocsylig

Cyfansoddion sefydlog yw asidau carbocsylig ac mae angen rhydwythydd cryf i gildroi'r broses ocsidiad a'u creodd nhw ac i ffurfio aldehydau ac alcoholau cynradd. Y rhydwythydd sy'n cael ei ddefnyddio yw lithiwm tetrahydridoalwminad(III), $LiAlH_4$. Mae'r cyfansoddyn hwn yn adweithio'n ffyrnig â dŵr, ac felly mae'n cael ei hydoddi mewn hydoddydd annyfrllyd (ethocsiethan fel arfer). Mae angen gwybod hafaliad cemegol ar gyfer yr adwaith hwn ond gallwch chi gynrychioli'r rhydwythydd gydag [H].

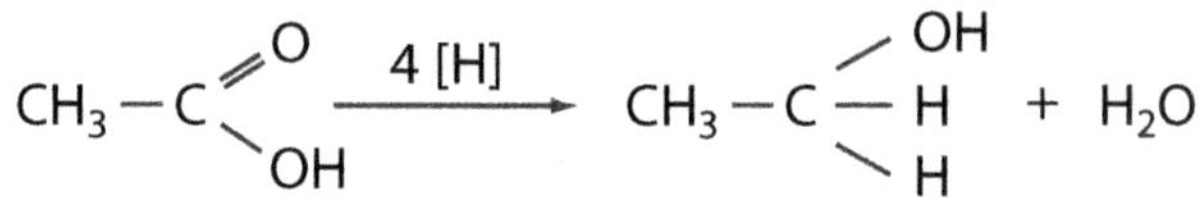

Term Allweddol

Datgarbocsyleiddiad = colli grŵp carbocsyl (CO_2 yn llythrennol). Mae adwaith datgarbocsyleiddio yn lleihau hyd y gadwyn garbon.

Awgrym

Yn gyffredinol, mae cynnyrch adweithiau datgarbocsyleiddio'n wael. Er y gallwn ni ysgrifennu hafaliad syml ar gyfer yr adwaith (a dyna'r cyfan sydd ei angen ar gyfer yr arholiad), mae llawer o adweithiau eraill yn digwydd. Mae bondiau'n ymhollti mewn sawl lle yn y gadwyn garbon, gan roi amrywiaeth o gynhyrchion.

cwestiwn cyflym

42 Nodwch enw'r alcan sy'n cael ei gynhyrchu os caiff sodiwm hecsanoad ei wresogi'n gryf gyda chalch soda.

Datgarbocsyleiddio asidau carbocsylig

Pan gaiff asid carbocsylig (neu ei halwyn sodiwm fel arfer) ei wresogi'n gryf gydag alcali fel sodiwm hydrocsid solet neu galch soda, mae **datgarbocsyleiddiad** yn digwydd ac mae alcan yn cael ei gynhyrchu, ynghyd â charbonad. Un enghraifft yw datgarbocsyleiddiad sodiwm propanoad. Cymysgedd yw calch soda, sy'n cael ei baratoi drwy wresogi sodiwm hydrocsid a chalsiwm ocsid gyda'i gilydd. Fodd bynnag, i symleiddio pethau, byddwn ni'n cynrychioli ei fformiwla mewn hafaliadau fel NaOH.

$$CH_3CH_2COO^-Na^+(s) + NaOH(s) \longrightarrow \underset{\text{ethan}}{C_2H_6(n)} + Na_2CO_3(s)$$

Os bydd halwyn asid aromatig yn cael ei ddefnyddio, yna hydrocarbon aromatig fydd y cynnyrch organig

$$\underset{\text{sodiwm bensencarbocsylad}}{C_6H_5COO^-Na^+(s)} + NaOH(s) \longrightarrow \underset{\text{bensen}}{C_6H_6(n)} + Na_2CO_3(s)$$

Mae'r adwaith hwn yn enghraifft o 'ddod i lawr y gyfres homologaidd' – mae'r ymadrodd hwn yn golygu adwaith sy'n lleihau hyd y gadwyn garbon.

Os caiff halwyn calsiwm yr asid carbocsylig ei wresogi'n gryf, yna bydd datgarbocsyleiddiad yn digwydd unwaith eto a'r cynnyrch fydd aldehyd neu geton. Er enghraifft, mae datgarbocsyleiddiad calsiwm ethanoad yn rhoi propanon.

$$(CH_3COO)_2Ca \longrightarrow CH_3COCH_3 + CaCO_3$$

Trawsnewid asidau carbocsylig yn esterau a'u hydrolysu

Mae'n bosibl cynhyrchu ester drwy adweithio alcohol cynradd neu eilaidd ac asid carbocsylig. Fel arfer, bydd ychydig o asid sylffwrig crynodedig yn cael ei ddefnyddio fel catalydd. Caiff y cymysgedd ei adlifo – gan ddefnyddio baddon dŵr neu wresogydd trydan yn aml oherwydd y perygl o dân os bydd fflam uniongyrchol yn cael ei ddefnyddio. Yna, caiff unrhyw asid sy'n weddill ei niwtralu gan ddefnyddio hydoddiant sodiwm hydrogencarbonad. Caiff y ddwy haen eu gwahanu gan ddefnyddio twndish gwahanu. Caiff yr haen sy'n cynnwys yr ester ei sychu (gan ddefnyddio calsiwm clorid anhydrus yn aml) ac yna ei distyllu. Mae'r ester yn cael ei gasglu ar ei dymheredd berwi. Disgrifir yr adwaith hwn yn yr adran alcoholau a ffenolau, 4.3.

Mae gan esterau arogl melys nodweddiadol yn aml a gallan nhw fod yn hylifau neu'n solidau ar dymheredd ystafell.

Mae'n bosibl eu hydrolysu drwy eu gwresogi gyda dŵr, ond mae'r adwaith yn araf ac nid yw'n mynd yr holl ffordd fel arfer. Os cân nhw eu hydrolysu gydag alcali dyfrllyd (NaOH yn aml), mae'r hydrolysis yn gyflymach a'r alcohol cyfatebol a halwyn yr asid carbocsylig cyfatebol yw'r cynhyrchion. Mae'n bosibl cael yr asid carbocsylig ei hun drwy asidio'r halwyn (gydag asid hydroclorig neu sylffwrig dyfrllyd fel arfer).

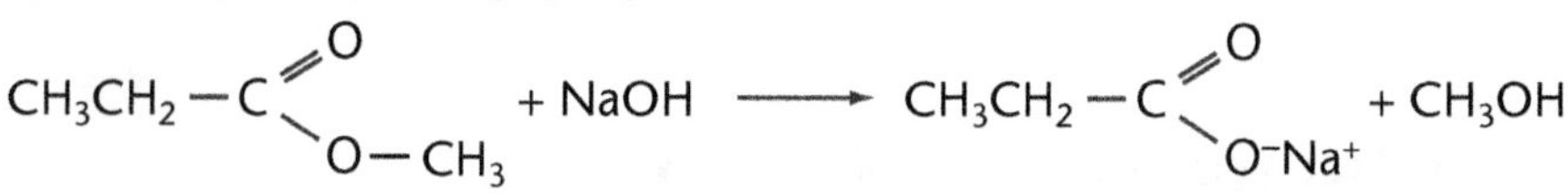

Mae'n bosibl adlifo'r ester hefyd gydag asid dyfrllyd (asid sylffwrig yn aml) gan gynhyrchu'r asid a'r alcohol cyfatebol.

Trawsnewid asidau carbocsylig yn gloridau asid a'u hydrolysu

Cyfansoddion yw cloridau asid sydd â'r fformiwla gyffredinol R-COCl. Y gwahaniaeth rhwng eu fformiwla nhw a fformiwla asid carbocsylig yw bod ganddyn nhw atom clorin yn lle'r grŵp OH.

Mae tair ffordd gyffredin o gynhyrchu cloridau asid o asidau carbocsylig. Y dull arferol yw adweithio'r asid carbocsylig â ffosfforws(V) clorid, PCl_5. Mae dulliau eraill yn defnyddio ffosfforws(III) clorid, PCl_3, neu sylffwr deuclorid ocsid, $SOCl_2$.

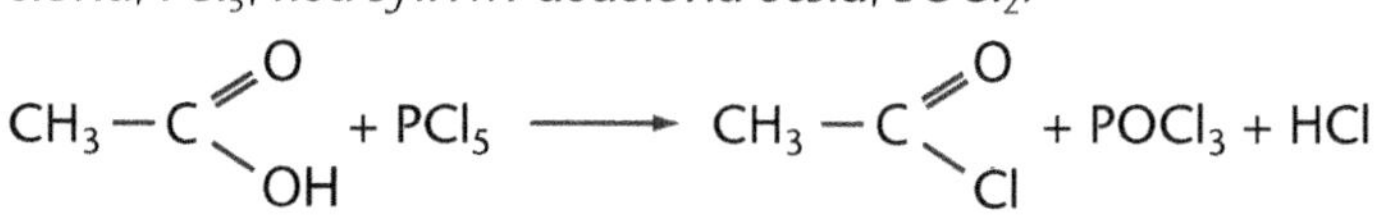

Mae cloridau asid yn gyfansoddion sy'n adweithio'n rymus â dŵr gan roi'r asid carbocsylig cyfatebol a hydrogen clorid.

$$CH_3COCl + H_2O \longrightarrow CH_3COOH + HCl$$

cwestiwn cyflym

43 Dyma fformiwla ester

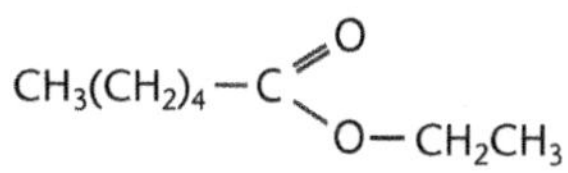

Nodwch enwau'r alcohol a'r asid y byddai'n bosibl eu defnyddio i gynhyrchu'r ester hwn.

cwestiwn cyflym

44 Mae olew coedwyrdd yn cynnwys yr ester sydd â'r fformiwla:

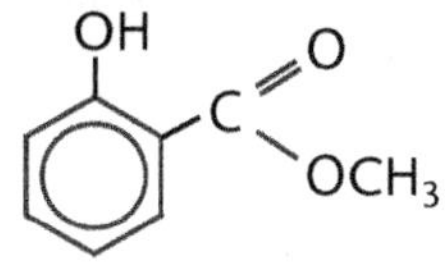

Rhowch fformiwla foleciwlaidd yr ester hwn.

cwestiwn cyflym

45 Mae dau fôl o asid ethanöig yn adweithio â gormodedd o PCl_5 gan roi cynnyrch 85% o ethanoyl clorid. Cyfrifwch fàs yr ethanoyl clorid sy'n cael ei gynhyrchu.

[M_r ethanoyl clorid yw 78.5]

Term Allweddol

Hydrolysis = dadelfeniad drwy ychwanegu dŵr, yn anghildroadwy fel arfer. Gall y dŵr sy'n cael ei ychwanegu fod ar ffurf dŵr ei hun neu asid neu alcali dyfrllyd.

Gwella gradd

Gall fod yn anodd enwi nitrilau. Mae'n bwysig cofio bod yr atom carbon yn y grŵp cyanid yn cael ei gynnwys fel rhan o'r gadwyn garbon hiraf pan fyddwch chi'n enwi'r cyfansoddyn.

cwestiwn cyflym

46. Rhowch enw'r nitril sydd â'r fformiwla: $CH_3CH(CH_3)CH_2CN$

cwestiwn cyflym

47. Rydych chi'n cael sampl o fromomethan. Eich tasg yw cynhyrchu ethylamin ohono mewn dau gam yn unig. Nodwch yr adweithyddion ac unrhyw amodau angenrheidiol ar gyfer pob cam.

Trawsnewid asidau carbocsylig yn amidau a nitrilau

Pan gaiff asid carbocsylig ei niwtralu gan amonia, caiff halwyn amoniwm yr asid ei ffurfio.

$$CH_3COOH + NH_3 \longrightarrow CH_3COO^- NH_4^+$$

amoniwm ethanoad

Yna, os caiff yr halwyn amoniwm ei wresogi, caiff dŵr ei golli ac fe gaiff amid ei ffurfio.

$$CH_3-COO^-NH_4^+ \xrightarrow{-H_2O} CH_3-C(=O)NH_2$$

Mae'n bosibl gwresogi'r amid yn gryf gyda dadhydradydd (fel ffosfforws(V) ocsid, P_4O_{10}) a bydd rhagor o ddŵr yn cael ei golli, gan roi nitril.

$$CH_3-C(=O)NH_2 \xrightarrow{-H_2O} CH_3-C\equiv N$$

Ffurfio nitrilau o halogenoalcanau

Mae nitrilau yn cael eu ffurfio drwy adwaith halogenoalcan a photasiwm cyanid, gan ddefnyddio ethanol fel yr hydoddydd.

$$CH_3CH_2CH_2Br + KCN \longrightarrow CH_3CH_2CH_2CN + KBr$$

Canlyniad yr adwaith amnewid **niwcleoffilig** hwn yw ffurfio cyfansoddyn sydd â bond C–C ychwanegol ('mynd i fyny'r gyfres homologaidd').

Ffurfio hydrocsinitrilau o aldehydau a chetonau

Mae'n bosibl gwneud hydrocsinitrilau drwy adwaith hydrogen cyanid ag aldehydau a chetonau. Disgrifiwyd yr adwaith hwn yn adran 4.4 .

Hydrolysu nitrilau ac amidau

Os caiff nitril neu amid ei gynhesu gydag asid sylffwrig gwanedig, bydd **hydrolysis** yn digwydd, gan roi'r asid carbocsylig.

$$CH_3-C\equiv N \xrightarrow{H^+/H_2O} CH_3-C(=O)NH_2 \xrightarrow{H^+/H_2O} CH_3-C(=O)OH$$

Rhydwythiad nitril

Caiff nitril ei rydwytho gan lithiwm tetrahydridoalwminad(III) (wedi'i hydoddi mewn ethocsiethan) gan gynhyrchu amin. Dyma enghraifft o adwaith adio, gan fod hydrogen yn cael ei ychwanegu ar draws y bond triphlyg carbon–nitrogen.

$$CH_3-C\equiv N \xrightarrow{4[H]} CH_3-CH_2-NH_2$$

4.6 Aminau

Mae'n bosibl gwneud aminau aliffatig drwy adwaith amnewid o halogenoalcan, ond nid yw'n bosibl gwneud aminau aromatig fel hyn yn y labordy. Mae'r rheini'n cael eu cynhyrchu drwy rydwytho nitrobensenau.

Ffurfio aminau aliffatig cynradd o halogenoalcanau a nitrilau

Mae adwaith halogenoalcan â gormodedd o amonia, wedi'i hydoddi mewn ethanol, yn enghraifft o amnewid niwcleoffilig ac mae'n cynhyrchu amin aliffatig. Y cynnyrch arall yw halid hydrogen, sy'n adweithio â'r gormodedd o amonia sy'n bresennol.

$$CH_3CH_2CH_2CH_2Br + 2NH_3 \longrightarrow CH_3CH_2CH_2CH_2NH_2 + NH_4Br$$

Mae hefyd yn bosibl cynhyrchu amin drwy rydwytho nitril. Mae'n bosibl defnyddio lithiwm tetrahydridoalwminad(III) fel rhydwythydd, wedi'i hydoddi yn yr hydoddiant ethocsiethan. Mae'r adwaith hwn yn cael ei ddisgrifio yn adran 4.5 hefyd.

$$CH_3CH_2-C\equiv N \xrightarrow{4[H]} CH_3CH_2-CH_2-NH_2$$

Ffurfio aminau aromatig cynradd o nitrobensenau

Nid yw halogenobensenau fel clorobensen yn agored i ymosodiad gan niwcleoffiliau fel amonia, a bydd dull arall yn cael ei ddefnyddio i gynhyrchu amin aromatig cynradd. Y dull arferol yw cynhesu cyfansoddyn nitro gyda rhydwythydd addas, fel metel tun ac asid hydroclorig crynodedig (a nodir fel [H] yn yr hafaliad isod). Tun yw'r metel traddodiadol sy'n cael ei ddefnyddio wrth gynhyrchu aminau aromatig cynradd ar raddfa fach yn y labordy, ond mae'r metel yn ddrud ac mewn diwydiant maen nhw'n tueddu i ddefnyddio rhydwythyddion rhatach.

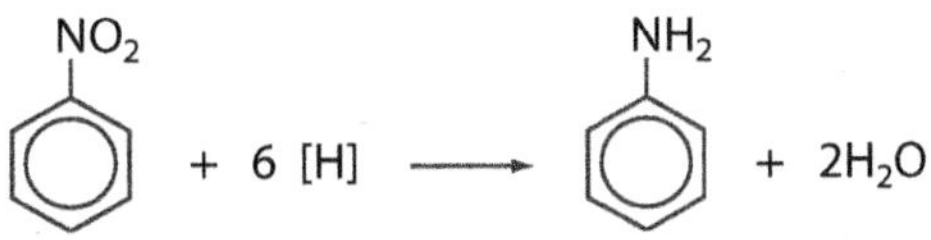

Basigedd aminau

Mae gan yr atom nitrogen yn y grŵp amin bâr unig o electronau. Gall y rhain weithredu fel bas drwy ffurfio bond cyd-drefnol gydag ïon hydrogen. Er enghraifft, mae methylamin yn adweithio ag asid hydroclorig gan roi'r halwyn methylamoniwm clorid.

$$CH_3NH_2 + HCl \longrightarrow CH_3NH_3^+Cl^-$$

Oherwydd hyn, mae pH hydoddiant dyfrllyd amin yn fwy na 7 ac mae'n troi dangosydd cyffredinol yn las. Dim ond aminau 'llai' sy'n hydawdd mewn dŵr, ond mae 'pob' amin yn adweithio fel bas drwy fod yn dderbynyddion protonau/cyfranwyr parau electron.

Term Allweddol

Amin cynradd = cyfansoddyn organig lle mae atom carbon mewn cadwyn agored neu gylch yn bondio â grŵp $-NH_2$.

Gwella gradd

Yn aml, byddwch chi'n dysgu cemeg aminau yn hwyr yn ail flwyddyn y cwrs. Mae'r arholwyr yn hoffi gosod cwestiynau arno, ond mae'n ymddangos bod atebion llawer o ymgeiswyr i'r cwestiynau ar y testun hwn yn wael. Gwnewch yn siŵr eich bod yn gwybod popeth am aminau cynradd aliffatig ac aromatig!

cwestiwn cyflym

48 Enwch yr amin aliffatig sy'n adweithio ag asid hydroclorig gan roi cyfansoddyn sydd â'r fformiwla: $CH_3(CH_2)_4NH_3^+Cl^-$

cwestiwn cyflym

49 Mae'n bosibl defnyddio hecsan-1,6-deuamin i wneud polyamidau. Rhowch fformiwla graffig yr halogenoalcan a fydd yn adweithio ag amonia i roi hecsan-1,6-deuamin.

Term Allweddol

Ethanoyleiddiad = amnewid gan grŵp ethanoyl.

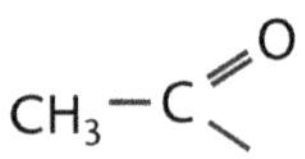

Gwella gradd

Dylech chi wybod y gall aminau adweithio gan golli'r atom nitrogen – fel yn adwaith amin aliffatig ag asid nitrig(III) oer. Dylech chi wybod hefyd fod adweithiau'n digwydd lle mae atom nitrogen yr amin yn cael ei gadw – fel yn yr adwaith ffurfio llifynnau aso o aminau aromatig cynradd.

cwestiwn cyflym

(50) Adweithiodd gormodedd o asid nitrig(III) â 0.15 môl o ethylamin. Cafwyd cynnyrch 60% yn ôl màs o ethanol. Cyfrifwch fàs yr ethanol a ffurfiwyd.

Ethanoyleiddiad aminau cynradd

Mae'r pâr unig ar yr atom nitrogen yn y grŵp NH_2 mewn aminau yn eu galluogi i adweithio fel niwcleoffiliau. O ganlyniad, gallan nhw ymosod ar safleoedd sy'n gymharol $\delta+$ mewn moleciwlau fel yr atom carbon carbonyl mewn ethanoyl clorid. Er enghraifft, gall ffenylamin adweithio ag ethanoyl clorid gan roi amid a amnewidiwyd.

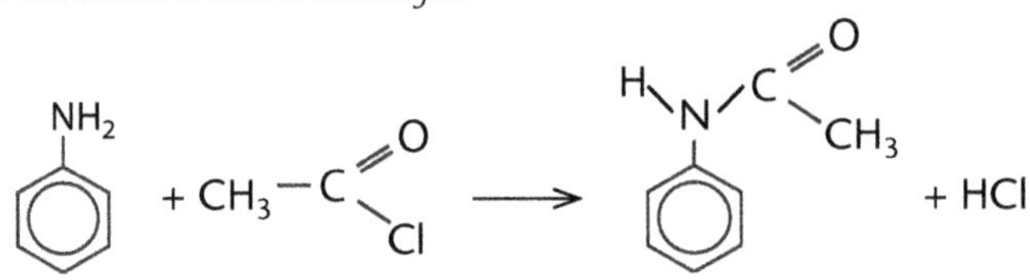

Mae'r cynnyrch yn deillio o ethanamid, CH_3CONH_2, gydag un o'r atomau hydrogen yn y grŵp NH_2 wedi'i amnewid am grŵp ffenyl, C_6H_5. Gan fod y grŵp ffenyl yn bondio'n uniongyrchol â'r atom nitrogen, enw'r cyfansoddyn yw N-ffenylethanamid.

Adwaith aminau cynradd ag asid nitrig(III) oer

Nid yw asid nitrig(III) (asid nitrus), HNO_2, yn ddigon sefydlog i gael ei storio ar dymheredd ystafell. Yn lle hynny, rydyn ni'n ei wneud yn yr adwaith rhwng sodiwm nitrad(III) (sodiwm nitrit) ac asid, fel asid hydroclorig gwanedig, ac yn ei ddefnyddio wrth iddo gael ei ffurfio.

Pan fydd amin aliffatig yn adweithio ag asid nitrig(III) ar dymheredd ystafell, y cynhyrchion yw alcohol, dŵr a nwy nitrogen, sydd i'w weld fel swigod di-liw yng nghymysgedd yr adwaith.

$$\underset{\text{propylamin}}{CH_3CH_2CH_2NH_2} + HNO_2 \longrightarrow \underset{\text{propan-1-ol}}{CH_3CH_2CH_2OH} + N_2 + H_2O$$

Fodd bynnag, pan fydd amin aromatig yn cael ei ddefnyddio ar dymheredd is, sef tua 5°C, mae rhyng-gyfansoddyn deuasoniwm yn cael ei gynhyrchu yn yr hydoddiant:

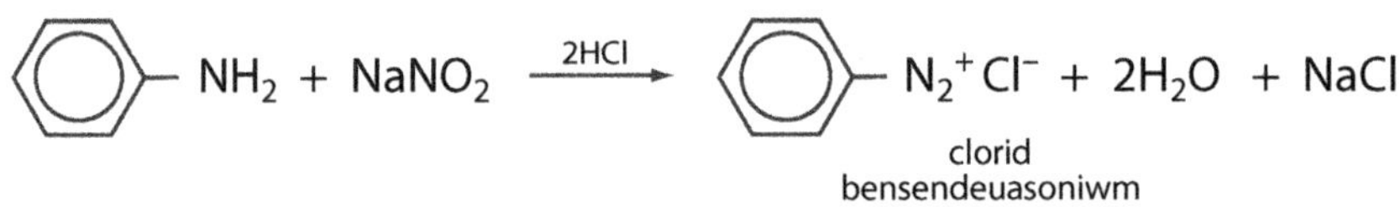

Mae'r cyfansoddion deuasoniwm hyn yn adweithiol iawn ac mae llawer o'u hadweithiau'n ddefnyddiol. Mae'r cyfansoddion deuasoniwm sy'n cael eu ffurfio fel hyn yn sefydlog ar dymereddau isel yn unig. Os yw'r cymysgedd yn cael cynhesu i dymheredd ystafell ac uwch, maen nhw'n dadelfennu. Y prif gynhyrchion yw ffenol, nwy nitrogen ac asid gwanedig. Dyma broses gyfan debyg i adwaith amin aliffatig cynradd ag asid nitrig(III).

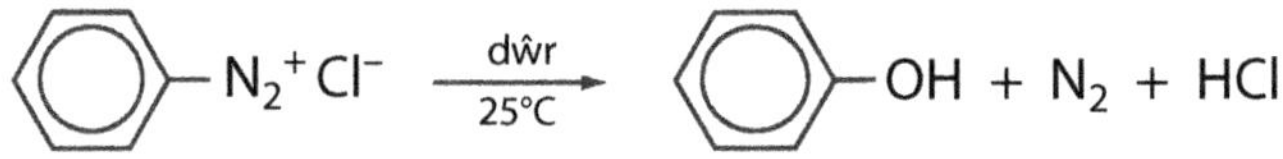

Adweithiau cyplu cyfansoddion bensendeuasoniwm â ffenolau ac aminau aromatig

Bydd cyfansoddyn deuasoniwm yn adweithio ag amin aromatig gan roi llifyn aso sy'n cynnwys y grŵp –N=N- sy'n cysylltu'r ddau gylch bensen â'i gilydd.

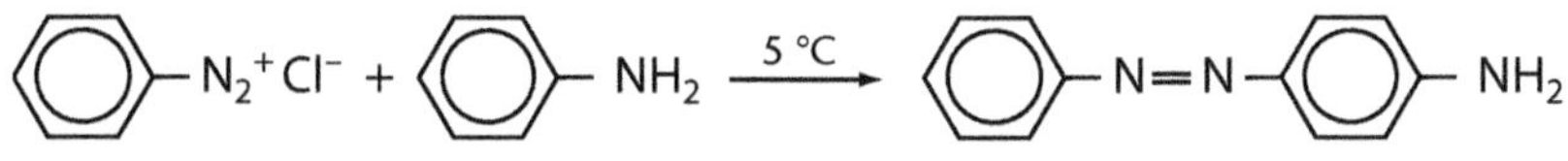

4-(ffenylaso)ffenylamin

Mae'r ïon bensendeuasoniwm yn electroffil gwan a bydd yn adweithio mewn mannau yn y cylch bensen lle mae'r safle wedi'i actifadu (dwysedd electron uwch) gan bresenoldeb grŵp OH neu NH_2 sy'n bondio'n uniongyrchol â'r cylch, hynny yw ffenolau ac aminau cynradd.

Yr enw ar y broses hon yw adwaith cyplu ac fel arfer caiff moleciwl bach ei golli.

Llifyn aso yw methyl oren sy'n cael ei ddefnyddio mewn titradiadau asid–bas. Mae'n bosibl ei wneud drwy'r adwaith canlynol:

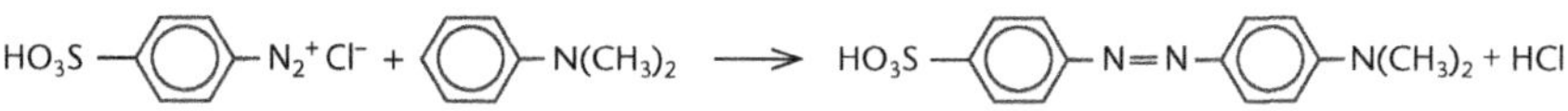

Mae cyplu'n digwydd gyda ffenolau hefyd. Cynhyrchir 4-(ffenylaso)ffenol drwy adweithio clorid bensendeuasoniwm â ffenol mewn hydoddiant alcalïaidd dan 10 °C.

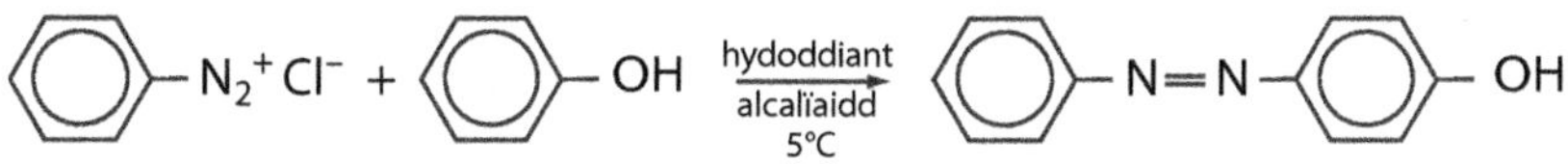

4-(ffenylaso) ffenol

Mae systemau aromatig eraill hefyd yn gallu cyplu â chyfansoddion bensendeuasoniwm gan roi llifynnau aso. Enghraifft gyffredin o hyn yw cyplu bensendeuasoniwm clorid â naffthalen-2-ol mewn hydoddiant alcalïaidd gan roi'r llifyn coch 1-(ffenylaso)naffthalen-2-ol. Enw cyffredin y llifyn coch hwn yw Swdan 1. Mae rhai llifynnau aso wedi cael eu defnyddio yn y diwydiant bwyd ond mae defnyddio Swdan 1 i wneud hyn wedi'i wahardd yn y DU.

Gwella gradd

Mae angen ffurfio llifyn aso o gyfansoddyn bensendeuasoniwm a **ffenol** mewn hydoddiant **alcalïaidd**.

cwestiwn cyflym

(51) Rhowch fformiwla **foleciwlaidd** 4-(ffenylaso) ffenylamin. (Mae ei adeiledd i'w weld yn y prif destun.)

cwestiwn cyflym

(52) Un o'r llifynnau aso symlaf yw asobensen, sy'n llifyn oren-coch.

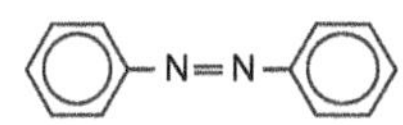

Cyfrifwch fàs moleciwlaidd cymharol asobensen.

Swyddogaeth y cromoffor –N=N– mewn llifynnau aso

Mae llawer o gyfansoddion organig yn hylifau di-liw neu'n solidau gwyn. Mae'r defnyddiau hyn yn amsugno egni yn rhanbarth uwchfioled y sbectrwm electromagnetig. Fodd bynnag, nid yw ein llygaid yn sensitif i'r rhanbarth uwchfioled, ac felly rydyn ni'n gweld y cyfansoddion hyn fel rhai di-liw, neu wyn os ydyn nhw'n solidau. Mae rhai cyfansoddion yn cynnwys grwpiau o atomau neu gyfres o grwpiau sy'n gyfrifol am roi lliw i'r cyfansoddyn. Yr enw ar grwpiau o'r fath yw cromoffor. Yn aml, nid yw presenoldeb un grŵp yn ddigon i gynhyrchu lliw ar ei ben ei hun ac mae angen sawl grŵp os ydyn ni am weld lliw yn y cyfansoddyn. Mae gan lifynnau aso liw gan eu bod yn cynnwys y grŵp –N=N- wedi bondio'n uniongyrchol ag atomau carbon cylchoedd bensen.

Term Allweddol

Cyfunedd = patrwm o fondiau sengl a dwbl bob yn ail rhwng atomau carbon.

cwestiwn cyflym

53 Cloroffyl sy'n gyfrifol am liw gwyrdd dail. Pa liwiau sy'n cael eu hamsugno ganddo mewn golau haul, felly?

cwestiwn cyflym

54 Mae Gareth yn dweud bod rhosyn coch yn ymddangos yn ddu o edrych arno mewn golau glas.

Esboniwch pam mae'n gywir.

cwestiwn cyflym

55 Mae brig amsugno staen biolegol ar 510 nm.

Nodwch ei liw, gan roi rhesymau dros eich ateb.

Tarddiad lliw yn nhermau tonfeddi'r golau gweladwy sy'n cael ei amsugno

Mae golau gwyn yn cynnwys sbectrwm llawn y lliwiau yn rhanbarth gweladwy'r sbectrwm electromagnetig. Mae tonfeddi golau gweladwy yn rhedeg o'r donfedd fyrraf, sef fioled, tua 400 nm (4.00×10^{-7}m) i'r donfedd hiraf, sef coch, tua 700 nm (7.00×10^{-7}m).

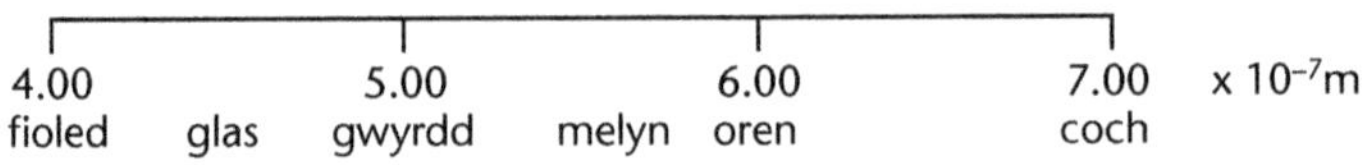

Mae'n bwysig nodi bod egni, a hefyd amledd, yn lleihau wrth fynd o'r rhanbarth uwchfioled drwy'r rhanbarth gweladwy i'r rhanbarth isgoch. Felly mae gan olau glas egni uwch na golau coch. Wrth i'r amledd leihau ac i'r donfedd gynyddu o ganlyniad, mae'n rhaid bod gan olau glas donfedd fyrrach na golau coch.

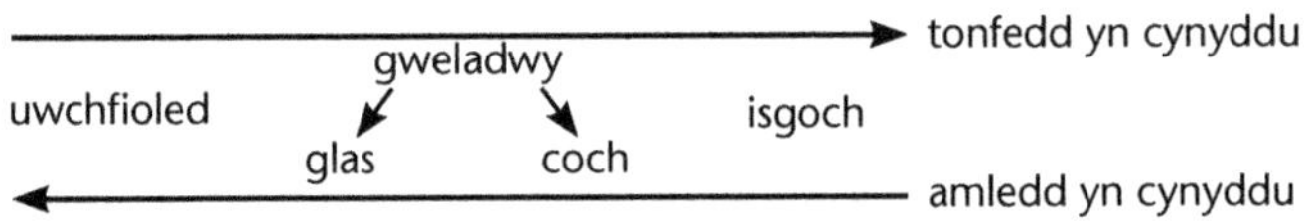

Mae'r rhan fwyaf o gyfansoddion lliw yn amsugno golau yn rhanbarth gweladwy'r sbectrwm electromagnetig. Y lliw a welwn ni yw'r lliw nad yw'n cael ei amsugno. Yn y gwanwyn, rydyn ni'n gweld clychau'r gog. Mae eu blodau yn amsugno golau ar ben coch y sbectrwm, gan adael glas, sef y lliw a welwn ni. Mae llawer o gyfansoddion organig lliw yn cynnwys grwpiau sydd â bond dwbl (er enghraifft C=C, C=O neu N=N), mwy nag un gan amlaf ac yn aml mewn patrwm o fondiau dwbl a sengl bob yn ail (yr enw ar hyn yw **cyfunedd**).

Mae rhai enghreifftiau isod.

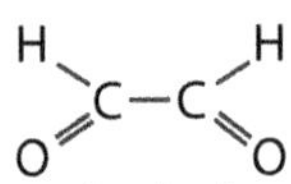

ethandeual melyn

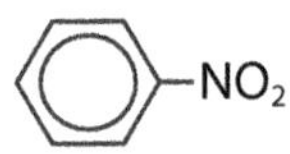

nitrobensen melyn

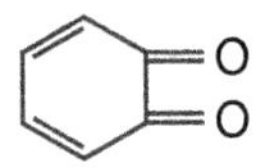

1,2-bensocwinon coch

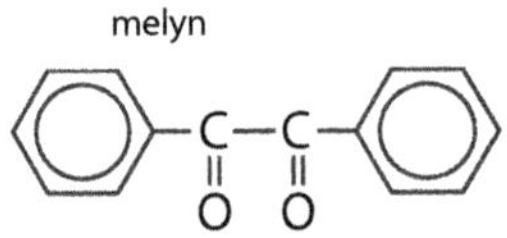

1,2-deuffenylethandeuon melyn

Dyma fformiwla a sbectrwm gweladwy'r cyfansoddyn lliw oren caroten β, sydd i'w gael mewn moron ac sy'n cael ei ddefnyddio'n aml fel cyfrwng diogel i liwio bwydydd.

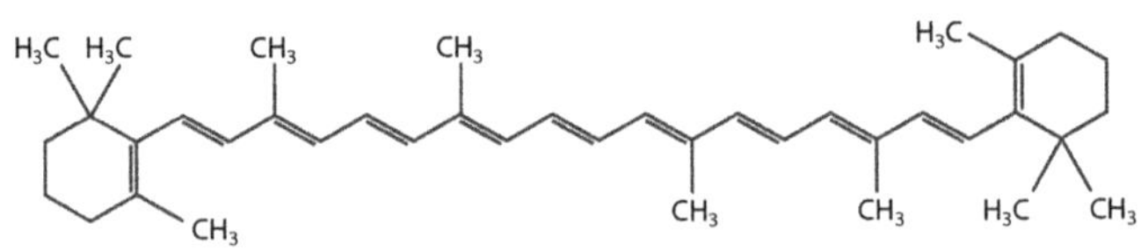

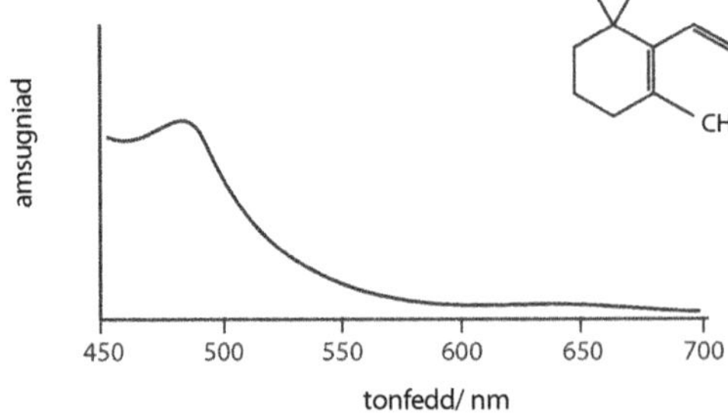

Mae caroten β yn cynnwys system gyfunol estynedig o fondiau carbon–carbon sengl a dwbl. Gan fod ei frig amsugno tua 480 nm, mae'n amsugno golau glas ac yn ymddangos yn lliw oren (mewn golau gwyn).

4.7 Asidau amino, peptidau a phroteinau

Fformiwla gyffredinol a dosbarthiad asidau amino

Asidau carbocsylig sydd â grŵp $-NH_2$ yn bondio â'r atom carbon nesaf at y grŵp asid yw asidau amino α. Y ddau asid amino mwyaf cyffredin yw asid aminoethanöig (glycin) ac asid 2-aminopropanöig (alanin):

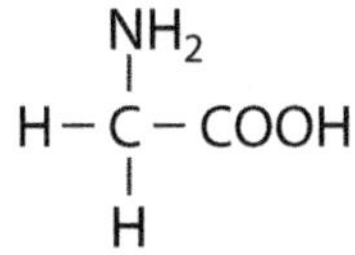

asid aminoethanöig (glycin)

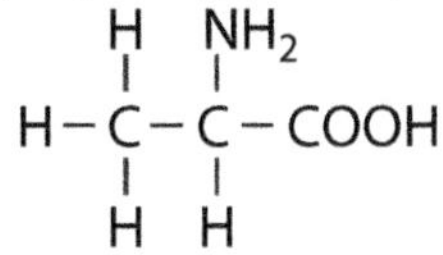

2-aminopropanöig (alanin)

Dylech chi fod yn ymwybodol bod pob asid amino α, heblaw glycin, yn cynnwys craidd cirol, ac felly eu bod yn actif yn optegol. Mae asidau amino yn cynnwys grwpiau basig ($-NH_2$) ac asidig ($-COOH$). Gallan nhw fodoli ar ffurf switerïonau, lle caiff proton ei drosglwyddo o'r grŵp asid i'r grŵp $-NH_2$ basig. Y ffurf switerïon ar glycin yw $H_3N^+CH_2COO^-$.

Mae'r switerïonau hyn yn ïonig ac mae'r grymoedd atyniadol cryf rhwng gwefrau positif a negatif yn golygu bod gan asidau amino α dymereddau ymdoddi uwch nag y byddech chi'n eu disgwyl pe baen nhw'n bodoli fel moleciwlau cofalent syml. Mae natur ïonig y cyfansoddion hyn yn golygu eu bod yn hydawdd iawn mewn dŵr.

Natur amffoterig asidau amino α

Pan fydd asidau amino α yn hydoddi mewn hydoddiant asidig, gallan nhw ennill proton; mewn hydoddiant alcalïaidd, gallan nhw golli proton. O ganlyniad, mae asidau amino α yn sylweddau amffoterig. Pan fyddan nhw'n adweithio ag asid, maen nhw'n adweithio fel basau, a phan fyddan nhw'n adweithio ag alcali, maen nhw'n gweithredu fel asidau.

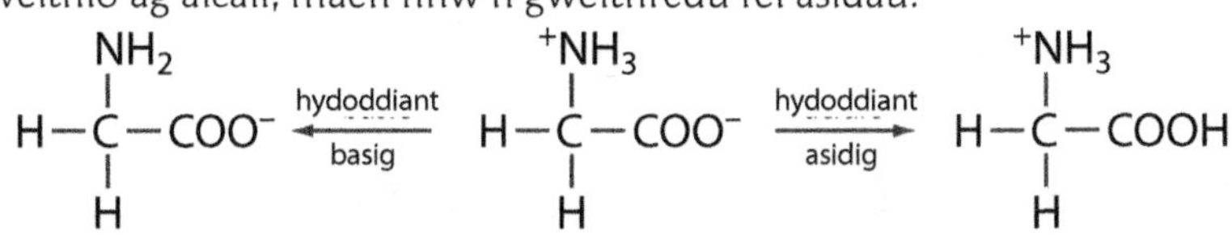

Ffurfio deupeptidau

Mae asidau amino α yn gallu adweithio â'i gilydd gan ffurfio deubeptidau sy'n cynnwys y cyswllt peptid. Bydd moleciwl o ddŵr yn cael ei golli pan fydd deupeptidau yn cael eu ffurfio.

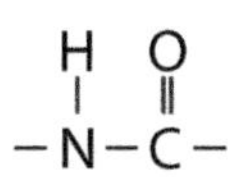

Gwella gradd

Os gofynnir i chi ysgrifennu fformiwla graffig deupeptid neu ran o foleciwl polyamid, gwnewch yn siŵr eich bod yn dangos yn glir adeiledd y cyswllt peptid – gan roi'r holl fondiau.

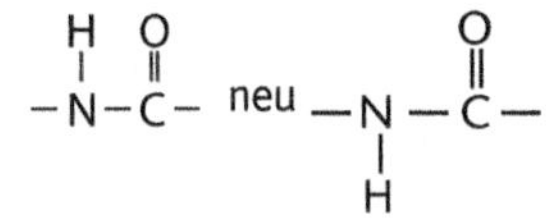

Hyd yn oed os ydych chi'n rhoi fformiwla adeileddol, lle nad oes angen dangos yr holl fondiau efallai, mae'n beryglus ysgrifennu'r cyswllt peptid fel –NHCO–. Gwnewch yn siŵr hefyd nad ydych chi'n rhoi fformiwla'r un deupeptid ddwywaith, wedi'i ysgrifennu mewn ffyrdd gwahanol!

cwestiwn cyflym

(56) Rhowch enwau'r ddau asid amino sy'n cyfuno i roi'r deupeptid isod.

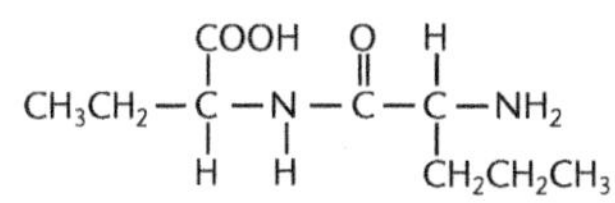

cwestiwn cyflym

(57) Rhowch fformiwla graffig asid amino α sydd â phedwar atom carbon yn ei foleciwlau.

cwestiwn cyflym

58 Yn y diwydiant bragu, caiff moleciwlau glwcos eu torri i lawr gan ensymau o furum. Mae moleciwl glwcos yn rhoi 2 foleciwl yr un o garbon deuocsid ac ethanol. Diddwythwch fformiwla foleciwlaidd glwcos.

Polypeptidau a phroteinau

Gall y broses o ffurfio peptidau drwy ddileu dŵr (cyddwyso) barhau, gan ffurfio moleciwlau mwy (polypeptidau) ac mae'n gallu arwain wedyn at ffurfio proteinau. Bydd angen i chi wybod ychydig mwy am adeiledd proteinau.

Adeiledd cynradd

Dyma ddilyniant yr asidau amino yn y gadwyn. Mae 20 asid amino sy'n gallu gwneud cadwynau polypeptid. O'r rhain, mae 400 deupeptid gwahanol ac 8000 o dripeptidau posibl. Mae cadwyn hir o ddarnau asid amino yn golygu bod nifer enfawr o gyfuniadau posibl.

Adeiledd eilaidd

Mae hyn yn ymwneud â sut mae'r cadwynau asid amino wedi'u trefnu. Mae dau drefniant cyffredin. Mewn helics α mae'r gadwyn bolypeptid wedi'i thorchi yn sbiral ac mae ei siâp yn cael ei gynnal gan fondiau hydrogen. Y trefniant cyffredin arall yw dalen bletiog β lle mae'r grwpiau N-H ac O-H mewn cadwynau gwahanol.

Gwella gradd

Dylech chi wybod pam mae ensymau yn benodol iawn o ran eu hadweithiau o'u cymharu â'r catalyddion sy'n cael eu defnyddio mewn adweithiau cemegol 'cyffredin'.

Adeiledd trydyddol

Mae adeiledd trydyddol proteinau yn ymwneud â'r ffordd y mae'r gadwyn brotein yn plygu. Mae hyd cadwynau proteinau ffibrog yn hir iawn ac mae'r math hwn o brotein yn tueddu i fod yn anhydawdd mewn dŵr. Math arall yw'r protein crwn. Mae eu siâp yn eithaf sfferig. Mae llawer o'r rhain yn hydawdd mewn dŵr neu'n goloidaidd.

Polyamidau

Rydyn ni'n tybio fel arfer bod y defnyddiau hyn yn rhai 'gwneud' yn hytrach nag yn rhai sy'n digwydd yn naturiol. Mae polyamidau hefyd yn cynnwys cysylltau peptid ac un ohonyn nhw yw neilon. Byddwn yn edrych ar bolyamidau yn fanylach yn adran 4.8.

Swyddogaeth proteinau mewn systemau byw

Cyfansoddion sy'n catalyddu adweithiau cemegol yw ensymau. Gallwn ni eu disgrifio fel catalyddion biolegol macrofoleciwlaidd ac mae tystiolaeth yn dangos eu bod yn catalyddu dros 5000 o adweithiau biocemegol. Mae'r rhan fwyaf o ensymau yn broteinau ac mae eu gweithredoedd yn benodol oherwydd eu hadeileddau 3-dimensiwn unigryw. Mae swyddogaeth ensymau yn y corff yn hanfodol i gynnal bywyd, neu fel arall byddai llawer o adweithiau braidd yn araf! Mae amylas (sy'n bresennol mewn poer) yn catalyddu hydrolysis startsh yn siwgrau. Yn y diwydiant bragu, mae ensymau fel amylasau, glwcanasau a phroteasau yn gyfrifol am hydrolysu polysacaridau a rhai proteinau yn foleciwlau llai.

4.8 Synthesis organig a dadansoddi

Synthesis cyfansoddion organig drwy gyfres o adweithiau

Weithiau mae angen cyfres o adweithiau i alluogi cemegwyr organig i gynhyrchu cyfansoddyn sydd ei angen o ddefnydd cychwynnol arbennig. Mae ymgeiswyr yn aml yn ei chael yn anodd ateb cwestiynau ar y testun hwn, gan fod yn rhaid iddyn nhw wybod llawer o wahanol adweithiau a gallu cysylltu'r rhai perthnasol gyda'i gilydd yn y drefn gywir. Weithiau mae'r cwestiynau hyn yn cael eu cyfuno â chyfrifo cynnyrch canrannol. Mae hyn yn ystyriaeth bwysig os yw'n fwriad gwneud cynnyrch yn fasnachol ac os oes nifer o ffyrdd o'i wneud. Y ffordd orau o adolygu'r testun hwn efallai yw drwy edrych ar enghreifftiau penodol.

Enghraifft 1

Astudiwch y dilyniant isod a nodwch yr adweithyddion sydd eu hangen ar bob cam ac unrhyw amodau angenrheidiol:

$$CH_4 \xrightarrow{①} CH_3Cl \xrightarrow{②} CH_3OH \xrightarrow{③} HCOOH$$

Yng ngham 1, mae amnewidiad wedi digwydd, gan roi cloromethan. Adwaith radical yw hwn ac mae angen **nwy clorin** ym mhresenoldeb **golau haul**. Yng ngham 2, mae amnewid wedi digwydd eto ond y tro hwn amnewid niwcleoffilig sydd wedi digwydd ac fe gaiff methanol ei gynhyrchu drwy **wresogi** cloromethan gyda **sodiwm hydrocsid dyfrllyd**.

Yn olaf, yng ngham 3, mae alcohol yn cael ei ocsidio yn asid carbocsylig. Fel rydyn ni wedi'i weld yn barod, mae'n bosibl ocsidio'r alcohol drwy ei **wresogi** gyda **hydoddiant potasiwm deucromad asidiedig**.

Enghraifft 2

a Astudiwch y dilyniant isod a nodwch enwau adweithyddion R ac S.

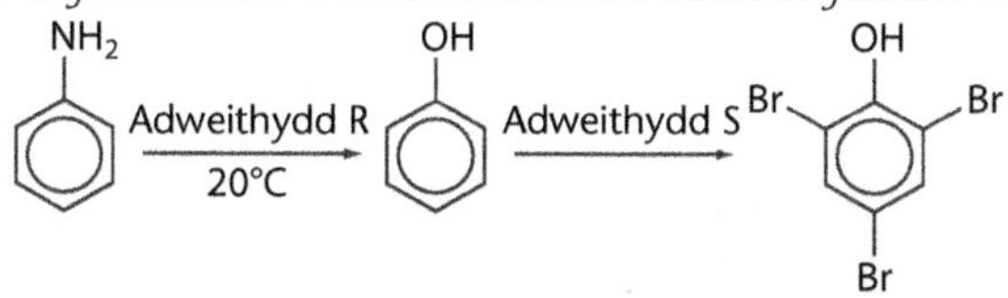

Ar 20 °C, mae ffenylamin yn adweithio ag **asid nitrus (neu sodiwm nitrit ac asid hydroclorig)** (adweithydd R), gan gynhyrchu ffenol. Pan fydd ffenol yn cael ei drin â bromin **dyfrllyd** (adweithydd S), bydd gwaddod gwyn o 2,4,6-tribromoffenol yn cael ei gynhyrchu.

b Mewn arbrawf, cynhyrchodd 18.6 g o ffenylamin (M_r 93.0) 26.5 g o 2,4,6-tribromoffenol (M_r 331). Cyfrifwch **gynnyrch canrannol** 2,4,6-tribromoffenol.

1 Nifer y molau o ffenylamin = 18.8/93 = 0.20

2 Nifer y molau o 2,4,6-tribromoffenol = 26.5/331 = 0.080

3 Mae'r hafaliad yn dangos y dylai 1 môl o ffenylamin roi 1 môl o 2,4,6-tribromoffenol.

4 Cynnyrch canrannol = gwir gynnyrch × 100/cynnyrch disgwyliedig = 0.080 × 100 / 0.20 = 40

Term Allweddol

Radical = rhywogaeth sydd ag electron heb bâr. Gall fod yn atom, er enghraifft Cl• neu rywogaeth foleciwlaidd er enghraifft •CH3.

Gwella gradd

Mewn cyfrifiadau gyda chanrannau, mae'n hanfodol eich bod yn ystyried cymhareb folar y defnyddiau cychwynnol a'r rhai sydd eu hangen. Byddai methu gwneud hyn yn golygu cael ateb anghywir a cholli marc gwerthfawr.

cwestiwn cyflym

(59) Caiff propanon ei drawsnewid yn bropen mewn adwaith dau gam. Enwch yr adweithyddion sydd eu hangen ar bob cam.

Termau Allweddol

Cynnyrch canrannol = $\frac{\text{gwir gynnyrch}}{\text{cynnyrch disgwyliedig}} \times 100$

Alcyleiddiad = cyflwyno grŵp alcyl, er enghraifft methyl neu ethyl, i'r moleciwl. Rydyn ni'n aml yn gweld hwn wrth alcyleiddio cyfansoddion aromatig, er enghraifft methylbensen o fensen.

cwestiwn cyflym

60 Caiff ethen ei drawsnewid yn asid ethanöig mewn adwaith dau gam. Enwch yr adweithyddion sydd eu hangen ar bob cam.

cwestiwn cyflym

61 Mae cyfansoddyn, X, yn adweithio â photasiwm cyanid gan roi cyfansoddyn newydd, Y, sydd yn ei dro yn adweithio â lithiwm tetrahydridoalwminad(III) gan roi ethylamin. Enwch gyfansoddion X ac Y.

Enghraifft 3

Astudiwch y dilyniant isod ac enwch yr adweithyddion (a'r catalydd lle mae hynny'n briodol) sy'n cael eu defnyddio ym mhob cam.

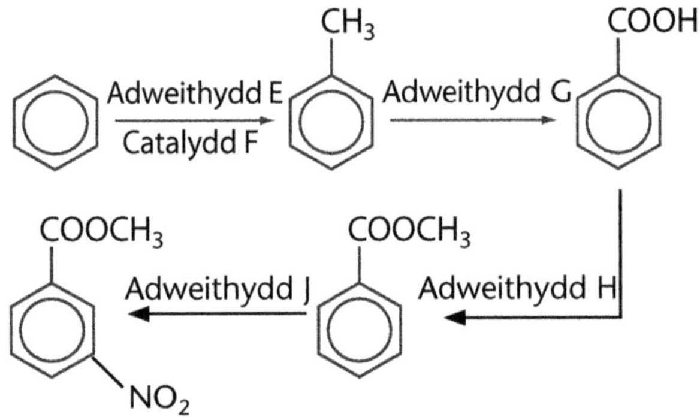

Cam 1 yw **alcyleiddiad** bensen. I gyflwyno grwpiau alcyl, rydyn ni'n defnyddio adwaith Friedel–Crafts. Mae Adweithydd E yn halogenoalcan; mae cloromethan yn cael ei ddefnyddio fel arfer (weithiau dewisir bromomethan gan fod cloromethan yn nwy a bromomethan yn hylif). Mae angen catalydd ar gyfer yr adwaith. Yr un sy'n cael ei ddewis fel arfer (Catalydd F) yw alwminiwm clorid, er ei bod yn bosibl defnyddio haearn(III) clorid. Y cam nesaf yn yr adwaith hwn yw ocsidio ochr-gadwyn methyl yn asid carbocsylig. Mae angen amodau eithaf llym ar gyfer yr ocsidiad hwn. Yr ocsidydd sy'n cael ei ddewis fel arfer (Adweithydd G) yw potasiwm manganad(VII) (permanganad) mewn hydoddiant alcalïaidd. Mae angen adlifo'r cymysgedd am gryn dipyn o amser. Cynnyrch yr adwaith fydd sodiwm bensencarbocsylad (bensoad) ac mae angen ei asidio drwy ychwanegu gormodedd o asid hydroclorig dyfrllyd at y cymysgedd. Y cam nesaf yw esteriad yr asid carbocsylig gan roi methyl bensencarbocsylad (bensoad). Caiff yr esteriad hwn ei wneud drwy adlifo'r asid gyda methanol (Adweithydd H) ym mhresenoldeb ychydig o asid sylffwrig crynodedig fel catalydd. Y cam olaf yw nitradiad yr ester hwn i ffurfio methyl 4-nitrobensencarbocsylad (methyl 4-nitrobensoad). Mae angen 'cymysgedd nitradu' i nitradu bensen i roi nitrobensen, sef cymysgedd o asidau sylffwrig a nitrig crynodedig. Mae angen yr un cymysgedd o asidau (Adweithydd J) i nitradu methyl bensencarbocsylad. Mewn gwirionedd, dylai'r cwestiwn ofyn i chi **awgrymu** Adweithydd J gan nad yw'r fanyleb yn sôn am nitradiad yr ester hwn. Fodd bynnag, dylech chi fod yn ymwybodol bod nitradiadau aromatig, ar y lefel hon, i gyd yn defnyddio'r un 'cymysgedd nitradu' hwn.

Egwyddorion technegau trin a phuro

Mae llawer o adweithiau organig nad ydyn nhw'n cael eu cwblhau a gall cynhyrchion eraill ffurfio hefyd. Rhan bwysig o baratoi unrhyw gyfansoddyn organig yw gwahanu'r cynhyrchion a'u puro. Weithiau gall y cynhyrchion fod yn **gymysgadwy** â'i gilydd (fel y gwelwyd wrth baratoi esterau syml o alcohol ac asid carbocsylig). Weithiau gall y cynhyrchion fod yn anghymysgadwy neu'n bresennol mewn hydoddiant, neu gallan nhw fod wedi'u cynhyrchu ar ffurf solid. Mae angen dull gwahanol ar gyfer gwahanu a phuro ym mhob un o'r sefyllfaoedd hyn.

Term Allweddol

Mae hylifau **cymysgadwy** yn hollol hydawdd yn ei gilydd ar bob crynodiad. Mae enghreifftiau o hyn yn cynnwys ethanol a dŵr a bensen a methylbensen.

Gwahanu hylifau cymysgadwy

Mae'n bosibl defnyddio distyllu i wahanu hylifau cymysgadwy. Os yw eu tymereddau berwi'n agos (efallai o fewn 20 °C i'w gilydd), mae colofn ffracsiynu'n cael ei defnyddio hefyd i helpu i wahanu'r hylifau. Gallwn ni ddefnyddio distyllu hefyd i wahanu hylif anweddol o sylweddau eraill sydd ddim yn anweddol yn y cymysgedd. Enghraifft gyfarwydd o broses lle mae distyllu ffracsiynol yn cael ei ddefnyddio yw gwahaniad cyntaf cynhwysion olew crai (petroliwm). Mae distyllu ffracsiynol yn cael ei ddefnyddio hefyd wrth gynhyrchu ethanol drwy eplesu siwgrau, er nad yw'n hawdd gwahanu ethanol yn llwyr o'r dŵr sy'n bresennol.

Os yw tymereddau berwi'r hylifau sydd i'w gwahanu yn uchel (efallai >180 °C), mae'n bosibl eu distyllu dan wasgedd is (distyllu gwactod), a bydd hynny'n lleihau'r tymheredd berwi. Mae manteision i hyn os oes perygl y bydd yr hylifau'n dadelfennu ar dymereddau uwch.

Gwella gradd

Os ydych chi'n disgrifio (neu hyd yn oed yn defnyddio) twndish gwahanu i wahanu hylifau anghymysgadwy, cofiwch dynnu'r caead cyn rhedeg yr hylif i ffwrdd – ni fydd yn gweithio'n dda iawn fel arall!

Gwahanu hylifau anghymysgadwy drwy ddistyllu ager

Dyma ddull pwysig iawn sy'n cael ei ddefnyddio yn y diwydiant persawr, lle mae olewau naws o ddefnydd planhigol yn cael eu gwahanu drwy yrru ager i'r cymysgedd. Mae'r olew naws yn distyllu drosodd gyda'r ager ac yna'n cael ei gyddwyso gan roi cymysgedd anghymysgadwy o'r olew a dŵr. Mae'n dechneg werthfawr iawn gan y bydd yr olew yn distyllu drosodd gyda'r ager hyd yn oed os yw ei ferwbwynt yn llawer uwch na 100 °C. Er ei bod yn haws gwresogi'r cymysgedd a distyllu'r olew i ffwrdd yn uniongyrchol efallai, mae hyn yn aml yn anymarferol gan fod llawer o olewau planhigion yn dadelfennu wrth gael eu gwresogi ar dymheredd uchel.

Echdyniad â hydoddydd

Mae'r dechneg hon yn cael ei defnyddio i dynnu hydoddyn sydd wedi'i hydoddi mewn un hydoddydd i mewn i hydoddydd arall lle mae ei hydoddedd yn llawer mwy. Dull cyffredin yw ychwanegu hydoddydd anghymysgadwy at hydoddiant dyfrllyd sy'n cynnwys yr hydoddyn. Mae'r hydoddydd a ychwanegwyd yn tynnu'r rhan fwyaf o'r hydoddyn o'r dŵr. Wedyn mae'n bosibl gwahanu'r ddwy haen gan ddefnyddio twndish gwahanu. Yna caiff haen yr hydoddydd annyfrllyd ei sychu i gael gwared ag unrhyw fymryn o ddŵr sydd ar ôl.

Gwahanu solid anhydawdd

Y broses sy'n cael ei defnyddio fel arfer i wahanu solid oddi wrth hylif yw hidliad. Mae'n bosibl gwneud hyn gan ddefnyddio papur hidlo a thwndish. Mae papur hidlo rhychiog yn gweithio'n fwy effeithiol na phapur hidlo wedi'i rannu'n bedwar, gan fod yr hylif yn mynd drwy un haen o bapur yn unig a'r papur yn cyffwrdd ag ochrau'r twndish ar y plygion yn unig.

Fel arall, mae'n bosibl hidlo'r solid drwy hidliad gwactod gan ddefnyddio twndish a fflasg Büchner a phwmp dŵr ynghlwm wrth y tap. Mae hyn yn gyflymach fel arfer na'r dull papur hidlo traddodiadol. Mae angen lleithio'r papur hidlo cyn ei ddefnyddio er mwyn sicrhau ei fod yn 'glynu' wrth wely gwastad y twndish.

Ar ôl defnyddio'r naill ddull neu'r llall, rydyn ni'n aml yn golchi'r papur hidlo er mwyn cael gwared ar unrhyw fymryn o'r hydoddiant a allai fod yno o hyd. Yna, mae'n bosibl tynnu'r solid o'r papur a'i sychu ar dymheredd is na'i dymheredd ymdoddi – weithiau ar dymheredd ystafell rhwng papurau hidlo neu mewn ffwrn sychu. Mae hefyd yn bosibl defnyddio allgyrchydd i wahanu solid o hylif.

Os mai'r hylif sydd ei angen, mae'r hyn sydd ar ôl yn y papur hidlo yn cael ei daflu. Ar raddfa fawr, mae'n bosibl defnyddio gridiau metel i ddileu defnydd anhydawdd neu hidlo drwy raean, fel sy'n digwydd yn y diwydiant dŵr.

cwestiwn cyflym

62 Rydych chi'n ailgrisialu solid gan ddefnyddio ethanol fel hydoddydd. Disgrifiwch sut byddech chi'n gwneud hyn gan osgoi'r risg o dân.

cwestiwn cyflym

63 Mae solid gwyn wedi'i halogi gan amhuredd melyn, fel ei fod yn edrych ychydig yn felyn. Caiff ei olchi gyda hydoddydd fydd yn hydoddi'r amhuredd yn unig. Nodwch ddwy ffordd y gallech chi wybod bod yr holl amhuredd wedi'i ddileu.

Solidau hydawdd o hydoddiant

Os oes angen cael hydoddyn o'i hydoddiant, mae'n bosibl ei gael drwy grisialiad. Weithiau bydd amhureddau yn rhoi lliw i hydoddiant er bod y defnydd sydd ei angen yn solid gwyn. Mae'n bosibl berwi'r hydoddiant lliw gyda siarcol dadliwio er mwyn dileu'r lliw ac yna dileu'r siarcol drwy hidliad, gan adael hydoddiant di-liw.

Mae'r hydoddiant yn cael ei grynodi drwy ei ferwi ac yna ei adael i oeri. Os oes digon o'r hydoddydd wedi berwi i ffwrdd, bydd grisialau'r hydoddyn yn ymddangos pan fydd yn oer. Os nad yw hynny wedi digwydd, caiff y cymysgedd ei wresogi nes ei fod yn ddigon crynodedig i gynhyrchu grisialau wrth gael ei oeri. Yna caiff y grisialau eu hidlo i ffwrdd a'u sychu ar dymheredd addas. Efallai na fydd y grisialau a geir drwy hyn yn bur – mae'n bosibl profi eu puredd drwy fesur y tymheredd ymdoddi neu drwy ddefnyddio dull sbectrosgopig addas. Os nad yw'r solid yn bur, mae'n bosibl ei ailgrisialu. Y camau pwysig ar gyfer ailgrisialu yw:

- hydoddi'r hydoddyn yn y cyfaint lleiaf posibl o hydoddydd poeth
- hidlo'n boeth, os oes angen, i ddileu unrhyw amhureddau anhydawdd
- gadael i'r hydoddiant oeri
- hidlo'r grisialau i ffwrdd
- golchi'r solid gyda swm priodol o hydoddydd addas.

cwestiwn cyflym

64 Awgrymwch pam y dylai solid y mae ei dymheredd ymdoddi'n anhysbys gael ei sychu ar dymheredd ystafell i ddechrau.

Gwella gradd

Wrth fesur tymheredd ymdoddi solid, mae'n hanfodol gwresogi'r defnydd yn araf i ddechrau er mwyn darganfod ystod fras y tymereddau lle mae'n ymdoddi. Os byddwch chi'n ei wresogi'n rhy gyflym bydd y tymheredd yn codi'n rhy gyflym ac mae'n debyg y bydd y tymheredd ymdoddi a fesurwch yn uwch na'r gwir dymheredd pan ymdoddodd y defnydd.

Defnyddio tymheredd ymdoddi fel mesur puredd

Tymheredd ymdoddi solid yw'r tymheredd lle mae'n dechrau newid yn hylif. Gyda llawer o sylweddau, mae'r tymheredd yn amrywio dros amrediad o un neu ddwy radd. Bydd tymereddau ymdoddi solidau amhur yn is na'r gwerth disgwyliedig a bydd amrediad o dymereddau lle mae'n ymdoddi. Mae'r amrywiaeth hon mewn tymheredd ymdoddi yn rhoi mesur o buredd sylwedd.

Y gwahaniaeth rhwng polymeriad adio a chyddwysiad

Mae dau fath o bolymeriad – polymeriad adio, sef yr hyn astudioch chi ym mlwyddyn gyntaf y cwrs hwn, a pholymeriad cyddwyso.

Polymeriad adio

Yn y math hwn o bolymeriad, mae moleciwlau **alcen** yn cael eu hadio at ei gilydd gan ffurfio poly(alcen). Mae'r amodau sy'n cael eu defnyddio ar gyfer y polymeriad hwn yn dibynnu ar yr alcen cychwynnol, ond fel arfer mae angen gwasgedd uchel ar gyfer yr adwaith radical hwn. Mae angen gwasgedd uchel i bolymeru moleciwlau alcen nwyol fel bod y 'moleciwlau'n nes at ei gilydd / crynodiad yn uwch'. Mae cychwynnydd radical (R–R isod) hefyd yn cael ei ddefnyddio – mae'n rhoi ffynhonnell o radicalau ar gyfer y cam cychwynnol.

$$R - R \longrightarrow 2\,R\bullet$$

Dyma'r hafaliad ar gyfer polymeriad propen:

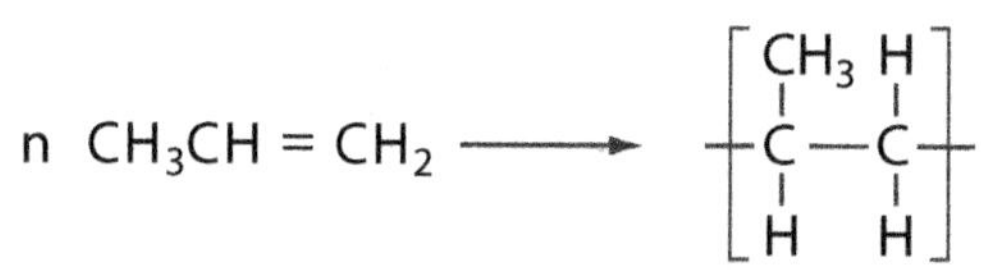

Mewn polymeriad adio, mae cyfansoddyn sydd â bond dwbl carbon–carbon yn cynhyrchu polymer sydd heb fondiau dwbl. Gall priodweddau ffisegol y polymer a gynhyrchir amrywio, er enghraifft ei galedwch, ei dymheredd meddalu a'i gryfder tynnol, gan ddibynnu ar faint o drawsgysylltiad sydd rhwng cadwynau carbon a threfniant y grwpiau ochr-gadwyn. Ni chynhyrchir unrhyw gynhyrchion eraill (cyd-gynhyrchion) yn ystod polymeriad adio.

Polymeriad cyddwyso

Dyma broses lle mae moleciwlau'n adweithio gan ffurfio polymer a dileu moleciwl bach, fel dŵr. Mae'r cyfansoddion cychwynnol yn cynnwys dau grŵp gweithredol (OH, NH_2, neu COOH yn aml) sydd fel arfer yn bondio â dau atom carbon ar bennau'r moleciwlau cychwynnol.

Gwella gradd

I gael fformiwla'r rhan sy'n ailadrodd mewn polymer adio, ysgrifennwch y bond dwbl carbon–carbon yn llorweddol a'r holl atomau/grwpiau sydd ynghlwm yn fertigol. Gwnewch y bond dwbl yn fond sengl a rhowch yr 'adeiledd' i gyd mewn blwch gyda'r bondiau llorweddol yn 'ymestyn' allan o'r blwch.

cwestiwn cyflym

⑥⑤ Defnyddiwch y wybodaeth yn 'Gwella gradd' uchod i roi fformiwla graffig y rhan sy'n ailadrodd yn y polymer adiad a geir o 2-clorobwt-1-en.

cwestiwn cyflym

⑥⑥ Ysgrifennwch y fformiwla graffig ac enwch yr alcen sy'n cynhyrchu'r polymer isod.

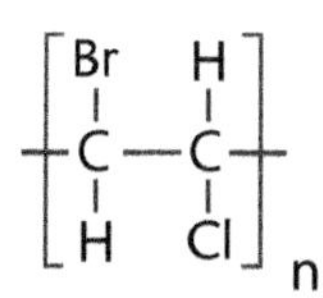

Sut mae polyesterau a pholyamidau'n cael eu ffurfio

Termau Allweddol

Polyamid = moleciwl sy'n cynnwys unedau sy'n ailadrodd gyda chysylltеddau peptid yn y gadwyn.

Gwella gradd

Cofiwch bob amser fod angen dau gyfansoddyn gwahanol i wneud polymer cyddwyso fel arfer, y ddau'n cynnwys dau grŵp gweithredol bob pen. Dewis arall yw defnyddio un cyfansoddyn sydd â dau grŵp gweithredol gwahanol, er enghraifft $H_2N(CH_2)_3COOH$.

Polyesterau

Er bod llawer o bolyesterau i'w cael, mae'r fanyleb yn awgrymu y dylen ni ganolbwyntio ar PET. Mae'r enw PET yn dod o'i enw cemegol hŷn 'polyethylenterefftthalad'. Mae modd gwneud PET o ethan-1,2-deuol ac asid bensen-1,4-deucarbocsylig.

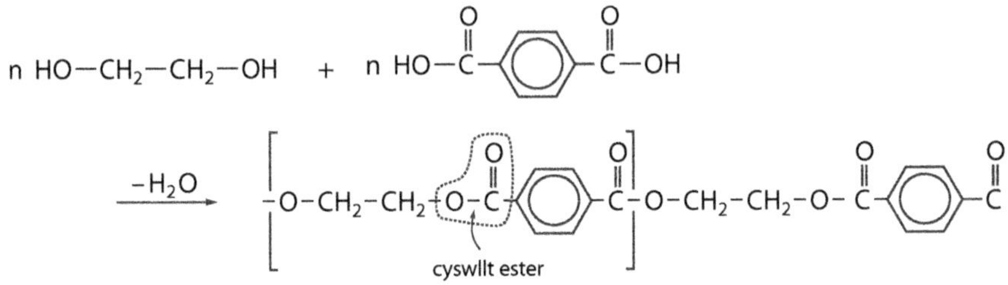

Polyamidau

Rydyn ni wedi crybwyll y rhain yn barod yn yr adran ar asidau amino α a phroteinau. Mae angen i chi wybod eu bod yn cael eu gwneud drwy adwaith deuamin ac asid deucarbocsylig. **Polyamid** nodweddiadol yw 'neilon'. Mae nifer o bolyamidau gwahanol sy'n cael eu galw'n 'neilon'. Mae'r rhif yn enw'r neilon yn dweud wrthyn ni faint o atomau carbon sydd ym mhob moleciwl o'r defnydd cychwynnol. Er enghraifft, caiff neilon 6,6 ei wneud o hecsan-1,6-deuamin ac asid hecsan-1,6-deuöig ac mae'r ddau gyfansoddyn hyn yn cynnwys chwe atom carbon yn eu cadwyn garbon.

$$n\ H_2N(CH_2)_6NH_2 \quad + \quad n\ HOOC(CH_2)_4COOH$$

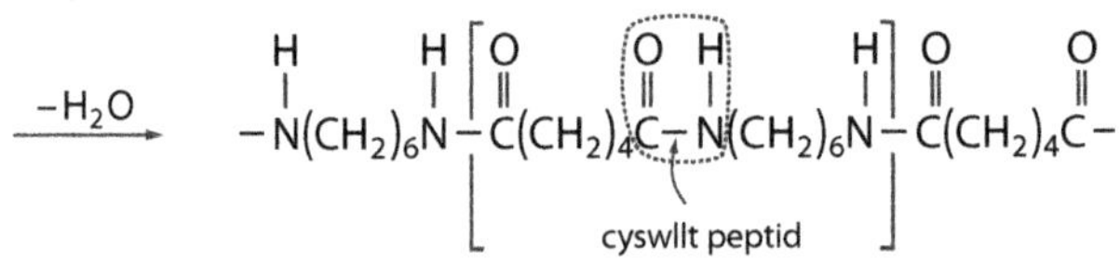

Mae neilon 6 ychydig yn fwy anarferol gan ei fod yn defnyddio un cyfansoddyn cychwynnol yn unig, sef asid 6-aminohecsanöig. Mae'r cyfansoddyn hwn yn cynnwys y grwpiau $-NH_2$ a $-COOH$ yn yr un moleciwl.

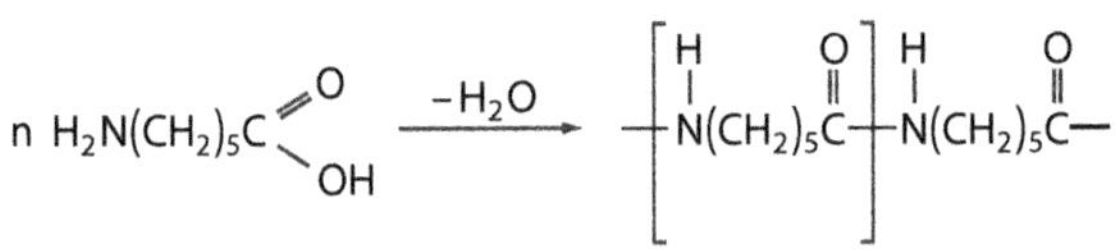

Mewn diwydiant, caiff llawer o bolyamidau eu gwneud gan ddefnyddio defnyddiau cychwynnol sy'n haws cael gafael arnyn nhw (ac sy'n rhatach). Mae ein hastudiaeth ni o bolyamidau, fodd bynnag, wedi'i chyfyngu i'r manylion a amlinellwyd uchod.

Pan gaiff polyamid ei wneud o ddau ddefnydd cychwynnol gwahanol mae'r cyswllt peptid yn y polymer yn cael ei ysgrifennu bob yn ail.

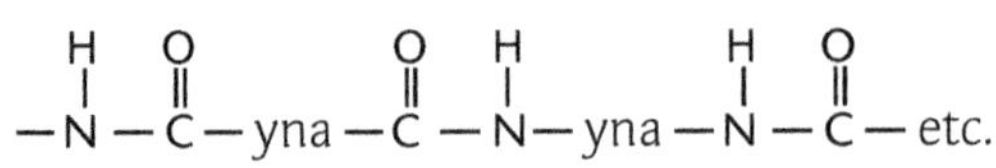

Mewn neilon 6, fodd bynnag, mae'r cyswllt peptid bob amser yn cael ei ysgrifennu yn yr un ffordd.

Sbectra cyseiniant magnetig niwclear (NMR)

Mae cyseiniant magnetig niwclear yn ymwneud â phriodweddau sbin y niwclews. Ar gyfer y fanyleb hon, sbectra'r niwclews ^{1}H (proton) ac ^{13}C fydd yn cael ein sylw, (rydych chi wedi astudio'r ail o'r rhain ym mlwyddyn gyntaf y cwrs hwn). Ceir sbectrwm NMR pan fydd tonnau radio egni isel yn effeithio ar gyfansoddyn mewn maes magnetig cryf. Mae amgylchedd yr atom hydrogen yn effeithio ar y signal a geir. Er enghraifft, mae'r protonau hydrogen mewn ethan, C_2H_6, i gyd yn yr un amgylchedd, ac felly hefyd yr holl brotonau hydrogen mewn propanon, CH_3COCH_3. Fodd bynnag, bydd y signal NMR sengl ar gyfer y protonau hydrogen yn y ddau gyfansoddyn hyn mewn mannau gwahanol yn y sbectrwm, gan fod y grŵp C=O yn effeithio ar y protonau hydrogen mewn propanon. Bydd y math arferol o gwestiwn yn yr arholiad yn gofyn i chi adnabod gwahanol brotonau hydrogen drwy ddefnyddio'r daflen ddata sy'n cael ei darparu. Mae dau fath o sbectra NMR, sef cydraniad isel – lle rydyn ni'n ystyried y protonau hydrogen sydd wedi'u bondio ag atomau penodol yn unig heb roi sylw i ddylanwad protonau hydrogen cyfagos (astudioch chi hyn ym mlwyddyn gyntaf y cwrs hwn) a **chydraniad uchel**. Mae'r sbectrwm isod yn dangos sbectrwm cydraniad isel ethocsiethan, $CH_3CH_2OCH_2CH_3$. Mae'r protonau yn ôl cymhareb 4:6 (neu 2:3) gyda signalau ar ~3.5 a 1.2 ppm yn ôl eu trefn.

Mae'r sbectrwm cydraniad uchel yn dangos bod y ddau signal hyn unwaith eto yn ôl cymhareb 4:6 ond yn cael eu hollti yn bedrypled a thripled yn ôl eu trefn.

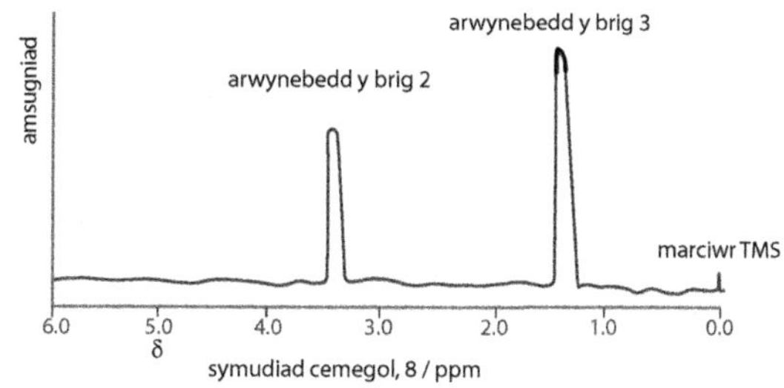

Mae'r hollti hwn yn digwydd yn unol â'r rheol $n - 1$, lle mae n (nifer y brigau hollt mewn signal penodol) hefyd yn rhoi nifer y protonau (atomau) hydrogen ar yr atom carbon, ocsigen neu nitrogen cyfagos.

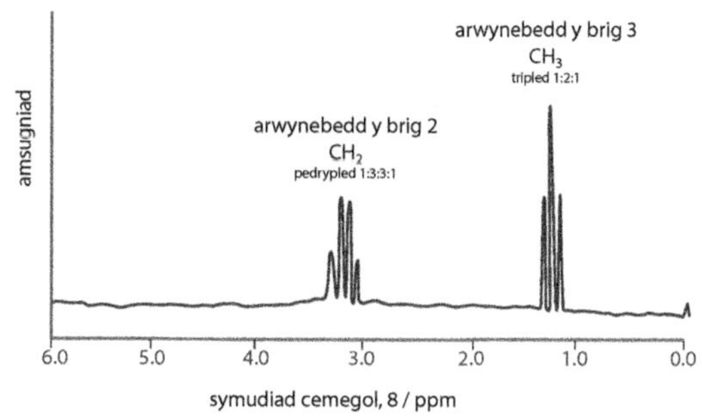

Mae'n amlwg bod y patrwm hollti hwn yn gallu bod yn gymhleth iawn os bydd hollti 'o'r ddwy ochr'. Er enghraifft, mewn 1-cloropropan, $CH_3CH_2CH_2Cl$, caiff signal proton y CH_2 yn y canol ei hollti'n bedrypled gan brotonau hydrogen y CH_3 a bydd y rhain yn cael eu hollti eto gan brotonau hydrogen y CH_2Cl. Bydd yr arholwyr yn ceisio dod o hyd i sbectra cyseiniant magnetig niwclear syml heb y math hwn o batrwm hollti cymhleth.

Term Allweddol

Gall **sbectra NMR cydraniad uchel** ddangos brigau wedi'u hollti oherwydd effaith protonau sydd wedi'u bondio ag atomau carbon, ocsigen neu nitrogen cyfagos.

Awgrym

Os cewch chi sbectrwm cyseiniant magnetig niwclear cydraniad uchel, ac os gwelwch ddau neu ragor o frigau heb eu hollti, yna mae'r protonau hyn yn bell oddi wrth brotonau eraill, er enghraifft mewn cloropropanon, $ClCH_2COCH_3$.

Gwella gradd

Os byddwch chi'n cael sbectrwm cyseiniant magnetig niwclear, ac yn gweld pedrypled a thripled, mae hynny bron yn sicr oherwydd presenoldeb grŵp ethyl.
Os byddwch chi'n cael sbectrwm cyseiniant magnetig niwclear cydraniad uchel, ac yn gweld brig unigol, mae hyn fel arfer yn golygu nad oes protonau hydrogen yn bondio â'r atomau carbon, ocsigen neu nitrogen cyfagos.

Cromatograffaeth

Byddwch chi'n gyfarwydd â chromatograffaeth papur. Erbyn hyn, mae'r fanyleb hefyd yn cynnwys cromatograffaeth haen-denau (*TLC*), cromatograffaeth nwy (*GC*) a chromatograffaeth hylif perfformiad uchel (*HPLC*). Does dim angen gwybod damcaniaeth cromatograffaeth, ond bydd angen i chi ddehongli cromatogramau drwy ddefnyddio ffactorau arafiad (gwerthoedd R_f).

Gwella gradd

Mewn cromatograffaeth haen-denau, ni all y gwerth R_f fod yn fwy nag 1. Os cewch chi werth mwy nag 1, rydych chi wedi ysgrifennu'r fformiwla wyneb i waered! Mae gwerth R_f o 1 yn golygu bod y cyfansoddyn yn symud ar yr un gyfradd â'r hydoddydd. Dylech chi roi cynnig ar hydoddydd arall.

cwestiwn cyflym

67 Rydych chi'n defnyddio cromatograffaeth nwy hylif. Mae'n ymddangos bod gan ddau gyfansoddyn yr un amser dargadw. Sut gallech chi addasu'r gromatograffaeth nwy hylif er mwyn gwahanu'r ddau gyfansoddyn hyn?

cwestiwn cyflym

68 Mae athro'n dweud y dylech chi bob amser sicrhau bod y llinell gychwyn uwchlaw'r hydoddydd yn y bicer pan fyddwch chi'n cynnal cromatograffaeth haen-denau. Pam felly?

Cromatograffaeth haen-denau

Yn y bôn, defnydd amsugnol wedi'i osod ar blât plastig neu wydr yw plât cromatograffaeth haen-denau. Wrth i'r hydoddiant godi i fyny'r plât, bydd y cymysgedd yn gwahanu i'w gydrannau unigol. Weithiau bydd dwy gydran yn teithio i fyny'r plât i gynhyrchu 'smotyn' nad yw'n cael ei gydrannu. Os bydd hyn yn digwydd, efallai y bydd hi'n bosibl gwahanu'r ddau gyfansoddyn drwy ddefnyddio hydoddydd arall. Mae'n bosibl cael y gwerth R_f ar gyfer cyfansoddyn A drwy ddefnyddio'r fformiwla:

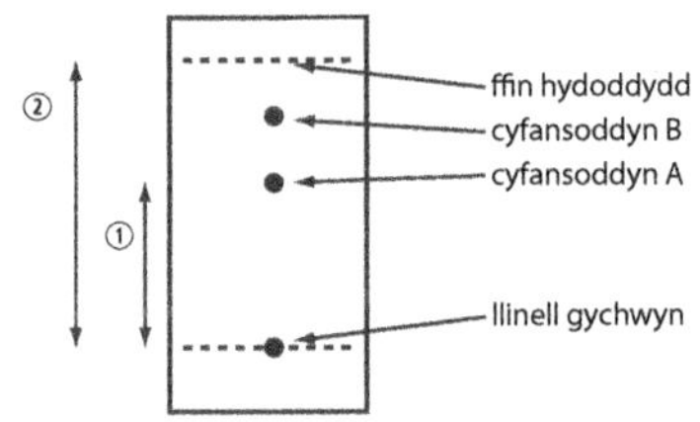

$$R_f = \frac{\text{y pellter y mae'r cyfansoddyn wedi symud ①}}{\text{y pellter y mae'r hydoddydd wedi symud ②}}$$

Os ydyn ni'n amau mai rhyw gyfansoddyn arbennig yw cyfansoddyn A, yna mae'n bosibl cymryd cromatogram haen-denau o'r cyfansoddyn, dan yr un amodau, a chymharu'r gwerthoedd R_f. Os yw'r cromatogram yn cynnwys smotiau di-liw, yna efallai y byddai modd cynhyrchu smotiau lliw drwy ei chwistrellu â chyfrwng datblygu addas neu ddisgleirio golau uwchfioled arno. Mae modd cael pob cyfansoddyn unigol drwy dynnu'r smotyn a'i hydoddi mewn hydoddydd addas ac yna ei anweddu.

Cromatograffaeth nwy

Y math mwyaf cyffredin o gromatograffaeth nwy yw cromatograffaeth nwy hylif, lle mae'r cymysgedd o nwyon yn cael ei yrru 'drwy' ronynnau hylifol sy'n cael eu gosod ar solid anadweithiol. Caiff y cymysgedd o nwyon ei gludo drwy'r golofn gan nwy anadweithiol fel heliwm. Mae modd addasu tymheredd y golofn er mwyn gwahanu'r nwyon yn effeithiol. Wrth i bob cyfansoddyn ddod allan o'r golofn, mae'n cael ei ganfod ac mae brig i'w weld ar y cromatogram. Yr enw ar yr amser a gymer y cyfansoddyn i ddod allan o'r golofn yw'r amser dargadw. Mae arwynebedd cymharol pob brig yn cael ei ddefnyddio i roi % pob cyfansoddyn sy'n bresennol yn y cymysgedd.

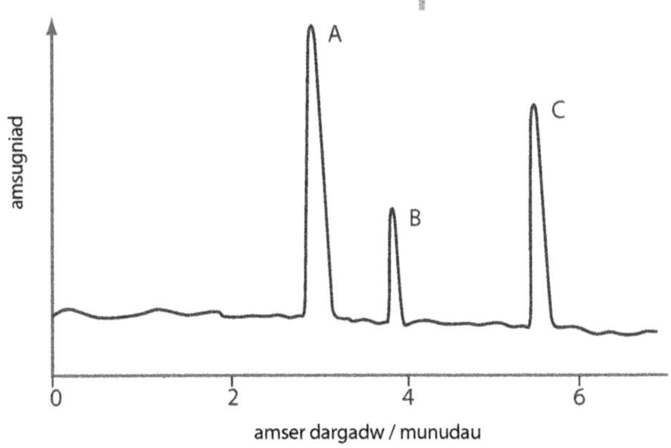

Mae arwynebeddau cymharol y brigau i'w gweld yn y tabl.

Cyfansoddyn	Arwynebedd cymharol y brig
A	7.5
B	3.0
C	4.5

$$\% \text{ cyfansoddyn A} = \frac{\text{Arwynebedd brig cymharol cyfansoddyn A} \times 100}{\text{Cyfanswm arwynebedd y brigau}}$$

$$= \frac{7.5 \times 100}{15} = 50$$

Cromatograffaeth hylif perfformiad uchel

Dyma dechneg ddefnyddiol i wahanu cyfansoddion nad yw'n bosibl eu hanweddu yn hawdd, ac eithrio ar dymheredd uchel, lle gallan nhw ddadelfennu. Caiff y cymysgedd ei chwisitrellu i **wedd hylifol symudol** sydd dan wasgedd. Mae'r cromatogram a geir yn edrych yn debyg i gromatogram nwy hylif. Un o'r cymwysiadau nodweddiadol fyddai dadansoddi echdynnyn o siocled yfed i ganfod ei gynnwys caffein a theobromin.

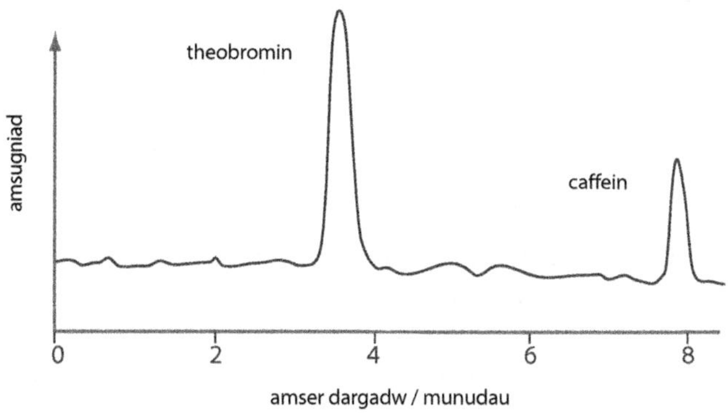

Yn aml iawn cysylltir colofnau cromatograffaeth nwy hylif a chromatograffaeth hylif perfformiad uchel â dulliau dadansoddol eraill. Caiff cymysgeddau eu gwahanu drwy ddefnyddio cromatograffaeth nwy hylif ac fe gaiff y cyfansoddion sydd wedi'u gwahanu eu bwydo'n syth i sbectromedr màs. Pan fydd cromatograffaeth hylif perfformiad uchel yn cael ei defnyddio i wahanu'r cyfansoddion yn y cymysgedd, maen nhw'n aml yn cael eu bwydo i sbectroffotomedrau uwchfioled/gweladwy er mwyn helpu i adnabod y cyfansoddion.

Term Allweddol

Gwedd symudol = nwy (mewn cromatograffaeth nwy hylif) a hylif (mewn cromatograffaeth hylif perfformiad uchel) sy'n cludo'r cymysgedd drwy'r offeryn, gan alluogi'r cyfansoddion i gael eu gwahanu yn y golofn.

Awgrym

Dylech chi fod yn ymwybodol bod cromatograffaeth hylif perfformiad uchel yn dechneg ddefnyddiol, o'i rhedeg ar dymheredd ystafell, ar gyfer moleciwlau 'mwy' a allai ddadelfennu wrth gael eu gwresogi. Un broblem y byddai'r dadelfeniad hwn yn ei hachosi yw y gallai'r cromatogram ddangos y cynhyrchion dadelfeniad hyn gan ei gwneud yn fwy anodd dehongli.

Gwella gradd

Dylech chi fod yn hyderus wrth weithio allan canrannau a gewch chi mewn cromatogram neu ar ffurf tabl. Dylech chi roi atebion i'r un nifer o ffigurau ystyrlon ag sydd yn y data a ddarparwyd.

Crynodeb: Uned 4 Cemeg Organig a Dadansoddi

4.1 Stereoisomeredd

- Mae stereoisomeredd yn ymwneud â safle atomau a grwpiau mewn gofod.
- Mae stereoisomeredd yn cynnwys isomeredd *E–Z* ac isomeredd optegol.
- Mae gan gyfansoddion sy'n actif yn optegol graidd cirol.

4.2 Aromatigedd

- Mae bensen yn sefydlog oherwydd dadleoliad electronau.
- Mae llawer o adweithiau bensen yn amnewidiadau electroffilig.

4.3 Alcoholau a ffenol

- Caiff alcoholau eu gwneud drwy rydwytho aldehydau, cetonau ac asidau carbocsylig.
- Mae hydrolysu halogenoalcanau yn rhoi alcoholau.
- Caiff halogenoalcanau eu cynhyrchu o alcoholau a halidau hydrogen.
- Caiff esterau eu cynhyrchu o alcoholau a chloridau asid neu asidau carbocsylig.
- Mae ffenolau'n fwy asidig nag alcoholau.
- Mae ffenol yn dadliwio bromin, gan roi gwaddod gwyn.
- Caiff hydoddiant porffor ei gynhyrchu pan fydd ffenol yn adweithio â haearn(III) clorid dyfrllyd.

4.4 Aldehydau a chetonau

- Dim ond aldehydau sy'n rhoi drych arian gydag adweithydd Tollens.
- Mae'r ddau'n rhoi gwaddod oren-coch gyda 2,4-deunitroffenylhydrasin.
- Mae'n bosibl ocsidio aldehydau ymhellach.
- Maen nhw'n adweithio â hydrogen cyanid drwy adiad niwcleoffilig.

4.5 Asidau carbocsylig a'u deilliadau

- Mae $LiAlH_4$ yn eu rhydwytho yn aldehydau ac yn alcoholau cynradd.
- Mae PCl_5 yn eu trawsnewid yn gloridau asid.
- Mae calch soda yn eu datgarbocsyleiddio gan roi alcanau neu arenau.

4.6 Aminau

- Ffurfir aminau aliffatig o halogenoalcanau ac amonia.
- Cynhyrchir ffenylamin drwy rydwytho nitrobensen.
- Mae aminau aliffatig cynradd yn cynhyrchu alcoholau wrth adweithio ag asid nitrig(III).
- Mae aminau aromatig cynradd yn rhoi cyfansoddion deuasoniwm wrth adweithio ag asid nitrig(III) ar dymereddau isel.
- Cynhyrchir llifynnau aso o gyfansoddion deuasoniwm wrth iddyn nhw adweithio ag aminau neu ffenolau.
- Mae cromofforau'n achosi lliw mewn cyfansoddion organig.
- Y lliw a welwn ni mewn cyfansoddion organig yw'r lliw nad yw'n cael ei amsugno.

4.7 Asidau amino, peptidau a phroteinau

- Mae asidau amino α yn amffoterig ac yn bodoli ar ffurf switerïonau.
- Mae asidau amino α yn cyddwyso gyda'i gilydd gan roi peptidau a phroteinau.
- Mae sawl lefel yn adeiledd proteinau.

4.8 Synthesis organig a dadansoddi

- Mae polymerau cyddwyso yn cynnwys polyamidau a pholyesterau.
- Mae sbectrosgopeg NMR ^1H cydraniad uchel (ynghyd â dulliau sy'n defnyddio offer eraill) yn werthfawr ar gyfer adnabod adeiledd.
- Mae cromatograffaeth haen-denau, cromatograffaeth hylif perfformiad uchel a chromatograffaeth nwy yn cael eu defnyddio i wahanu cydrannau o gymysgeddau.

U5 Gwybodaeth a Dealltwriaeth

Gwaith Ymarferol

Bydd y gwaith ymarferol yn y cwrs hwn yn cael ei asesu drwy Arholiad Ymarferol sy'n werth 30 marc a thrwy Dasg Dulliau Ymarferol a Dadansoddi sydd hefyd yn werth 30 marc. Mae cyfanswm y marciau ar gyfer Uned 5 yn werth 10% o gyfanswm y marciau ar gyfer y cymhwyster Safon Uwch. O'r 60 marc hyn, mae tua 12 marc yn AA1, 30 marc yn AA2 a 18 marc yn AA3.

Tasg arbrofol

Bydd y dasg (sef yr arholiad ymarferol) yn para am hyd at 3 awr a byddwch chi'n ei sefyll yn nhymor y gwanwyn yn ail flwyddyn yr astudiaeth. Mae'r fanyleb yn nodi'r technegau ymarferol y dylai dysgwyr gael profiad ohonyn nhw, ynghyd â rhestr o ymarferion ymarferol addas. Mae'r bwrdd arholi wedi cyhoeddi enghraifft o dasg ymarferol i ddangos y math o ymarfer a allai godi yn yr arholiad ei hun. Mae'r ymarfer hwn yn gofyn i ymgeiswyr ddadansoddi tabledi asbrin i ddarganfod faint o asbrin sydd ynddyn nhw. Mewn sesiwn 3 awr, mae'n amlwg bod nifer o arbrofion nad ydyn nhw'n addas oherwydd prinder amser, ond mae hynny'n dal i adael amrywiaeth o ymarferion addas!

Papur ymarferol

Mae'r papur byr hwn yn cynnwys cwestiynau wedi'u hysgrifennu mewn cyd-destun ymarferol. Mae amrywiaeth eang o destunau y byddai modd eu cynnwys. Mae'r papur enghreifftiol yn cynnwys cwestiynau ar enthalpi niwtraliad, cyfraddau adwaith a newidiadau pH yn ystod niwtraliad. Mae cwestiwn organig o'r math 'poteli heb eu labelu' yn cael ei gynnwys hefyd. Ar gyfer y math hwn o gwestiwn, mae angen gwybodaeth gadarn o adweithiau organig a gallai defnyddio siart llif fod yn ffordd dda o ateb y cwestiwn. Yn y math hwn o gwestiwn, dylech chi fod yn barod i fabwysiadu dulliau sy'n defnyddio offer, fel sbectrosgopeg isgoch a chyseiniant magnetig niwclear, yn gymorth i gadarnhau eich canlyniadau.

Cwestiwn enghreifftiol

Rydych chi'n cael tri chyfansoddyn mewn poteli heb eu labelu, sef ffenylethanon ($C_6H_5COCH_3$), methyl bensencarbocsylad ($C_6H_5COOCH_3$) a bensamid ($C_6H_5CONH_2$). Disgrifiwch ddulliau cemegol syml o benderfynu pa un yw pa un.

Ateb enghreifftiol

1) Gwresogwch sampl o bob cyfansoddyn gyda sodiwm hydrocsid dyfrllyd. Bydd bensamid, sy'n amid asid carbocsylig, yn cynhyrchu nwy amonia (mae'n bosibl ei adnabod drwy ddefnyddio papur dangosydd cyffredin) a fydd yn troi'n las. Ni fydd y ddau gyfansoddyn arall yn cynhyrchu amonia.
2) Ychwanegwch sampl o'r ddau gyfansoddyn arall, ar wahân, driiodomethan at hydoddiant ïodin alcalïaidd a'u cynhesu'n ofalus.
   Mae ffenylethanon yn cynnwys grŵp methylcarbonyl ($CH_3C{=}O$) ac mae'r grŵp gweithredol hwn yn cynhyrchu gwaddod melyn o driiodomethan, gydag ïodin alcalïaidd.
3) Rhaid mai'r ester methyl bensencarbocsylad, nad yw'n rhoi canlyniad cadarnhaol i'r un o'r ddau brawf, yw'r cyfansoddyn arall.

Sylwch – Ar dymheredd ystafell, mae bensamid yn solid – gallech chi nodi hyn fel pwynt ychwanegol (os ydych chi'n gwybod hyn!). Mae'r ddau gyfansoddyn arall yn hylifau ar dymheredd ystafell.

Arfer a Thechneg Arholiad

Nodau

Annog myfyrwyr i wneud y canlynol:

- datblygu eu diddordeb a'u brwdfrydedd mewn Cemeg, gan gynnwys diddordeb i'w astudio ymhellach a dilyn gyrfa yn y maes
- datblygu gwybodaeth a dealltwriaeth hanfodol o feysydd gwahanol Cemeg a sut mae'r meysydd hyn yn cysylltu â'i gilydd
- deall sut mae cymdeithas yn gwneud penderfyniadau am faterion gwyddonol a sut mae'r gwyddorau'n cyfrannu at lwyddiant yr economi a'r gymdeithas yn gyffredinol.

U2 Cemeg – crynodeb o'r asesu

Mae'r asesu ar gyfer cymhwyster U2 yn cynnwys dau bapur ysgrifenedig, 105 munud yr un. Mae 80 marc ar gael ar gyfer y naill bapur a'r llall. Mae pob papur yn werth 25% o'r cymhwyster Safon Uwch lawn. Hefyd mae rhan ymarferol yn y cymhwyster (Uned 5). Mae'r uned hon yn cynnwys dwy dasg, sef arholiad ymarferol sy'n werth 30 marc a thasg ysgrifenedig fer ar Ddulliau Ymarferol a Dadansoddi sydd hefyd yn werth 30 marc. Mae Uned 5 yn werth 10% o'r cymhwyster Safon Uwch lawn. Mae cyfanswm cymhwyster U2 yn werth 60% o'r cymhwyster Safon Uwch lawn.

Mae **Uned 3** yn astudio Cemeg Ffisegol ac Anorganig.

Mae **Uned 4** yn astudio Cemeg Organig a Dadansoddi.

Mae pob papur yn cynnwys Adran A, sef cwestiynau atebion byr gwerth 10 marc, ac Adran B sy'n cynnwys cwestiynau strwythuredig ac estynedig ac sy'n werth cyfanswm o 70 marc. Asesir Ansawdd yr Ysgrifennu Estynedig (AYE) unwaith ym mhob papur drwy gyfrwng cwestiwn sy'n werth 6 marc.

Does dim cwestiynau dewis lluosog yn y papurau hyn.

Amcanion asesu (AA) a phwysoli

Ysgrifennir y cwestiynau arholiad i adlewyrchu'r amcanion asesu sy'n cael eu disgrifio yn y fanyleb a dylech chi gwrdd â'r AA canlynol yng nghyd-destun cynnwys y pwnc a nodir yn fanwl yn y fanyleb.

Mae **AA1** yn cynnwys gwybodaeth a dealltwriaeth o bob agwedd ar y pwnc.

Dylai ymgeiswyr ddangos gwybodaeth a dealltwriaeth o syniadau, prosesau, technegau a gweithdrefnau gwyddonol.

Mae **AA2** yn ymwneud â chymhwyso'r wybodaeth a'r ddealltwriaeth.

Dylai ymgeiswyr gymhwyso gwybodaeth a dealltwriaeth o syniadau, prosesau, technegau a gweithdrefnau gwyddonol: mewn cyd-destunau damcaniaethol ac ymarferol, wrth ymdrin â data ansoddol a data meintiol.

Mae **AA3** yn ymwneud â dadansoddi, dehongli a gwerthuso deunydd sy'n cael ei roi i'r ymgeisydd a deunydd a ddysgwyd.

Dylai ymgeiswyr ddadansoddi, dehongli a gwerthuso gwybodaeth, syniadau a thystiolaeth wyddonol ac, mewn perthynas â materion o bwys, dylen nhw allu llunio barn a dod i gasgliadau a gallu datblygu a mireinio cynlluniau a gweithdrefnau ymarferol.

Dylai ymgeiswyr fod yn ymwybodol o **'Sut mae Gwyddoniaeth yn Gweithio'** a gallu cofnodi a chyfathrebu arsylwadau a mesuriadau'n ddibynadwy.

Mae'r pwysoli ar gyfer yr amcanion hyn yr un fath ag ar gyfer Unedau 3 a 4, sef

AA1 – 7.2% AA2 – 10.6% AA3 – 7.2%

Y pwysoli ar gyfer Uned 5 yw

AA1 – 2.0% AA2 – 5% AA3 – 3.0%

Cyfanswm y ffigurau hyn yw 60%, sef y cyfraniad llawn at y cymhwyster Safon Uwch llawn.

Ni fydd cwestiynau sy'n dibynnu ar ddwyn i gof yn unig yn werth mwy na 10% yn y papurau ysgrifenedig.

Sgiliau Mathemategol

Bydd y rhain yn cael eu hasesu drwy'r ddau bapur ysgrifenedig a bydd cyfanswm eu pwysoli yn 20% o leiaf. Bydd y gofyniad hwn ar TGAU Lefel 2 neu'n uwch. Mae'r sgiliau yn cynnwys rhifyddeg a chyfrifiant rhifiadol, trin data ac agweddau ar waith algebra, geometreg, trigonometreg a graffiau.

Gwaith ymarferol

Asesir y rhan hanfodol hon o gemeg fel rhan o'r papurau ysgrifenedig a hefyd yn y dasg ymarferol yn Uned 5. Nodir yn y fanyleb y math o waith ymarferol sydd ei angen, a bydd yn cynnwys dadansoddi ansoddol a dadansoddi meintiol, paratoadau, mesur newidiadau enthalpi a chyfraddau adwaith.

Gwefan CBAC

Dylai'r wefan hon, www.cbac.co.uk, gael ei defnyddio i ddod o hyd i'r fanyleb, deunyddiau asesu enghreifftiol, cyn-bapurau a chynlluniau marcio ac adroddiadau arholwyr.

Awgrymiadau ar gyfer yr arholiad

Gwnewch yn siŵr eich bod yn darllen pob cwestiwn yn ofalus. Mae ymgeiswyr yn dal i golli llawer o farciau drwy ateb beth maen nhw'n ei gredu y mae cwestiwn yn ei ofyn, yn hytrach na darllen y cwestiwn cyfan.

Ceisiwch ddeall y wybodaeth

Ar gyfer cymhwyster U2, dim ond tua 30% o'r cwestiynau a fydd yn seiliedig ar wybodaeth a dealltwriaeth (AA1). Bydd tua 40% o'r cwestiynau yn ymwneud â chymhwyso'r wybodaeth a'r ddealltwriaeth hon (AA2). Yn gyffredinol, bydd y cwestiynau AA2 yn fwy heriol na'r cwestiynau AA1. Yn aml, bydd angen ateb mwy manwl ar gyfer y cwestiynau AA2 hyn. Y 30% arall yw cwestiynau AA3, sy'n fwy heriol. Efallai y gofynnir i chi werthuso eich gwaith eich hun (a gwaith eraill), yn ogystal â mireinio tasgau ymarferol.

Edrychwch ar ddyraniad y marciau

Mae hyn yn rhan hanfodol o dechneg arholiad. Os caiff tri marc eu dyrannu ar gyfer cwestiwn, yna dylech chi sicrhau eich bod yn rhoi tri phwynt gwahanol yn eich ateb.

Ceisiwch ddeall y cyfarwyddiadau

Fel arfer bydd cwestiynau yn dechrau â geiriau allweddol (neu eiriau gorchymyn). Mae'r rhain yn rhoi awgrym o ddyfnder yr ymateb sydd ei angen.

Nodwch neu rhowch Fel arfer, ymateb eithaf sylfaenol sydd ei angen yn achos y geiriau allweddol hyn. Yn aml iawn, cwestiynau AA1 yw'r rhain lle nad oes angen cymhwyso deunydd rydych chi'n ei wybod.

Disgrifiwch Fel arfer mae angen ymateb mwy manwl i'r term hwn nag i 'nodwch' a gall gario dau neu ragor o farciau. Gall y math hwn o gwestiwn ganolbwyntio ar theori a ddysgwyd neu ar ymarfer ymarferol rydych chi wedi'i gynnal.

Esboniwch Bydd hwn yn aml yn cario o leiaf dau farc. Mae angen lefel uwch o ymateb nag ar gyfer 'nodwch' neu 'rhowch', ac yn aml mae'n estyniad o gwestiwn sy'n dechrau â 'nodwch'.

Cymharwch Os gofynnir i chi gymharu dau beth, peidiwch â disgrifio nodweddion y ddau beth yn unig. Mae'n rhaid cysylltu'r ddau â'i gilydd yn glir.

Awgrymwch Mae'r gair allweddol hwn fel arfer yn nodi nad mater o ddwyn i gof yw'r wybodaeth sydd ei hangen a bod nifer o atebion derbyniol posibl. Fel arfer, mae 'awgrymwch' yn gofyn i chi feddwl yn ehangach a chymhwyso gwybodaeth rydych chi wedi'i dysgu drwy gydol y cwrs.

Awgrymiadau am gwestiynau strwythuredig

Yn aml bydd angen ateb syml un gair, neu un fformiwla ar ddechrau cwestiynau strwythuredig. Mae'r cwestiynau fel arfer yn cael eu llunio gyda'r rhannau hawsaf ar y dechrau ac mae'n mynd yn fwy anodd wrth i'r cwestiwn fynd yn ei flaen. Dylech chi bob amser fod yn fodlon rhoi diagram neu fraslun yn eich ateb hyd yn oed os nad yw'r cwestiwn yn gofyn yn benodol i chi wneud hynny. Weithiau mae bwlch ar y papur, yn hytrach na llinellau ac mae hyn yn dangos lle dylech chi roi diagram. Dylech chi sicrhau eich bod yn labelu pob diagram. Wrth roi fformiwla neu fecanwaith, byddwch yn hollol glir yn eich ateb. Gyda mecanweithiau sy'n cynnwys parau unig o electronau, dylech chi lunio saeth o'r pâr unig sy'n 'cymryd rhan' yn yr adwaith. Mae'n bwysig rhoi'r parau unig yn y lle cywir mewn cwestiynau am siapiau moleciwlau/ïonau a bondio hydrogen.

Cwestiynau AYE

Mae un o'r rhain ym mhob papur theori. Mae'r cynllun marcio yn dangos rhestr o atebion disgwyliedig (sef cynnwys dangosol). Mae'r arholwyr yn nodi faint o'r pwyntiau hyn sydd wedi cael eu gwneud ac yna'n dyrannu marc cyffredinol ar gyfer y cwestiwn hwnnw – dydyn nhw ddim yn rhoi marc ar gyfer pob pwynt yn yr ateb – mae'r marc yn cael ei roi am ansawdd yr ateb. Dyma amlinelliad cyffredinol ar gyfer ystod y marciau:

5–6 marc

Mae'r prif nodweddion i gyd wedi'u disgrifio a'u hesbonio a rhoddwyd tystiolaeth gadarn dros yr ateb. Mae'r disgrifiad yn rhesymegol a chywir a defnyddiwyd geirfa wyddonol gywir.

3–4 marc

Mae'r prif nodweddion i gyd wedi'u disgrifio ac esboniad syml wedi'i roi am sut maen nhw'n codi. Mae'r defnydd o eirfa wyddonol gywir yn gadarn ar y cyfan.

1–2 marc

Dim ond rhai o'r prif nodweddion sydd wedi'u disgrifio ac mae diffyg manylion yn y disgrifiad heb lawer o esboniad. Mae rhywfaint o dystiolaeth o ddefnyddio geirfa wyddonol gywir.

0 marc

Nid oes ymgais wedi'i gwneud neu nid yw'r ateb a roddwyd yn haeddu credyd.

Gwella eich perfformiad cyn ac yn ystod yr arholiad

- Dylech chi fod yn gyfarwydd â'r fanyleb.
- Dylech chi weithio ar gyn-bapurau.
- Gwnewch lawer o gyfrifiadau.
- Darllenwch y cwestiwn yn araf ac yn ofalus – peidiwch â gadael rhannau allan drwy ruthro.
- Ceisiwch beidio â gadael cwestiynau heb roi cynnig arnyn nhw – gallech chi ddyfalu'n gywir a does dim marciau yn cael eu tynnu am atebion anghywir neu wirion.
- Gadewch ddigon o amser i wirio eich atebion.
- Gwiriwch i weld a yw eich atebion rhifiadol yn synhwyrol a realistig.
- Peidiwch â throi dwy dudalen drosodd yn lle un – mae rhywun yn gwneud bob blwyddyn.

Awgrymiadau i ennill mwy o farciau

- Peidiwch byth ag ysgrifennu 'ef'/'hi' heb nodi beth rydych chi'n ei olygu wrth 'ef'/'hi'.
- Gwyliwch am y geiriau gorchymyn mewn **teip trwm**. Er enghraifft: Mae **enwch** yn golygu defnyddiwch yr enw ac mae **tri ffigur ystyrlon** yn golygu hynny yn union; mae 86.7 yn gywir ond mae 87 ac 86.72 yn anghywir.
- Os yw'r cwestiwn yn gofyn am arsylw, rhowch arsylw. Er enghraifft mewn adwaith sy'n cynhyrchu nwy carbon deuocsid, mae 'gwelir swigod' yn arsylw ond nid yw 'mae CO_2 yn cael ei gynhyrchu' yn arsylw.

Pob lwc yn yr arholiad!

Cwestiynau ac atebion

Mae'r rhan hon o'r canllawiau'n edrych ar atebion myfyrwyr i gwestiynau yn arddull yr arholiad, a hynny o safbwynt arholwr. Mae detholiad o gwestiynau ar destunau yn y fanyleb U2 gyda dau ateb enghreifftiol – y naill o safon gradd uchel a'r llall o safon gradd isel ym mhob achos. Mae sylwadau'r arholwyr yn ceisio dangos i chi sut mae marciau'n cael eu hennill a'u colli er mwyn i chi ddeall beth sydd ei angen yn eich atebion. Bydd pob papur arholiad yn cynnwys cwestiwn lle mae 'ansawdd ymateb estynedig' yn cael ei brofi mewn cwestiwn (neu mewn rhan o gwestiwn) sy'n werth 6 marc. Yn y cwestiwn hwn, mae'r arholwyr yn chwilio am amrywiaeth o bwyntiau yn eich ateb (cynnwys dangosol) ac o ganlyniad i'ch ymatebion i'r pwyntiau hyn yn rhoi marc mewn un o dri band. Byddwch chi'n gweld cwestiynau o'r math hwn yn yr adran cwestiynau ac atebion hon. Yn y fanyleb hon, mae mwy o bwyslais ar atebion rhifiadol nag mewn papurau blaenorol a hefyd gofynnir cwestiynau sy'n ymwneud â'r gwaith ymarferol rydych chi wedi'i wneud drwy gydol y cwrs. Mae'r cwestiynau ar Uned 4 yn cwmpasu sawl testun ym mhob cwestiwn (er y byddan nhw'n canolbwyntio ar un testun), fel sy'n digwydd yn yr arholiad ei hun.

Bydd eich gradd gyffredinol yn dibynnu ar gyfanswm eich marciau yn yr arholiad. Mae rhai cwestiynau'n fwy anodd na'i gilydd, ac felly mae'n bwysig eich bod yn gweithio allan lle gallech chi ennill y mwyaf o farciau er mwyn cael y radd orau bosibl. Bydd yr arholwyr yn penderfynu faint o farciau sydd eu hangen ar gyfer pob gradd drwy astudio detholiad o'r papurau arholiad sydd wedi ennill nifer arbennig o farciau, ac yn aml iawn bydd yr ymgeiswyr hyn wedi ennill eu marciau mewn ffyrdd gwahanol gan ddibynnu ar ba destunau sydd hawsaf iddyn nhw.

Uned 3 Cemeg Ffisegol ac Anorganig

C&A

Rhydwythiad ac ocsidiad

1 Mae potasiwm deucromad asidiedig yn ocsidydd cyffredin ond mae ychwanegu hydoddiant sodiwm hydrocsid yn achosi'r adwaith isod:

$$Cr_2O_7^{2-} + 2\ OH^- \longrightarrow 2\ CrO_4^{2-} + H_2O$$

(i) Rhowch y newid lliw sydd i'w weld yn ystod yr adwaith hwn. *[1]*

(ii) Defnyddiwch gyflyrau ocsidiad cromiwm i ddangos nad yw hwn yn adwaith rhydocs. *[2]*

(iii) Y potensial electrod safonol ar gyfer potasiwm deucromad asidiedig pan gaiff ei ddefnyddio fel ocsidydd yw +1.33 V. Esboniwch beth mae'r term potensial electrod safonol yn ei olygu a disgrifiwch sut byddai'r gwerth hwn yn cael ei fesur. *[6]*

Ateb Tom

(i) oren ⟶ gwyrdd ✗ ①

(ii) Cyflwr ocsidiad Cr mewn $Cr_2O_7^{2-}$ yw +12 ac mewn CrO_4^{2-} mae'n 2 × +6 = +12.✗ Nid yw hyn yn adwaith rhydocs oherwydd nad yw'r cyflyrau ocsidiad yn newid. ✓ ②

(iii) Y potensial electrod safonol yw'r foltedd y byddech chi'n ei fesur pe baech chi'n cysylltu hanner cell â'r electrod hydrogen safonol o dan amodau safonol (sef crynodiadau 1 môl dm^{-3}, gwasgedd 1 atm ar gyfer nwyon a thymheredd 298 ✓✗). Mae gan yr electrod hydrogen safonol electrod platinwm sy'n cael ei drochi mewn hydoddiant sy'n cynnwys ïonau H^+(d), gyda swigod o nwy hydrogen yn cael eu gyrru drosto. ✓ ③

Sylwadau'r arholwr

① Mae'r newid lliw a roddwyd yn digwydd pan fydd deucromad yn cael ei rydwytho, ac nid yn yr adwaith hwn.

② Mae wedi dyblu'r cyflwr ocsidiad ond mae wedi ennill un marc am ei resymu.

③ Nid yw'r ateb hwn yn drachywir. Mae'n ennill marciau am roi'r sylweddau yn yr electrod hydrogen safonol a marc arall am roi dau amod safonol. Mae'n colli ail farc am yr amodau drwy fethu â rhoi K mewn 298 K ac mae'n colli sawl marc am beidio â thrafod yr ail hanner cell na sut maen nhw wedi'u cysylltu â'i gilydd.

Mae Tom yn ennill 3 marc allan o 9.

Ateb Seren

(i) Mae'n troi'n felyn. ✗ ①

(ii) Cromiwm mewn deucromad = +6;
cromiwm mewn cromad = +6. ✓
Nid yw hyn yn adwaith rhydocs gan fod y cyflwr ocsidiad yn aros yr un fath. ✓ ②

(iii) Y potensial electrod safonol yw'r gwerth sy'n cael ei fesur ar foltmedr gwrthiant uchel pan fydd hanner cell yn cael ei gysylltu â'r electrod hydrogen safonol.③

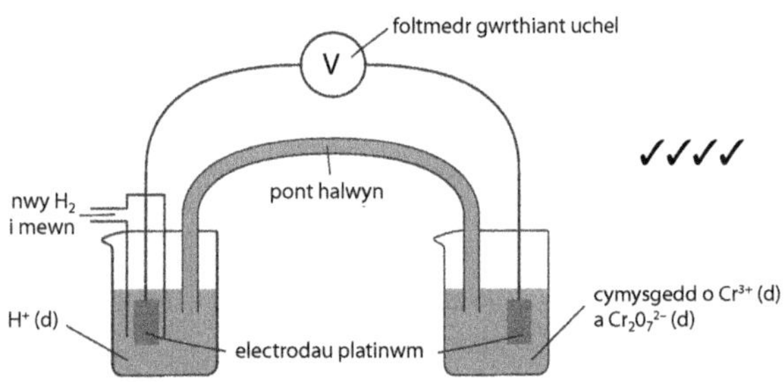

✓✓✓✓

Sylwadau'r arholwr

① Dim marc gan nad yw wedi cynnwys lliw gwreiddiol yr hydoddiant.

② Mae Seren wedi ennill y ddau farc yma.

③ Mae'r diagram wedi'i labelu yn ennill tri marc am y sylweddau ym mhob cell a'r electrodau platinwm. Mae hefyd yn ennill marc am y foltmedr gwrthiant uchel a'r bont halwyn.

Ni roddodd yr amodau safonol, ac felly nid yw'n ennill y marciau am y rhain.

Mae Seren yn ennill 6 marc allan o 9.

C&A

Defnyddio potensialau electrod safonol

2 Mae ïonau deucromad(VI), $Cr_2O_7^{2-}$, yn adweithio ag ïonau haearn(II) mewn hydoddiant asidig yn ôl yr hafaliad canlynol:

$Cr_2O_7^{2-}$(d) + 14 H^+ (d) + 6 Fe^{2+} (d) ⟶ 2 Cr^{3+} (d) + 7 H_2O (h) + 6 Fe^{3+} (d)

Mae'n bosibl defnyddio'r adwaith hwn i greu cell electrocemegol sy'n defnyddio'r ddau hanner adwaith cyntaf o'r rhai isod:

	$E^{\ominus}$/V
Fe^{3+} (d) + e^- ⇌ Fe^{2+} (d)	+0.77
$Cr_2O_7^{2-}$ (d) + 14 H^+(d) + 6e^- ⇌ 2 Cr^{3+} (d) + 7 H_2O (h)	+1.33
$S_2O_8^{2-}$ (d) + 2e^- ⇌ 2 SO_4^{2-} (d)	+2.01

(i) Cyfrifwch rym electromotif (g.e.m.) y gell. *[1]*

(ii) Rhowch y diagram cell sy'n cynrychioli'r gell hon. *[1]*

(iii) Nodwch y rhydwythydd yn yr adwaith uchod. Rhowch reswm dros eich ateb. *[2]*

(iv) Gan ddefnyddio'r potensialau electrod safonol uchod, nodwch ac esboniwch a all ïonau deucromad(VI) ocsidio ïonau sylffad yn ïonau perocsodeusylffad, $S_2O_8^{2-}$ (d). *[2]*

Ateb Tom

(i) G.e.m. = 0.77 − 1.33 = −0.56 V ✗ ①

(ii) Pt|$Cr_2O_7^{2-}$|Cr^{3+}||Fe^{2+}|Fe^{3+}|Pt ✗ ②

(iii) Yr ïon haearn yw'r rhydwythydd yn yr achos hwn oherwydd ei fod wedi rhydwytho'r cromiwm o gyflwr ocsidiad +6 i +3. ✓ ③

(iv) Mae'r ïonau deucromad yn ocsidyddion gwannach na'r ïonau perocsodeusylffad, ac felly ni allan nhw ocsidio ïonau sylffad yn ïonau perocsodeusylffad. ✓ ④

Sylwadau'r arholwr

① Dylai'r g.e.m. fod yn bositif, ac felly ni roddwyd marc.

② Nid yw Tom yn ennill y marc yma oherwydd dylai fod wedi gwahanu'r ïonau mewn hydoddiant gan ddefnyddio coma, nid llinell. ($Cr_2O_7^{2-}$, Cr^{3+}, ac Fe^{2+}, Fe^{3+})

③ Mae'n ennill marc am y rheswm, ond nid yw 'ïon haearn' yn ddigon penodol i ennill y marc arall.

④ Mae Tom yn nodi na all yr adwaith ddigwydd ac yn rhoi rheswm, ac felly mae'n ennill marc. Nid yw'n ennill yr ail farc oherwydd bod y cwestiwn yn nodi mai potensialau electrod safonol a ddylai gael eu defnyddio.

Mae Tom yn ennill 2 farc allan o 6.

Ateb Seren

(i) G.e.m. = 1.33 − 0.77 = 0.56 V ✓ ①

(ii) Pt|$Cr_2O_7^{2-}$, Cr^{3+}|Fe^{2+}, Fe^{3+}|Pt ✗ ②

(iii) Yr Fe^{2+} yw'r rhydwythydd yn yr achos hwn ✓ oherwydd ei fod yn cael ei ocsidio o +2 i +3 ac mae rhydwythyddion yn cael eu hocsidio wrth iddyn nhw rydwytho rhywbeth arall. ✓ ③

(iv) G.e.m. adwaith ïonau deucromad â sylffad i wneud perocsodeusylffad fyddai:
G.e.m. = $E_{rhydwythiad} - E_{ocsidiad}$ = 1.33 − 2.01 = −0.68 V ✓
Mae g.e.m. negatif yn golygu nad yw'r adwaith hwn yn ddichonadwy. ✓ ④

Sylwadau'r arholwr

① Mae'n gywir ac yn ennill 1 marc.

② Nid yw Seren yn ennill marc oherwydd ei bod wedi lluniadu'r bont halwyn fel un llinell.

③ Mae Seren yn ennill dau farc oherwydd ei bod yn adnabod y rhydwythydd ac yn rhoi rheswm priodol.

④ Mae'n cynnwys adnabyddiaeth gywir a rheswm, ac felly'n ennill dau farc.

Mae Seren yn ennill 5 marc allan o 6.

C&A

Cyfrifiadau titradiad rhydocs (1)

3 Mae haearn(II) sylffad yn bodoli ar ffurf hydrad, $FeSO_4.xH_2O$. Cafodd sampl o 1.120 g o'r cyfansoddyn hydradol hwn ei hydoddi mewn dŵr distyll a'i ditradu gan ddefnyddio hydoddiant potasiwm deucromad(VI), $K_2Cr_2O_7$, asidiedig. Roedd angen 27.20 cm^3 o hydoddiant $K_2Cr_2O_7$ â chrynodiad 0.020 môl dm^{-3} ar gyfer adwaith cyflawn.

Yr hanner hafaliadau ar gyfer y prosesau sy'n digwydd yw:

$$Cr_2O_7^{2-} + 14\,H^+ + 6\,e^- \longrightarrow 2\,Cr^{3+} + 7\,H_2O$$

$$Fe^{3+} + e^- \longrightarrow Fe^{2+}$$

(i) Ysgrifennwch hafaliad **ïonig** ar gyfer yr adwaith rhwng ïonau Fe^{2+} ac ïonau $Cr_2O_7^{2-}$ mewn hydoddiant asidig. *[1]*

(ii) Cyfrifwch nifer y molau o ïonau Fe^{2+} yn y sampl o haearn(II) sylffad a ddefnyddiwyd ar gyfer y titradiad. *[2]*

(iii) Cyfrifwch fàs moleciwlaidd cymharol haearn(II) sylffad, $FeSO_4$ anhydrus. *[1]*

(iv) Cyfrifwch fàs yr haearn(II) sylffad, $FeSO_4$, a oedd yn bresennol yn y sampl gwreiddiol o haearn(II) sylffad hydradol, $FeSO_4.xH_2O$ a thrwy hyn cyfrifwch *x*, sef nifer y moleciwlau dŵr sy'n bresennol ym mhob uned fformiwla o haearn(II) sylffad hydradol. *[3]*

Ateb Tom

(i) $Cr_2O_7^{2-} + 14H^+ + 6Fe^{3+} \longrightarrow 2Cr^{3+} + 7H_2O + 6Fe^{2+}$ ✗ ①

(ii) Molau $Cr_2O_7^{2-}$ = crynodiad × cyfaint
= 0.020 × 27.20 ÷ 1000
= 5.44 × 10^{-4} môl ✓
Molau Fe^{2+} = 5.44 × 10^{-4} ÷ 6 = 9.07 × 10^{-5} ✗ ②

(iii) M_r = 55.8 + 32.1 + 16.0 × 4 = 215.9 ✓ ③

(iv) Màs $FeSO_4$ = 5.44 × 10^{-4} × 215.9 = 0.117g ✗
Màs y dŵr = 1.120 − 0.117 = 1.003g ✓
x = 1.003/0.117 = 8.5 ✗ ④

Sylwadau'r arholwr

① Yn rhan (i) mae wedi cymysgu rhwng Fe^{2+} a Fe^{3+}.

② Mae nifer y molau o ddeucromad yn gywir, ond mae'n defnyddio cymhareb yr adweithyddion o chwith yn rhan (ii).

③ Mae rhan (iii) yn gywir.

④ Yn rhan (iv), mae'n defnyddio'r nifer anghywir o folau. Pe bai wedi defnyddio 9.07 × 10^{-5} yn gywir, byddai wedi ennill marc am y dull. Mae'n ennill marc am ei waith cyfrifo yn yr ail gam ond mae'r trydydd yn anghywir.

Mae Tom yn ennill 3 marc allan o 7.

Ateb Seren

(i) $Cr_2O_7^{2-} + 14H^+ + 6Fe^{2+} \longrightarrow 2Cr^{3+} + 7H_2O + 6Fe^{3+}$ ✓ ①

(ii) Molau $Cr_2O_7^{2-}$ = crynodiad × cyfaint
= 0.020 × 27.20 ÷ 1000
= 5.44 × 10^{-4} môl ✓
Molau Fe^{2+} = 5.44 × 10^{-4} × 6 = 3.26 × 10^{-3} ✓

(iii) M_r = 55.8 + 32.1 + (16.0 × 4) = 215.9 ✓

(iv) Màs $FeSO_4$ = 3.26 × 10^{-3} × 215.9 = 0.7g ✗ ②
Màs y dŵr = 1.120 − 0.7 = 0.4120g ✓
Molau dŵr = 0.4120 ÷ 18.02 = 2.286 × 10^{-2}
x = molau dŵr ÷ molau $FeSO_4$
= 2.286 × 10^{-2} ÷ 3.26 × 10^{-3} = 7.01 7 ✗ ✓

Sylwadau'r arholwr

① Mae rhannau (i) i (iii) yn gywir.

② Yn rhan (iv), mae angen màs $FeSO_4$ a gwerth x. Y màs a roddwyd ar gyfer $FeSO_4$ yw 0.7g ac nid yw wedi'i roi i ddigon o ffigurau ystyrlon. Mae arholwyr yn cosbi ffigurau ystyrlon lle nad oes digon yn yr ateb, ac felly os nad ydych chi'n siŵr, dylech chi roi mwy yn hytrach na llai.

Mae Seren yn ennill 6 marc allan o 7.

C&A

Cyfrifiadau titradiad rhydocs (2)

4 (i) Mae ïonau Cu^{2+}(d) yn adweithio ag ïonau ïodid i gynhyrchu copr(I) ïodid ac ïodin, I_2, fel yr unig gynhyrchion. Ysgrifennwch hafaliad ar gyfer yr adwaith hwn. *[1]*

(ii) Mae'n bosibl defnyddio hydoddiant sodiwm thiosylffad i rydwytho'r ïodin sy'n cael ei ryddhau. Dangoswch fod 1 $S_2O_3^{2-}$ yn adweithio â'r ïodin sy'n cael ei gynhyrchu gan 1 Cu^{2+}. *[2]*

(iii) Mae efydd yn cynnwys swm mawr o gopr. Cafodd darn 0.98 g o efydd ei hydoddi mewn asid ac fe gafodd yr hydoddiant ei wneud i fyny at gyfaint o 250.0 cm^3. Ychwanegwyd gormodedd o botasiwm ïodid at sampl o 25.0 cm^3 o'r hydoddiant hwn ac fe gafodd yr hydoddiant a gafwyd o ganlyniad ei ditradu â hydoddiant sodiwm thiosylffad. Roedd angen 22.75 cm^3 yn union o hydoddiant sodiwm thiosylffad â chrynodiad 0.0500 môl dm^{-3} i adweithio â'r ïodin a gafodd ei ryddhau. Cyfrifwch fàs y copr a oedd yn bresennol yn y darn gwreiddiol o efydd a thrwy hyn cyfrifwch ganran copr yn ôl màs yn yr aloi hwn. *[4]*

Ateb Tom

(i) $Cu^{2+} + 4I^- \longrightarrow CuI_2 + I_2$ ✗

(ii) $S_2O_3^{2-} + I_2 \longrightarrow S_2O_3 + 2I^-$

Yn yr hafaliad hwn mae I $S_2O_3^{2-}$ yn adweithio ag lI_2 gan wneud 2 I^-. Yn rhan (i), mae I ïon copr yn gwneud lI_2. Mae'r cymarebau hyn yn cyfuno i'w wneud yn 1:1. ✗ ①

(iii) Molau = 0.05 × 22.75 ÷ 1000 = 1.1×10^{-3} ✓

Molau mewn 250 cm^3 = $1.1 \times 10^{-3} \times 10 = 1.1 \times 10^{-2}$ ✓

Màs Cu = $1.1 \times 10^{-2} \times 63.5$ = 0.7g ✗

Canran yn ôl màs = 0.7 ÷ 0.98 × 100 = 74% ✓ ②

Sylwadau'r arholwr

Mae Tom yn dangos dealltwriaeth wael o'r cysyniadau y tu ôl i'r titradiad rhydocs hwn ond dealltwriaeth dda o gyfrifiadau.

① Yn rhan (i), a hefyd yn rhan (ii), mae wedi adnabod cynhyrchion y ddau adwaith yn anghywir, gan arwain at gymarebau adweithio anghywir.

② Mae'r cyfrifiad yn gywir ac mae'n ennill 3 allan o'r 4 marc sydd ar gael. Mae'n colli marc am roi'r màs yn 0.7 g, sef rhy ychydig o ffigurau ystyrlon.

Mae Tom yn ennill 3 marc allan o 7.

Ateb Seren

(i) $2\,Cu^{2+} + 4I^- \longrightarrow 2\,CuI + I_2$ ✓

(ii) Yn yr hafaliad uchod, $2Cu^{2+} \longrightarrow 1I_2$.

$2S_2O_3^{2-} + I_2 \longrightarrow S_4O_6^{2-} + 2I^-$

Yn yr hafaliad hwn, mae $2S_2O_3^{2-}$ yn adweithio ag $1I_2$. ✓

Gan fod $2Cu^{2+} = 1I_2$ a $2S_2O_3^{2-} = 1I_2$, felly

$2Cu^{2+} = 2S_2O_3^{2-}$ ac $1Cu^{2+} = 1S_2O_3^{2-}$ ✓ ①

(iii) Molau $S_2O_3^{2-}$ = 0.05 × 22.75 ÷ 1000 = 1.1375×10^{-3} ✓

Molau Cu^{2+} = Molau $S_2O_3^{2-}$ = 1.1375×10^{-3} ✗

Màs Cu = $1.1375 \times 10^{-3} \times 63.5$ = 0.07223g ✓

Canran yn ôl màs = 0.072 ÷ 0.98 × 100 = 7.37% ✓ ②

Sylwadau'r arholwr

Ateb ardderchog sydd bron yn ennill marciau llawn.

① Mae'r atebion ar gyfer rhannau (i) a (ii) yn ennill yr holl farciau sydd ar gael.

② Mae rhan (iii) yn ennill 3 marc allan o 4, sef un ar gyfer cyfrifo swm y thiosylffad ac un yr un am y dulliau wrth gyfrifo màs y copr a'r canran yn ôl màs. Mae'n colli marc am fethu sylweddoli bod nifer y molau a gyfrifodd mewn 25 cm^3 a bod angen eu trawsnewid i nifer y molau mewn 250 cm^3 drwy luosi â 10.

Mae Seren yn ennill 6 marc allan o 7.

C&A

Elfennau bloc p

5 Mae'r cwestiwn hwn yn trafod cemeg cloridau rhai elfennau sydd â'r fformiwla XCl_3, sy'n cael ei alw'n aml yn dricloridau.

(a) Rydyn ni'n ystyried alwminiwm clorid, $AlCl_3$, yn gyfansoddyn amffoterig.

(i) Nodwch beth mae'r term *amffoterig* yn ei olygu. *[1]*

(ii) Mae magnesiwm clorid yn cynnwys yr elfen magnesiwm, nad yw'n amffoterig. Esboniwch sut gallwn ni ddefnyddio sodiwm hydrocsid i wahaniaethu rhwng hydoddiannau alwminiwm clorid a magnesiwm clorid. *[3]*

(b) Mae ffosfforws a nitrogen hefyd yn gallu ffurfio tricloridau, sef PCl_3 ac NCl_3, ond mae ffosfforws hefyd yn gallu ffurfio clorid arall, sef PCl_5. Esboniwch pam mae ffosfforws yn gallu ffurfio ffosfforws(V) clorid ond nad yw nitrogen yn gallu ffurfio clorid tebyg. *[2]*

Ateb Tom

(a) (i) Mae gan gyfansoddion amffoterig briodweddau asidig neu fasig. ✗ ①

(ii) Mae hydoddiant alwminiwm clorid yn adweithio â sodiwm hydrocsid gan roi gwaddod gwyn ond mae magnesiwm clorid yn fasig, ac felly nid yw'n adweithio â sodiwm hydrocsid. ✗ ②

(b) Mae ffosfforws yn gallu ffurfio pum bond oherwydd bod ganddo orbitalau *d* yn y plisgyn allanol. Mae hyn yn golygu bod ganddo ddigon o orbitalau i ddal y pum pâr electron, ac felly mae'n gallu ffurfio pum bond cofalent gan ddefnyddio ei bum electron. ✓ ③

Sylwadau'r arholwr

Mae Tom yn colli llawer o farciau oherwydd nad yw'n ateb yn ddigon gofalus.

① Mae'n glir bod gan Tom rywfaint o ddealltwriaeth, ond drwy ddweud asidig NEU fasig yn hytrach nag asidig A basig, nid yw'r ateb yn ddigon clir.

② Nid yw Tom yn ennill unrhyw farciau gan ei fod yn dangos camsyniad cyffredin, sef bod cyfansoddion amffoterig yn adweithio â sodiwm hydrocsid ond nad yw cyfansoddion anamffoterig yn gwneud.

③ Mae gan Tom esboniad da pam mae ffosfforws yn gallu ffurfio pum bond, ond nid yw'n esbonio pam na all nitrogen wneud hynny. Mae'n ennill un marc am hyn.

Mae Tom yn ennill 1 marc allan o 6.

Ateb Seren

(a) (i) Mae cyfansoddion amffoterig yn adweithio ag asidau a hefyd â basau. ✓ ①

(ii) Mae hydoddiant alwminiwm clorid a hefyd hydoddiant magnesiwm clorid yn adweithio â sodiwm hydrocsid gan roi gwaddod gwyn. ✓ Gyda gormodedd o sodiwm hydrocsid, mae gwaddod alwminiwm hydrocsid yn hydoddi ✓ ond nid felly y gwaddod magnesiwm. ✓ ②

(b) Mae ffosfforws yn gallu ffurfio pum bond oherwydd bod ganddo orbitalau *d* yn y plisgyn allanol ond nid yw'r is-blisgyn *d* hwn gan nitrogen. I ffurfio bond, mae ar atom angen orbital ag un electron, felly mae angen pum orbital ar gyfer pum bond. ✓
Mae gan nitrogen 4 orbital (1s a 3p), ac felly mae'n cael ei gyfyngu i uchafswm o bedwar bond cofalent ✓, ond mae gan ffosfforws 9 orbital (1s, 3p a 5d), ac felly mae'n gallu ffurfio pum bond gyda'i bum electron. ③

Sylwadau'r arholwr

① Diffiniodd Seren amffoterig yn glir.

② Mae ei hateb yn cynnwys yr holl bwyntiau allweddol (defnyddio gormodedd o sodiwm hydrocsid, y gwaddod gwyn sy'n ffurfio gyda'r ddau hydoddiant, y ffaith bod gwaddod alwminiwm yn hydoddi mewn gormodedd ond nid felly y gwaddod magnesiwm).

③ Mae'n cynnwys y rhesymau pam mae ffosfforws yn ffurfio 5 bond ac nad yw nitrogen yn ffurfio 5 bond.

Mae Seren yn ennill 6 marc allan o 6.

C&A

Grŵp 3

6 (a) Mae alwminiwm clorid, $AlCl_3$, yn bodoli'n aml ar ffurf y deumer Al_2Cl_6.
Lluniadwch adeiledd y deumer ac esboniwch pam mae'r ddau fonomer $AlCl_3$ yn cysylltu â'i gilydd. *[3]*

(b) Mae boron nitrid, BN, a hefyd carbon, C, yn ffurfio adeileddau hecsagonol, tebyg i graffit.
Esboniwch pam mae:

- BN a hefyd C yn gallu ffurfio adeileddau hecsagonol.
- BN a hefyd C yn dangos priodweddau iro
- C yn ddargludydd trydan ond BN yn ynysydd. *[AYE 6]*

Ateb Tom

(a)

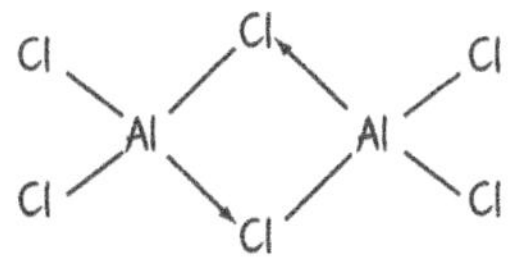

✗

Mae $AlCl_3$ yn electron ddiffygiol ac mae gan bob atom clorin bâr unig o electronau. ✓ ①

(b) Mae carbon a BN yn ffurfio haenau o hecsagonau gyda phob atom yn bondio'n gofalent â thri atom arall. ✓
Mae grymoedd gwan rhwng yr haenau, ac felly mae'r haenau yn gallu symud ac achosi i'r defnyddiau fod yn feddal a gweithredu fel ireidiau. ✓✓
Mae gan garbon a hefyd BN electronau ychwanegol; mae'r rhai mewn graffit yn ddadleoledig ond nid felly y rhai mewn BN. ✓ Mae hyn yn esbonio pam mae graffit yn gallu dargludo trydan ond na all BN wneud. ✗ ②

Sylwadau'r arholwr

① Mae'r saethau'n pwyntio i'r cyfeiriad anghywir, ac felly nid yw'n ennill marc. Mae'r parau unig ar glorin yn ennill marc ond Al sy'n electron ddiffygiol, nid $AlCl_3$.

② Mae'r ateb wedi dilyn trefn y pwyntiau bwled i geisio ateb pob pwynt sydd ei angen, gan roi strwythur clir iddo. Fodd bynnag, nid yw termau cemegol yn cael eu defnyddio'n gyson. Mae'n trafod y rhan fwyaf o'r pwyntiau o ran cynnwys gydag 1 pwynt ar yr adeileddau, 2 ar yr esboniad ar y priodweddau iro ac 1 ar y dargludedd. Byddai angen iddo gyfeirio at adeiledd electronig y ddau gyfansoddyn a byddai angen trafod sut mae'r electronau'n effeithio ar y dargludedd er mwyn trafod yr holl bwyntiau'n llawn.

Mae'n cyrraedd band 2 (3–4 marc) oherwydd y cynnwys, ond mae'n cael ei gyflwyno'n glir gyda digon o gynnwys i fod ar ben uchaf y band gan ennill 4 marc.

Mae Tom yn ennill 5 marc allan o 9.

Ateb Seren

(a)

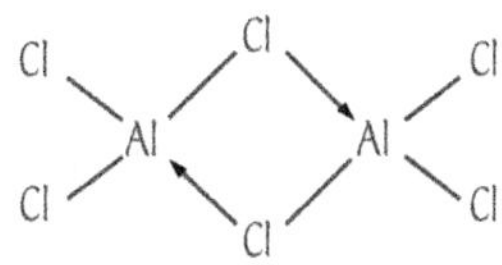

✓

Mae'r atom alwminiwm yn electron ddiffygiol. ✓ Mae gan yr atomau clorin barau unig, ac felly maen nhw'n gallu ffurfio bondiau cyd-drefnol gyda'r alwminiwm. ✓ ①

(b) Mae carbon mewn graffit yn ffurfio haenau o hecsagonau gyda phob atom carbon wedi'i fondio'n gofalent â thri arall. ✓ Mae'r pedwerydd electron yn ddadleoledig, gan ffurfio cwmwl o electronau rhwng yr haenau. Mae hyn yn galluogi'r graffit i ddargludo trydan gan fod yr electronau'n gallu symud. ✓ Mewn boron nitrid, mae pob atom boron wedi'i fondio'n gofalent â thri atom nitrogen. Mae gan bob nitrogen bâr unig ac mae'n lleoledig ar bob atom ac ni all yr electronau symud, ac felly ni all y cyfansoddyn ddargludo trydan. ✓ Mae'r grymoedd rhwng yr haenau'n wan yn y ddau, ac felly mae'r haenau'n gallu llithro dros ei gilydd. ✓✓✗ ②

Sylwadau'r arholwr

① Ateb ardderchog sy'n ennill y 3 marc cyfan.

② Ateb a gyflwynwyd yn glir gan ddefnyddio terminoleg briodol. Er nad yw wedi dilyn trefn y pwyntiau bwled, mae wedi rhoi ateb da sy'n cynnwys pob un o'r pwyntiau marcio. Yr unig bwynt nad yw wedi'i gynnwys yw'r ffaith bod y cyfansoddion yn isoelectronol, sy'n esbonio'r pethau sy'n debyg rhyngddynt.

Mae hyn yn awgrymu y byddai'r ateb yn cyrraedd band 3 (5–6 marc), ond mae'r pwynt marcio coll yn cyfyngu'r ateb i 5 marc.

Mae Seren yn ennill 8 marc allan o 9.

C&A

Grŵp 4

7 (a) Caiff haearn ei echdynnu o haearn(III) ocsid, Fe_2O_3, mewn ffwrnais chwyth, fel arfer, yn ôl yr hafaliad isod:

$$Fe_2O_3 + 3\,CO \longrightarrow 2\,Fe + 3\,CO_2$$

(i) Esboniwch yn nhermau cyflyrau ocsidiad pam rydyn ni'n ystyried carbon monocsid yn rhydwythydd yn yr adwaith hwn. *[2]*

(ii) Esboniwch pam mae'n bosibl defnyddio carbon monocsid, CO, fel rhydwythydd ond nad yw'n bosibl defnyddio'r ocsid plwm cyfatebol, PbO. *[2]*

(b) Disgrifiwch beth byddwch chi'n ei weld pan fydd CCl_4 a $SiCl_4$ yn cael eu hychwanegu at ddŵr ar wahân, gan roi rhesymau dros unrhyw wahaniaethau. *[3]*

Ateb Tom

(a) (i) Cyflwr ocsidiad CO yw +2 a chyflwr ocsidiad CO_2 yw +4 ✗. Mae wedi ennill electronau, ac felly mae'n rhydwythydd. ✗ ①

(ii) Mae plwm yn sefydlog yn y cyflwr ocsidiad +2; mae carbon yn sefydlog yn y cyflwr ocsidiad +4 ✓. Mae hyn yn golygu y bydd CO yn ceisio trawsnewid yn CO_2 drwy rydwytho rhywbeth arall. ②

(b) Pan fydd CCl_4 yn cael ei ychwanegu at ddŵr, ni fydd adwaith yn digwydd ✓. Pan fydd $SiCl_4$ yn cael ei ychwanegu at ddŵr, mae swigod yn ffurfio. Mae'r gwahaniaeth oherwydd bod gan silicon orbitalau *d*. ③

Sylwadau'r arholwr

① Mae cyflyrau ocsidio yn cyfeirio at atomau, nid moleciwlau, ac felly dim marciau am hyn. Mae ail ran yr ateb yn hollol anghywir.

② Mae gosodiad cywir am gyflyrau ocsidiad yn ennill 1 marc ond does dim esboniad, ac felly nid yw'n ennill yr ail farc.

③ Mae'n ennill marc am yr arsylwadau am CCl_4, ond mae angen dau arsylw i ennill marc am $SiCl_4$. Nid yw'r rheswm a roddwyd yn cymharu $SiCl_4$ â CCl_4, ac felly dim marc.

Mae Tom yn ennill 2 farc allan o 7.

Ateb Seren

(a) (i) Mewn CO, mae cyflwr ocsidiad carbon yn +2, ac mewn CO_2 mae'n +4. ✓ Cafodd carbon ei ocsidio, ac felly rhaid ei fod yn rhydwythydd. ✓ ①

(ii) Cyflwr ocsidiad sefydlog carbon yw +4. Cyflwr ocsidiad sefydlog plwm yw +2 ✓, oherwydd y cynnydd yn yr effaith pâr anadweithiol wrth fynd i lawr y grŵp ✓. Mae hyn yn golygu bod PbO yn sefydlog ac ni fydd eisiau cael ei ocsidio, ond caiff CO ei ocsidio'n rhwydd. ②

(b) Pan fydd CCl_4 yn cael ei ychwanegu at ddŵr, mae'n suddo ac yn ffurfio haen ar wahân ✓. Pan fydd $SiCl_4$ yn cael ei ychwanegu at ddŵr, mae adwaith ecsothermig a swigod o fygdarth o HCl ✓. Mae gwaddod gwyn yn ffurfio. Mae $SiCl_4$ yn adweithio oherwydd bod ganddo orbitalau *d* yn ei blisgyn allanol a gall dŵr fondio â'r rhain i ddechrau adwaith. Nid yw'r orbitalau hyn gan garbon, ac felly ni all adweithio. ✓ ③

Sylwadau'r arholwr

① Mae'r cyflyrau ocsidio a'r esboniad yn ennill 2 farc.

② Mae'r cyflyrau ocsidio a'r effaith pâr anadweithiol yn ennill 2 farc arall.

③ Mae Seren yn ennill 2 farc am yr arsylwadau, 1 am arsylw am CCl_4 ac 1 am ddau arsylw am $SiCl_4$. Mae'r gymhariaeth rhwng $SiCl_4$ a CCl_4 yn rhoi esboniad clir am y gwahaniaethau.

Mae Seren yn ennill 7 marc allan o 7.

C&A

Grŵp 7 (1)

8 Mae sodiwm clorid a sodiwm ïodid yn gyfansoddion sy'n cynnwys ïonau halid.

(a) Mae'n bosibl defnyddio hydoddiant arian nitrad i wahaniaethu rhwng hydoddiannau sodiwm clorid a sodiwm ïodid. Rhowch yr arsylwadau y byddech chi'n eu disgwyl yn y ddau achos. *[1]*

(b) Mae sodiwm clorid a hefyd sodiwm ïodid yn adweithio ag asid sylffwrig crynodedig. Mae'r arsylwadau sydd i'w gweld yn ystod y ddau adwaith yn wahanol iawn. Trafodwch yr adweithiau sy'n digwydd. Dylai eich ateb gynnwys:

- yr arsylwadau sy'n cael eu gwneud yn ystod y ddau adwaith
- enwau'r cynhyrchion
- y rhesymau dros unrhyw wahaniaethau yn yr adweithiau sy'n digwydd.

[5]

Ateb Tom

(i) Mae ïodid yn rhoi gwaddod melyn ac mae'r clorid yn rhoi gwaddod gwyn. ✓ ①

(ii) Mae sodiwm clorid yn adweithio ag asid sylffwrig gan gynhyrchu HCl ac $NaHSO_4$. Rydyn ni'n gweld mygdarth niwlog gwyn. ✓
Pan fydd sodiwm ïodid yn adweithio ag asid sylffwrig, mae hyn yn cynhyrchu HI ac $NaHSO_4$. Rydyn ni'n gweld hyn fel mygdarth niwlog hefyd. Mae'r HI yn rhydwytho'r asid sylffwrig gan gynhyrchu mygdarth porffor o I_2 ac arogl wy drwg, sef SO_2. ✓✓
Mae'r gwahaniaeth oherwydd pŵer rhydwytho ïodin, sy'n gryfach na phŵer rhydwytho clorin. ✗ ②

Sylwadau'r arholwr

① Mae'r ateb hwn yn ennill y marc.

② Mae'r arsylw ar gyfer adwaith NaCl yn gywir ac yn ennill marc. Ar gyfer adwaith NaI, mae angen dau arsylw i gael marc ac mae mygdarth agerog a mygdarth porffor yn ennill y marc hwn. Cysylltwyd yr arogl wy drwg ag SO_2, sy'n anghywir, ac felly nid oes credyd yn cael ei roi am hyn. Ar wahân i SO_2 mae Tom yn enwi tri chyfansoddyn (HI, HCl, $NaHSO_4$) ac mae hyn yn ennill 1 marc.

Nid oes marciau'n cael eu rhoi am yr esboniad gan ei fod yn trafod pŵer rhydwytho ïodin. Ocsidydd yw ïodin – ïodid sy'n rhydwythydd.

Mae Tom yn ennill 4 marc allan o 6.

Ateb Seren

(i) Mae sodiwm clorid yn rhoi gwaddod gwyn, ond mae sodiwm ïodid yn rhoi gwaddod melyn. ✓ ①

(ii) Pan fydd asid sylffwrig yn adweithio â sodiwm clorid, mae'n gwneud HCl ac mae'r rhain yn cael eu rhyddhau fel mygdarth agerog. ✓ Mae adwaith tebyg yn digwydd gyda sodiwm ïodid, gan ryddhau HI fel mygdarth agerog. Mae HI yn rhydwythydd cryfach nag HCl a gall rydwytho H_2SO_4 i SO_2, S ac H_2S ✓✓ ond ni all HCl wneud hyn ✓. Byddwn ni'n gweld mygdarth porffor a hydoddiant brown a solid du yn cael eu ffurfio. ✓ ②

Sylwadau'r arholwr

① Mae'r ateb hwn yn ennill y marc.

② Mae'r arsylw ar gyfer adwaith NaCl yn ennill marc ac mae'r arsylwadau gyda NaI yn ennill marc am ddau arsylw. Mae'r arsylwadau, sef mygdarth porffor, hydoddiant brown a solid du, i gyd o ganlyniad i ïodin, ac felly dim ond un ohonyn nhw sy'n cyfrif. Mae Seren yn adnabod pum cynnyrch gwahanol ac mae hyn yn ennill 2 farc. Mae'n esbonio'r rhesymau dros y gwahaniaethau'n glir ac yn ennill marc.

Mae Seren yn ennill 6 marc allan o 6.

C&A

Grŵp 7 (2)

9 Mae clorin yn adweithio â sodiwm hydrocsid mewn dwy ffordd wahanol gan ddibynnu ar yr amodau sy'n cael eu defnyddio. Trafodwch yr adweithiau a all ddigwydd a'r cynhyrchion sy'n cael eu gwneud. Dylai eich ateb ddangos:

- yr amodau sy'n cael eu defnyddio ar gyfer yr adweithiau gwahanol,
- beth yw unrhyw gynhyrchion a sut mae dau gynnyrch sy'n cynnwys clorin yn cael eu defnyddio,
- yr hafaliadau ar gyfer unrhyw adweithiau. *[AYE 6]*

Ateb Tom

Mae clorin yn adweithio â hydoddiant sodiwm hydrocsid gwanedig i wneud yr adwaith hwn: ✗

$Cl_2 + 2\ NaOH \longrightarrow NaCl + NaOCl + H_2O$ ✓✓ ①

Mae'n bosibl defnyddio'r NaCl fel halen bwrdd ac mae'n bosibl defnyddio'r NaOCl fel cannydd. ✓

Mae clorin yn adweithio â hydoddiant sodiwm hydrocsid crynodedig yn yr adwaith hwn:

$1\frac{1}{2}\ Cl_2 + 4\ NaOH \longrightarrow 2\ NaCl + NaClO_3 + 2\ H_2O + Na^+$ ✓✗

Mae'n bosibl defnyddio'r NaCl fel halen bwrdd. ✗ ②

Sylwadau'r arholwr

① Nid yw'r amodau a roddwyd yn ddigon i ennill y marc, gan nad yw'n cyfeirio at dymheredd.

Ar gyfer yr adwaith cyntaf, mae'r hafaliad yn gywir ac mae'n ennill credyd pellach am y cynhyrchion. Mae trydydd marc yn cael ei roi am y defnyddiau cywir ar gyfer pob cynnyrch.

② Ar gyfer yr ail adwaith, mae'r hafaliad yn rhoi'r cynhyrchion cywir, ac felly'n ennill rhywfaint o gredyd, ond nid yw'n gytbwys, ac felly nid oes credyd pellach yn cael ei roi.

Mae'r ateb yn cynnwys y rhan fwyaf (ond nid y cyfan) o'r pwyntiau marcio. Maen nhw wedi'u mynegi'n glir, ac felly mae hyn yn rhoi'r ateb ar ben uchaf band 2 (3–4 marc).

Mae Tom yn ennill 4 marc allan o 6.

Ateb Seren

Pan fydd sodiwm hydrocsid dyfrllyd, oer yn adweithio â chlorin, mae'n gwneud NaCl (sy'n cael ei ddefnyddio fel cadwolyn bwyd) ac NaOCl (sy'n cael ei ddefnyddio fel cannydd) ✓✓✓. Yr hafaliad ar gyfer hyn yw:

$Cl_2 + 2\ NaOH \longrightarrow NaCl + NaOCl + H_2O$ ✓ ①

Mae clorin yn adweithio â hydoddiant sodiwm hydrocsid crynodedig poeth gan wneud NaCl ac $NaClO_3$. ✓✓

$Cl_2 + 6\ NaOH \longrightarrow 5\ NaCl + NaClO_3 + 3\ H_2O$ ✓ ②

Sylwadau'r arholwr

Mae'r amodau a roddwyd ar gyfer y ddau adwaith yn gyflawn.

① Ar gyfer yr adwaith cyntaf, mae'r cynhyrchion yn gywir ac mae'r hafaliad yn gyflawn a chytbwys. Mae credyd yn cael ei roi am y defnyddiau cywir ar gyfer pob cynnyrch.

② Ar gyfer yr ail adwaith, mae'r cynhyrchion yn gywir ac mae'r hafaliad yn gyflawn a chytbwys.

Mae'r ateb yn cynnwys y pwyntiau marcio allweddol i gyd. Maen nhw wedi'u mynegi'n glir, ac felly mae hyn yn rhoi'r ateb ar ben uchaf band 3 (5–6 marc).

Mae Seren yn ennill 6 marc allan o 6.

C&A

Metelau trosiannol (1)

10 (a) Mae ïonau copr(II) yn gallu ffurfio'r cymhlygion lliw canlynol: $[Cu(H_2O)_6]^{2+}$ a $[CuCl_4]^{2-}$.

(i) Nodwch y siâp a'r lliw ar gyfer pob cymhlygyn. *[2]*

(ii) Disgrifiwch y bondio mewn cymhlygion copr(II). *[2]*

(iii) Esboniwch pam mae gan y cymhlygyn $[Cu(H_2O)_6]^{2+}$ liw. *[3]*

(b) Rhowch ffurfwedd electronol ïonau copr(I), Cu^+, a nodwch pam nad oes gan gyfansoddion copr(I) liw fel arfer. *[2]*

Ateb Tom

(a) (i) $[Cu(H_2O)_6]^{2+}$ = octahedrol, glas brenhinol; ✓
$[CuCl_4]^{2-}$ = tetrahedrol, melyn. ✗ ①

(ii) Mae cymhlygion yn cynnwys ïon Cu^{2+} wedi'i amgylchynu gan foleciwlau bach o'r enw ligandau sydd wedi'u bondio ag ef. ✓✗ ②

(iii) Mae'r orbitalau d yn y metel trosiannol yn cael eu hollti'n ddwy lefel egni, 3 isaf a 2 uchaf. Mae electronau'n cael eu dyrchafu o'r lefel egni isaf i'r lefel uchaf drwy amsugno lliwiau penodol o olau ✓, gan roi lliw i'r cymhlygyn. ✗ ③

(b) Ffurfwedd electronol ïon Cu^+ yw $1s^22s^22p^63s^23p^63d^{10}$ ✓. Nid yw'r lefelau egni'n cael eu hollti, ac felly nid yw golau'n cael ei amsugno. ✗ ④

Sylwadau'r arholwr

① Mae Tom wedi nodi'r siapiau a'r lliwiau cywir heblaw am liw'r ail gymhlygyn.

② Yn rhan (a) (ii) mae trefniant yr ïonau a'r ligandau'n glir, ond mae angen nodi'r math o fondio ar gyfer yr ail farc.

③ Nid yw Tom yn nodi beth sy'n peri i'r orbitalau *d* ymhollti. Mae'n nodi symudiad electronau i'r lefel egni uchaf drwy amsugno golau, ond mae angen iddo nodi mai'r lliw a welir yw'r lliwiau sy'n weddill, heb eu hamsugno.

④ Mae'n ennill marc am y ffurfwedd electronol gywir ond mae'r rheswm yn anghywir.

Mae Tom yn ennill 4 marc allan o 9.

Ateb Seren

(a) (i) $Cu(H_2O)_6]^{2+}$ = octahedrol, glas golau;
$[CuCl_4]^{2-}$ = tetrahedrol, gwyrdd. ✓✓

(ii) Mae cymhlygion yn cynnwys ïon Cu^{2+} wedi'i amgylchynu gan foleciwlau bach o'r enw ligandau sydd â pharau unig ac sy'n ffurfio bondiau cyd-drefnol gydag ef. ✓✓

(iii) Pan fydd ligandau'n bondio â'r ïon metel, maen nhw'n achosi i'r orbitalau d ymhollti o ran egni, gyda 3 lefel egni isaf a 2 uchaf. Mae electronau'n gallu symud o'r lefel isaf i'r lefel uchaf drwy amsugno swm cywir o egni. Mae hyn yn cyfateb i amledd penodol o olau, sy'n rhoi lliw'r cymhlygyn. ✓✓ ①

(b) Ffurfwedd electronol ïon Cu^+ yw $1s^22s^22p^63s^23p^63d^{10}$. Mae'r orbitalau d yn llawn, ac felly does dim lle i electronau symud, ac felly nid yw amleddau golau'n cael eu hamsugno. ✓✓ ②

Sylwadau'r arholwr

① Mae Seren yn colli 1 marc yn rhan (a). Yn rhan (iii), mae wedi methu nodi mai amleddau'r golau nad ydyn nhw'n cael eu hamsugno sy'n rhoi lliw'r cymhlygyn.

② Yn rhan (b), mae Seren yn ennill y ddau farc am nodi'r ffurfwedd electronol yn gywir a'r ffaith bod yr orbitalau *d* yn llawn.

Mae Seren yn ennill 8 marc allan o 9.

C&A

Metelau trosiannol (2)

11 (c) Esboniwch pam rydyn ni'n ystyried cromiwm a chopr yn elfennau trosiannol, ond nid felly sinc. *[1]*

(ch) Disgrifiwch beth byddwch chi'n ei weld pan fydd gormodedd o hydoddiant sodiwm hydrocsid yn cael ei ychwanegu'n araf at hydoddiant cromiwm(III) clorid, $CrCl_3$, gan roi hafaliadau cemegol ar gyfer unrhyw adweithiau sy'n digwydd. *[4]*

(d) Enwch fetel trosiannol neu gyfansoddyn metel trosiannol a sut mae'n cael ei ddefnyddio mewn diwydiant. *[2]*

Ateb Tom

(c) Mae gan gromiwm a hefyd copr orbitalau d sydd wedi'u llenwi'n rhannol mewn o leiaf un o'u hïonau, ond mae sinc yn ffurfio Zn^{2+}, sydd â set lawn o orbitalau d. ✓ ①

(ch) Pan fydd hydoddiant sodiwm hydrocsid yn cael ei ychwanegu at hydoddiant cromiwm(III) clorid, mae gwaddod llwydwyrdd yn ffurfio sy'n ailhydoddi mewn gormodedd o hydoddiant sodiwm hydrocsid. ✓

$Cr^{3+} + 3\ OH^- \longrightarrow Cr(OH)_3$ ✓ ②

$Cr(OH)_3 + OH^- \longrightarrow [Cr(OH)_4]^-$ ✗ ③

(d) Mae haearn yn cael ei ddefnyddio fel catalydd ar gyfer cynhyrchu amonia. ✓ ④

Sylwadau'r arholwr

① Mae Tom yn ennill y marc ar gyfer rhan (c).

② Mae'n ennill dau farc ar gyfer rhan (ch) gan ei fod yn rhoi un arsylw (y gwaddod llwydwyrdd) ac un hafaliad cywir. Mae'n bwysig rhoi'r arsylwadau i gyd er mwyn ennill marciau llawn ac mae hyn yn cynnwys lliwiau'r hydoddiant gwreiddiol a'r hydoddiant terfynol (gwyrdd yn y ddau achos).

③ Mae'r ail hafaliad a roddwyd yn anghywir gan fod angen i dri ïon hydrocsid adweithio i ffurfio'r cymhlygyn cywir.

④ Mae un marc am ddefnydd cywir.

Mae Tom yn ennill 4 marc allan o 6.

Ateb Seren

(c) Mae gan gromiwm a hefyd copr orbitalau d sydd wedi'u llenwi'n rhannol ond mae gan sinc set lawn o orbitalau d. ✗ ①

(ch) Mae hydoddiant cromiwm(III) clorid yn wyrdd tywyll a phan fydd rhywfaint o hydoddiant sodiwm hydrocsid yn cael ei ychwanegu, mae gwaddod llwydwyrdd yn ffurfio ✓. Mae ychwanegu rhagor o sodiwm hydrocsid yn achosi i'r gwaddod hydoddi gan ffurfio hydoddiant gwyrdd. ✓

$Cr^{3+} + 3\ OH^- \longrightarrow Cr(OH)_3$ ✓

$Cr(OH)_3 + 3\ OH^- \longrightarrow [Cr(OH)_6]^{3-}$ ✓ ②

(d) Mae copr yn cael ei ddefnyddio mewn electroneg ✓. Mae cobalt yn bresennol mewn fitamin B12. ③

Sylwadau'r arholwr

① Nid yw Seren yn ennill y marc ar gyfer rhan (c) gan nad yw'n crybwyll ïonau.

② Mae'n ennill marciau llawn ar gyfer rhan (ch) gan ei bod yn rhoi disgrifiadau o beth a welir cyn ychwanegu sodiwm hydrocsid, ar ôl ychwanegu ychydig o'r hydoddiant ac ar ôl ychwanegu gormodedd. Mae'r ddau hafaliad hefyd yn gywir.

③ Mae Seren yn nodi defnydd ar gyfer dau fetel gwahanol, y naill mewn diwydiant a'r llall mewn bioleg, ac felly mae'n ennill y marc am y defnydd diwydiannol ac mae'r arholwr yn anwybyddu'r defnydd biolegol.

Mae Seren yn ennill 5 marc allan o 6.

C&A

Mesur cyfraddau adweithiau

12 Mae nitrogen(V) ocsid, N_2O_5, yn dadelfennu yn ôl yr hafaliad:

$$2\,N_2O_5\,(n) \longrightarrow 4\,NO_2\,(n) + O_2\,(n)$$

Di-liw — brown — di-liw

(a) Awgrymwch ddwy ffordd o fesur cyfradd yr adwaith hwn. *[2]*

(b) O dan y rhan fwyaf o amodau, rhoddir cyfradd yr adwaith hwn gan:

$$\text{Cyfradd} = k\,[N_2O_5]$$

Pan oedd crynodiad N_2O_5 yn 4.00×10^{-3} môl dm^{-3}, mesurwyd cyfradd yr adwaith ar 350 K, sef 3.00×10^{-5} môl $dm^{-3}\,s^{-1}$.

(i) Cyfrifwch werth y cysonyn cyfradd i **dri** ffigur ystyrlon, gan roi ei unedau. *[3]*

(ii) Pe bai'r adwaith yn cael ei gynnal eto gyda chrynodiad cychwynnol N_2O_5 o 6.00×10^{-3} môl dm^{-3}, cyfrifwch y gwerth y byddech chi'n ei ddisgwyl ar gyfer cyfradd yr adwaith. *[1]*

(iii) Mae catalydd yn lleihau egni actifadu'r adwaith hwn o 72 kJ môl^{-1} i 50 kJ môl^{-1}.

I. Nodwch hafaliad Arrhenius. *[1]*

II. Cyfrifwch werth cysonyn cyfradd yr adwaith sy'n cael ei gatalyddu ar 350 K. *[3]*

Ateb Tom

(a) Byddai'n bosibl mesur y gyfradd drwy ddefnyddio lliwfesuriaeth ✗ neu drwy fesur swm yr NO_2 sy'n cael ei gynhyrchu. ✗ ①

(b) (i) $k = \text{Cyfradd} \div [N_2O_5] = 3.00 \times 10^{-5} \div 4.00 \times 10^{-3}$
$= 0.75 \times 10^{-2}$ ✓✗ môl $dm^{-3}\,s^{-1}$ ✗ ②

(ii) Oherwydd bod y gyfradd mewn cyfrannedd â chrynodiad, pan fydd y crynodiad yn cael ei luosi ag 1.5, y gyfradd yw 4.5×10^{-5} môl dm^{-3}. ✓ ③

(iii) I. $Ae^{(-E_a/RT)}$ ④

II. $A = k \div e^{(-E_a/RT)}$ ⑤ $A = 0.75 \times 10^{-2} \div e^{(-72/8.314 \times 350)} = 7.69 \times 10^{-3}$
$k = 7.69 \times 10^{-3} \div e^{(-50/8.314 \times 350)} = 7.56 \times 10^{-3}$ ⑥

Sylwadau'r arholwr

① I fesur cyfradd, mae angen i chi ddewis mesuriad sy'n newid dros amser – os nad yw amser yn cael ei fesur, bydd hyn yn lleihau'r marciau, ac felly nid yw 'lliwfesuriaeth' heb amser yn ddigon i ennill marc.

② Pan ofynnir am nifer penodol o ffigurau ystyrlon mewn teip trwm, dim ond y nifer hwnnw sy'n dderbyniol, ac felly mae'n colli marc am roi ateb i 2 ffigur ystyrlon.

③ Mae cyfrannedd yn ddull da o gyfrifo cyfraddau ar gyfer adweithiau gradd un, ac felly mae'n ennill marc.

④ Nid yw hyn yn ennill y marc gan fod y cwestiwn yn gofyn am hafaliad, ac felly mae diffyg $k =$ yn gwneud yr ateb yn anghywir.

⑤ Mae wedi ad-drefnu'r hafaliad yn gywir ac yn ennill un marc.

⑥ Nid yw wedi trawsnewid gwerth yr egni actifadu yn J o kJ, ac felly mae'r cyfrifiad yn anghywir. Fodd bynnag, dyma'r unig gamgymeriad a wnaeth yr ymgeisydd, ac felly mae'n ennill un o'r ddau farc sydd ar gael am y cyfrifiad.

Mae Tom yn ennill 4 marc allan o 10.

Ateb Seren

(a) Gan fod newid lliw, gallwn ni ddefnyddio lliwfesuriaeth i fesur y lliw dros amser. ✓ Gallwn ni olrhain y newid yn nifer y moleciwlau nwyol drwy ddefnyddio mesuriadau gwasgedd ar gyfaint cyson. ✓①

(b) (i) $k = \text{Cyfradd} \div [N_2O_5]$
$= 3.00 \times 10^{-5} \div 4.00 \times 10^{-3}$
$= 7.50 \times 10^{-3}$ ✓✓ s^{-1} ✓

(ii) Gan ddefnyddio'r hafaliad cyfradd,
$\text{cyfradd} = 7.50 \times 10^{-3} \times 6.00 \times 10^{-3}$
$= 4.5 \times 10^{-5}$ môl dm^{-3}. ✓ ②

(iii) I. $k = Ae^{(-E_a/RT)}$ ✓ ③

II. $A = k \div e^{(-Ea/RT)}$ ④
$A = 0.75 \times 10^{-2} \div e^{(-72000/8.314 \times 350)} = 4.18 \times 10^{8}$
$k = 4.18 \times 10^{8} \times e^{(-50000/8.314 \times 350)} = 14.4$ ✓✓✓ ⑤

Sylwadau'r arholwr

① Mae Seren yn awgrymu dau ddull, ac er mai dim ond unwaith y crybwyllwyd amser, mae hyn yn ddigon i ennill y ddau farc.

② Mae'r ddau gyfrifiad yn gywir.

③ Dyma'r hafaliad cywir ac mae'n ennill y marc.

④ Mae wedi ad-drefnu'r hafaliad yn gywir ac yn ennill un marc.

⑤ Mae'r cyfrifiad hwn yn gywir ac yn ennill y ddau farc.

Mae Seren yn ennill 10 marc allan o 10.

C&A

Hafaliadau cyfradd a mecanweithiau

13 Mae hydrogen perocsid (H_2O_2) mewn hydoddiant yn dadelfennu gan ryddhau nwy ocsigen pan fydd ïonau ïodid yn bresennol. Yr hafaliad ar gyfer y broses hon yw:

$$2H_2O_2 \longrightarrow 2H_2O + O_2$$

Cynhaliwyd yr adwaith sawl tro gan ddefnyddio crynodiadau gwahanol o hydrogen perocsid ac ïonau ïodid. Mae canlyniadau'r arbrofion hyn isod.

Crynodiad H_2O_2 / môl dm^{-3}	**Crynodiad I^- / môl dm^{-3}**	**Cyfradd gychwynnol / môl dm^{-3} s^{-1}**
2.00×10^{-2}	2.00×10^{-3}	4.82×10^{7}
4.00×10^{-2}	2.00×10^{-3}	9.64×10^{7}
4.00×10^{-2}	4.00×10^{-3}	1.93×10^{8}

(a) Cyfrifwch raddau'r adwaith mewn perthynas ag H_2O_2 ac ïonau ïodid a thrwy hyn ysgrifennwch hafaliad cyfradd ar gyfer yr adwaith hwn. *[3]*

(b) Nodwch swyddogaeth yr ïonau ïodid yn yr adwaith hwn ac esboniwch eich rhesymu. *[2]*

(c) Mae dau fecanwaith yn cael eu cynnig ar gyfer yr adwaith hwn, sef mecanwaith A a mecanwaith B isod. Nodwch ac esboniwch pa un o'r ddau fecanwaith hyn sy'n gyson â'r hafaliad cyfradd a gawsoch chi yn rhan (a). *[2]*

$H_2O_2 \longrightarrow H^+ + HO_2^-$	$H_2O_2 + I^- \longrightarrow HOI + HO^-$
$HO_2^- + HO_2^- \longrightarrow 2HO^- + O_2$	$HOI + H_2O_2 \longrightarrow H_2O + O_2 + HI$
$H^+ + I^- + HO^- \longrightarrow H_2O + I^-$	$HI + OH^- \longrightarrow H_2O + I^-$
Mecanwaith A	*Mecanwaith B*

Ateb Tom

(a) Mae dyblu crynodiad H_2O_2 yn dyblu'r gyfradd, ac felly y radd yw 1. ✓ Nid yw dyblu crynodiad ïodid yn dyblu'r gyfradd, ac felly y radd yw 0. ✗ ①
Cyfradd = $k[H_2O_2]$ ✓

(b) Mae angen ïodid er mwyn i'r adwaith ddigwydd. ✗ ②

(c) Mecanwaith A gan mai dim ond H_2O_2 sy'n ymddangos yn y cam cyntaf a dyma'r cam arafaf. Mae'r hafaliad cyfradd yn cynnwys H_2O_2 yn unig, ac felly mae'n cyfateb. ✓✗ ③

Sylwadau'r arholwr

① Mae hyn yn gywir ar gyfer H_2O_2 ond yn anghywir ar gyfer I^-; fodd bynnag, mae'r graddau'n cael eu defnyddio'n gywir i gynhyrchu hafaliad cyfradd, ac felly mae'r hafaliad cyfradd yn ennill marc er nad yw'n ateb cywir.

② Nid yw hyn yn dweud dim wrthyn ni ac nid yw'n ennill marc.

③ Mae'r ateb hwn yn dilyn o'r hafaliad cyfradd ac yn rhoi rheswm, ac felly mae'n ennill marc ond nid yw'r rheswm yn ddigonol i ennill yr ail farc.

Mae Tom yn ennill 3 marc allan o 7.

Ateb Seren

(a) Mae H_2O_2 yn radd un ✓ ac mae ïodid yn radd un ✓, gan roi'r hafaliad cyfradd:
Cyfradd = $k[H_2O_2][I^-]$ ✓ ①

(b) Mae'r ïodid yn cynyddu'r gyfradd er nad yw'n rhan o'r hafaliad cyflawn ✓, ac felly mae'r ïodid yn gweithredu fel catalydd ✓.②

(c) Mecanwaith B gan fod ganddo un moleciwl H_2O_2 ac un ïodid fel yr adweithyddion yn y cam penderfynu cyfradd; mae hyn yn cyfateb i'r ddau gyfansoddyn yn yr hafaliad cyfradd ac mae'r ddau hyn yn radd un. ✓✓ ③

Sylwadau'r arholwr

① Mae'r ddwy radd wedi'u cyfrifo'n gywir, gan roi hafaliad cyfradd cyflawn.

② Bydd catalyddion yn ymddangos yn yr hafaliad cyfradd, ond fyddan nhw ddim yn ymddangos yn yr hafaliad cemegol, ac felly mae'r ateb hwn yn gywir.

③ Mae'r ateb cywir gyda rheswm cyflawn yn ennill y ddau farc.

Mae Seren yn ennill 7 marc allan o 7.

C&A

Enthalpïau ffurfiant

14

Mae sodiwm hydrid, NaH, yn solid sy'n adweithio â dŵr. Mae synthesis y cyfansoddyn o'r elfennau sodiwm a hydrogen yn broses ecsothermig:

$Na (s) + ½ H_2 (n) \longrightarrow NaH (s)$ $\Delta H^\theta = -57$ kJ môl^{-1}

(a) Rhowch enw'r newid enthalpi uchod. *[1]*

(b) Defnyddiwch y newid enthalpi uchod a'r rhai sy'n cael eu rhestru yn y tabl isod i gyfrifo'r enthalpi ffurfio dellt ar gyfer sodiwm hydrid, NaH. *[3]*

Hafaliad	Newid enthalpi / kJ môl^{-1}
$Na (s) \longrightarrow Na (n)$	109
$H_2 (n) \longrightarrow 2H (n)$	436
$Na (n) \longrightarrow Na^+ (n) + e^-$	494
$H (n) + e^- \longrightarrow H^- (n)$	−72

(c) Pan fydd NaH yn cael ei ychwanegu at ddŵr, mae'r adwaith canlynol yn digwydd:

$NaH (s) + H_2O (h) \longrightarrow NaOH (d) + H_2 (n)$

Cyfrifwch nifer y molau NaH a thrwy hynny gyfaint y nwy hydrogen sy'n cael ei gynhyrchu o dan amodau safonol pan fydd 1.2 g o NaH yn cael ei ychwanegu at ddŵr. *[2]*

[Mae 1 môl o nwy yn llenwi 24 dm^3 o dan amodau safonol]

Ateb Tom

(a) Enthalpi ffurfiant NaH. ✓ ①

(b) $\Delta H = 109 + 436 + 494 - 72 + \Delta H_{dellt}$ ✗

$-57 - 109 - 436 - 494 + 72 = \Delta H_{dellt}$ ✓

$\Delta H_{dellt} = -1024$ kJ môl^{-1} ✓ ②

(c) $M_r(NaH) = 23 + 1.01 = 24.01$

Molau (NaH) = 1.2 ÷ 24.01 = 0.05 ✗

Cyfaint nwy = 0.05 × 24 = 1.2 dm^3 ✓ ③

Sylwadau'r arholwr

① Mae (a) yn gywir.

② Nid yw Tom wedi sylwi bod yr hafaliad a roddwyd ar gyfer 436 kJ môl^{-1} yn cynnwys 2H, ac felly bod yn rhaid ei haneru. Mae'n ennill y marciau sydd ar gael am weddill y dull.

③ Mae Tom yn cyfrifo'n gywir nifer y molau NaH a chyfaint y nwy, ond mae'n colli marc oherwydd nad yw wedi rhoi'r molau NaH i ddigon o ffigurau ystyrlon.

Mae Tom yn ennill 4 marc allan o 6.

Ateb Seren

(a) Enthalpi ffurfiant ar gyfer NaH (s). ✓ ①

(b) $-57 = 109 + ½ \times 436 + 494 - 72 + \Delta H_{dellt}$ ✓

$-57 - 109 - 218 - 494 + 72 = \Delta H_{dellt}$ ✓

$\Delta H_{dellt} = -806$ kJ môl^{-1} ✓②

(c) $M_r(NaH) = 23 + 1.01 = 24.01$

Molau (NaH) = 1.2 ÷ 24.01 = 0.04998 ✓

Cyfaint nwy = 0.04998 × 24 = 1.20 dm^3 ✓ ③

Sylwadau'r arholwr

① Mae (a) yn gywir.

② Mae Seren wedi gweithio allan y camau y mae angen eu cyfuno i wneud y broses gyflawn ac mae'n ad-drefnu'r hafaliad yn gywir ac yn ennill marciau llawn.

③ Mae Seren yn cyfrifo nifer y molau NaH yn gywir ac yn defnyddio'r ffigur hwn i gyfrifo cyfaint y nwy.

Mae Seren yn ennill 6 marc allan o 6.

C&A

Enthalpi ac entropi

15 Mae'r hafaliad isod yn dangos hylosgiad cyflawn methanol hylifol.

CH_3OH (h) + $1\frac{1}{2}O_2$ (n) ⟶ CO_2 (n) + 2 H_2O (h)

(a) Defnyddiwch y newidiadau enthalpi ffurfiant sy'n cael eu rhestru yn y tabl isod i gyfrifo newid enthalpi'r adwaith hwn. *[2]*

	Newid enthalpi ffurfiant safonol / kJ môl^{-1}
CH_3OH (h)	–239
CO_2 (n)	–394
H_2O (h)	–286
O_2 (n)	0

(b) Esboniwch pam mae newid enthalpi ffurfiant O_2 (n) yn sero. *[1]*

(c) (i) Newid entropi'r adwaith hwn yw −81 J K^{-1} môl^{-1}. Defnyddiwch y gwerth hwn i gyfrifo egni rhydd Gibbs ar gyfer yr adwaith hwn ar 300 K. *[2]*

(ii) Esboniwch sut mae'r ateb i (c)(i) yn ein galluogi i benderfynu a yw'r adwaith yn ddichonadwy. *[1]*

Ateb Tom

(a) ΔH = cynhyrchion – adweithyddion
= –394 – 286 – 239 ✗
= –919 kJ môl^{-1} ✗ ①

(b) Enthalpi ffurfiant yw'r newid enthalpi o'r elfen, ac felly mae'n sero ar gyfer ocsigen. ✗ ②

(c) (i) ΔG = ΔH – TΔS ✓ = –919 – 300 × –81
= 23381 kJ môl^{-1} ✗ ③

(ii) Mae'r gwerth yn bositif, ac felly nid yw'r adwaith yn ddichonadwy. ✓ ④

Sylwadau'r arholwr

① Anghywir gan fod Tom wedi anghofio cynnwys y ffactor dau ar gyfer y ddau foleciwl dŵr a dylai'r gwerth ar gyfer methanol fod yn bositif.

② Nid yw'r manylion hyn yn ddigonol gan nad ydyn nhw'n cyfeirio at y cyflwr safonol.

③ Mae wedi anghofio trawsnewid yr entropi i kJ, ac felly mae'n colli marc, ond mae'n ennill marc am fynegiad cywir ar gyfer ΔG.

④ Mae marc yn cael ei roi gan fod yr ateb yn gyson â'r gwerth a gafwyd yn rhan (i).

Mae Tom yn ennill 2 farc allan o 6.

Ateb Seren

(a) ΔH = cynhyrchion – adweithyddion
= –394 –2 × 286 –(–239) ✓
= –727 kJ môl^{-1} ✓ ①

(b) Enthalpi ffurfiant yw'r newid enthalpi pan gaiff sylwedd ei ffurfio o'i elfennau yn eu cyflyrau safonol, sef O_2 (n) yn yr achos hwn. Gan nad oes newid, y newid enthalpi yw sero. ✓ ②

(c) (i) ΔG = ΔH – TΔS ✓ = –727000 – 300 × –81
= –702700 ✗ ③

(ii) Mae'r adwaith yn ddichonadwy. ✗ ④

Sylwadau'r arholwr

① Wedi'i gyfrifo'n gywir; mae'n ennill y ddau farc.

② Mae'r esboniad yn llawn a manwl, ac felly yn ennill y marc.

③ Mae hyn wedi'i gyfrifo'n gywir; fodd bynnag, nid oes unedau yn yr ateb a roddwyd ac mae hyn yn cael ei gosbi gan ein bod yn tybio kJ môl^{-1} gan mai dyna'r uned safonol ar gyfer ΔG.

④ Nid yw'r ateb hwn yn rhoi unrhyw esboniad, ac felly nid yw'n ennill marc.

Mae Seren yn ennill 4 marc allan o 6.

C&A

Defnyddio egni rhydd Gibbs

16 Pan gaiff calsiwm nitrad ei wresogi, mae'r solid yn dadelfennu yn ôl yr hafaliad isod.

$2\ Ca(NO_3)_2\ (s) \longrightarrow 2\ CaO\ (s) + 4\ NO_2\ (n) + O_2\ (n)$

(a) Y newid enthalpi safonol, ΔH^{θ}, ar gyfer yr adwaith yw 740 kJ $môl^{-1}$. Defnyddiwch y gwerth hwn a'r data yn y tabl i gyfrifo'r enthalpi ffurfiant safonol, ΔH_f^{θ}, ar gyfer calsiwm nitrad, $Ca(NO_3)_2$. *[2]*

	ΔH_f^{θ} / kJ $môl^{-1}$	S^{θ} / J $môl^{-1}$ K^{-1}
$Ca(NO_3)_2$	?	193
CaO	–635	40
NO_2	34	240
O_2	0	205

(b) Defnyddiwch y gwerthoedd a roddwyd i gyfrifo'r newid entropi ΔS^{θ} ar gyfer yr adwaith hwn mewn J $môl^{-1}$ K^{-1}. *[2]*

(c) Nodwch y berthynas rhwng egni rhydd Gibbs, enthalpi ac entropi. *[1]*

(ch) Defnyddiwch y mynegiad ar gyfer egni rhydd Gibbs i gyfrifo'r tymheredd isaf, mewn K, sydd ei angen ar gyfer dadelfeniad calsiwm nitrad. *[3]*

Ateb Tom

(a) $\Delta H = 2 \times -635 + 4 \times 34 + 0 - 2 \times ?$ ✓
$740 - 2 \times -635 - 4 \times 34 = 2 \times ?$
Ateb = 937 kJ $môl^{-1}$ ✗ ①

(b) ΔS^{θ} = cynhyrchion − adweithyddion
$= 2 \times 40 + 4 \times 240 + 205 - 2 \times 193$ ✓
= 654 J $môl^{-1}$ K^{-1} ✓ ②

(c) $\Delta G = \Delta H - T\Delta S$ ✓ ③

(ch) Pan fydd yr adwaith yn gallu digwydd, mae'n rhaid i ΔG ddod yn negatif ac mae'n dod yn negatif ar sero. ✓
$\Delta G = 740 - T \times 859 = 0$ felly $T \times 859 = 740$ ✗
$T = 740 \div 859 = 0.86$ °C ✗ ④

Sylwadau'r arholwr

① Mae'r syniad cywir gan Tom, ond mae'n gwneud camgymeriad wrth ad-drefnu'r hafaliad ac yn colli marc.

② ③ Mae'r ddau yn gywir.

④ Mae'n dechrau'n gywir; fodd bynnag, mae'n anghofio trawsnewid rhwng J a kJ er mwyn gallu defnyddio entropi ac enthalpi gyda'i gilydd. Ar y diwedd mae'n defnyddio'r uned anghywir ar gyfer y tymheredd.

Mae Tom yn ennill 5 marc allan o 8.

Ateb Seren

(a) $740 = (2 \times -635) + (4 \times 34) + 0 - (2 \times \Delta H_f)$ ✓
$740 - (2 \times -635) - (4 \times 34) = -(2 \times \Delta H_f)$
$2 \times \Delta H_f = -1874$
Ateb = 937 kJ $môl^{-1}$ ✓

(b) $\Delta S^{\theta} = (2 \times 40) + (4 \times 240) + 205 - (2 \times 193)$ ✓
= 654 J $môl^{-1}$ K^{-1} ✓

(c) $\Delta G = \Delta H - T\Delta S$ ✓

(ch) Mae'r adwaith yn dechrau bod yn ddichonadwy pan fydd $\Delta G = 0$ felly
$\Delta H - T\Delta S = 0$ gan roi $T = \Delta H \div \Delta S$ ✓
Mae angen i ni ddefnyddio'r un unedau ar gyfer ΔH a ΔS felly
ΔH = 740,000 J $môl^{-1}$. ✓
$T = \Delta H \div \Delta S = 740000 \div 859 = 861$ K ✓

Sylwadau'r arholwr

Mae Seren yn dangos ei gallu i wneud cyfrifiadau'n fedrus. Mae pob un o atebion Seren yn gywir, gyda phob uned yn cael ei defnyddio'n gywir.

Mae Seren yn ennill 8 marc allan o 8.

C&A

Ecwilibria

17

Un o'r camau wrth gynhyrchu asid nitrig yw ocsidiad amonia, sy'n adwaith cildroadwy fel y gwelwch isod:

$$4\ NH_3\ (n) + 5\ O_2\ (n) \rightleftharpoons 4NO\ (n) + 6\ H_2O\ (n)$$

(a) Ysgrifennwch y mynegiad ar gyfer y cysonyn ecwilibriwm, K_p, ar gyfer yr adwaith hwn. *[1]*

(b) Fel arfer, mae'r gwerthoedd ar gyfer yr holl wasgeddau rhannol yn cael eu rhoi mewn unedau Pa. Rhowch uned K_p, os oes ganddo uned, ar gyfer yr adwaith hwn. *[1]*

(c) Mae catalydd platinwm/rhodiwm yn cael ei ddefnyddio yn y broses ddiwydiannol. Nodwch effaith ychwanegu catalydd ar safle'r ecwilibriwm hwn, os oes effaith. *[1]*

(ch) Fel arfer, mae'r adwaith hwn yn cael ei gynnal dan wasgedd o 500 kPa. Nodwch ac esboniwch effeithiau cynyddu'r gwasgedd ar safle'r ecwilibriwm a chyfradd y blaenadwaith, os oes effeithiau. *[4]*

Ateb Tom

(a) $K_p = \dfrac{P_{NO} \times P_{H_2O}}{P_{NH_3} \times P_{O_2}}$ ✗ ①

(b) Ni fydd unedau. ✓ ②

(c) Mae catalyddion yn effeithio ar gyfraddau'r blaenadwaith a'r ôl-adwaith, ac felly mae'r rhain yn canslo ei gilydd. ✗ ③

(ch) Mae'r adwaith yn gyflymach ar wasgedd uwch ✓ ✗ ac mae'n cynhyrchu mwy o gynnyrch. ✗✗ ④

Sylwadau'r arholwr

① Mae Tom wedi anghofio'r pwerau, ac felly mae'n colli'r marc.

② Mae'r marc hwn yn cael ei roi gan fod yr ateb yn dilyn o'r mynegiad a roddwyd yn rhan (a), er bod hwnnw'n anghywir.

③ Dyma'r syniad cywir, ond nid yw'n ateb y cwestiwn yn llawn, ac felly nid yw'n ennill y marc.

④ Mae'r effaith ar y gyfradd yn gywir, ond nid felly yr effaith ar yr ecwilibriwm. Nid oes esboniad ar gyfer y naill na'r llall, ac felly mae hyn yn cyfyngu ar y marciau y gall eu hennill.

Mae Tom yn ennill 2 farc allan o 7.

Ateb Seren

(a) $K_p = \dfrac{P_{NO}^{\,4} \times P_{H_2O}^{\,6}}{P_{NH_3}^{\,4} \times P_{O_2}^{\,5}}$ ✓ ①

(b) Yr unedau fydd Pa. ✓ ②

(c) Mae catalyddion yn effeithio ar y gyfradd ond nid ar y safle ecwilibriwm. ✓ ③

(ch) Mae'r adwaith yn gyflymach ar wasgedd uwch ✓ gan fod y gronynnau yn gwrthdaro mwy ✗. Bydd yr ecwilibriwm yn ceisio lleihau'r gwasgedd yn ôl egwyddor Le Chatelier, ac felly bydd yn mynd tuag at yr ochr sydd â'r nifer lleiaf o foleciwlau nwy, sy'n symud yr ecwilibriwm i'r chwith. ✓✓ ④

Sylwadau'r arholwr

① ③ Dyma'n union beth roedd ei angen i ennill y marciau.

④ Mae'r effaith ar y gyfradd yn gywir ond nid yw'r esboniad yn ddigonol. Mae'r effaith ar yr ecwilibriwm yn gywir gydag esboniad clir, ac felly mae'n ennill y ddau farc yma.

Mae Seren yn ennill 6 marc allan o 7.

C&A

Cyfrifiadau ecwilibriwm

18 Mae nitrogen deuocsid, NO_2, yn bodoli mewn ecwilibriwm dynamig gyda deunitrogen tetrocsid, N_2O_4,

$2NO_2\,(n) \rightleftharpoons N_2O_4\,(n) \qquad \Delta H = -57.2\text{ kJ môl}^{-1}$

(a) Ysgrifennwch fynegiad ar gyfer y cysonyn ecwilibriwm, K_p, ar gyfer yr adwaith hwn. *[1]*

(b) Nodwch ac esboniwch effaith cynyddu'r tymheredd ar werth K_p. *[2]*

(c) Ar dymheredd 373 K, roedd gwasgedd rhannol sampl pur o NO_2 yn 3.00×10^5 Pa. Pan gafodd y cymysgedd ei adael i gyrraedd ecwilibriwm, gwasgedd rhannol yr NO_2 a oedd yn weddill oedd 2.81×10^5 Pa.

Cyfrifwch werth K_p, gan nodi ei unedau. *[3]*

Ateb Tom

(a) $K_p = \frac{P_{N_2O_4}}{P_{NO_2}{}^2}$ ✓ ①

(b) Mae'r adwaith yn ecsothermig, ac felly bydd cynyddu'r tymheredd yn symud yr ecwilibriwm i'r cyfeiriad sy'n endothermig ✗, ac felly mae gwerth K_p yn cynyddu. ✗ ②

(c) Swm yr NO_2 a drawsnewidir $= 3.00 \times 10^5 - 2.81 \times 10^5$ $= 0.19 \times 10^5$ Pa

felly $P_{N_2O_4} = 0.19 \times 10^5$ Pa ✗

$K_p = 0.19 \times 10^5 \div (2.81 \times 10^5)^2 = 2.40 \times 10^{-7}$ ✓✗ ③

Sylwadau'r arholwr

① Cywir.

② Does dim digon o fanylder i ennill y marc cyntaf – nid yw Tom yn dweud i ba gyfeiriad y bydd yr ecwilibriwm yn symud, ac mae'r effaith ar K_p yn anghywir.

③ Mae'r cyfrifiad yn cynnwys camgymeriad cyffredin. Mae wedi anghofio bod un moleciwl N_2O_4 yn cael ei wneud o ddau foleciwl NO_2. Mae'n defnyddio'r gwerth hwn yn gywir i gyfrifo *Kp* ond nid yw'n rhoi unedau, ac felly mae'n colli marc.

Mae Tom yn ennill 2 farc allan o 6.

Ateb Seren

(a) $K_p = \frac{P_{N_2O_4}}{P_{NO_2}{}^2}$ ✓ ①

(b) Mae'r adwaith yn ecsothermig, ac felly bydd cynyddu'r tymheredd yn symud yr ecwilibriwm i'r chwith gan fod y cyfeiriad hwn yn endothermig ✓, ac felly mae gwerth K_p yn lleihau wrth i swm y cynnyrch leihau. ✓ ②

(c) Swm yr NO_2 a drawsnewidir $= 3.00 \times 10^5 - 2.81 \times 10^5$ $= 0.19 \times 10^5$ Pa

$P_{N_2O_4} = 9.5 \times 10^3$ Pa ✓

$K_p = 9.5 \times 10^3 \div (2.81 \times 10^5)^2 = 1.20 \times 10^{-7}$ ✓

Unedau = Pa^{-1} ✓ ③

Sylwadau'r arholwr

① Cywir.

② Mae esboniad llawn yn ennill y ddau farc.

③ Mae Seren wedi sylwi bod un moleciwl N_2O_4 yn cael ei wneud o ddau foleciwl NO_2, ac felly bydd hanner cymaint o N_2O_4 â'r NO_2 sy'n cael ei ddefnyddio. Mae'n defnyddio'r gwerth hwn yn gywir i gyfrifo K_p a'i unedau.

Mae Seren yn ennill 6 marc allan o 6.

C&A

Asidau a pH

19 Mae asid methanöig, HCOOH, yn asid gwan.

(a) Esboniwch y term *asid gwan*. *[1]*

(b) Ysgrifennwch fynegiad ar gyfer K_a ar gyfer yr asid hwn. *[1]*

(c) pH ar gyfer hydoddiant asid methanöig yw 2.35

(i) Cyfrifwch grynodiad yr ïonau H^+ yn yr hydoddiant hwn. *[2]*

(ii) Crynodiad yr asid mewn hydoddiant yw 0.12 môl dm^{-3}.
Cyfrifwch K_a asid methanöig, gan roi ei unedau. *[2]*

(ch) Pan fydd asid methanöig yn adweithio ag amonia, dyma'r adwaith:

$$HCOOH\ (d) + NH_3\ (d) \rightleftharpoons NH_4^+\ (d) + HCOO^-\ (d)$$

Nodwch bob moleciwl sy'n ymddwyn fel bas yn yr hafaliad hwn, gan esbonio eich ateb. *[2]*

Ateb Tom

(a) Asid gwan yw asid sy'n daduno'n rhannol. ✗ ①

(b) $K_a = \dfrac{[H^+]\,[HCOO^-]}{[HCOOH]}$ ✓ ②

(c) (i) $pH = -\log[H^+]$ ✓ ③

$[H^+] = 4.47 \times 10^{-3}$ môl dm^{-3} ✓

(ii) $K_a = 4.47 \times 10^{-3} \div 0.12$ ✗ ④

$K_a = 3.73 \times 10^{-2}$ môl dm^{-3} ✓

(ch) Sylweddau sy'n adweithio ag asidau yw basau, ac felly yr unig fas yn yr achos hwn yw NH_3. ✗✗ ⑤

Sylwadau'r arholwr

① Mae Tom yn methu dweud beth mae'r 'asid' yn 'asid gwan' yn ei olygu.

② ③ Mae'r ddau yn gywir.

④ Mae'r cyfrifiad yn anghywir, ond mae'r unedau'n gywir.

⑤ Mae Tom yn methu adnabod y ddau fas yn glir nac esbonio pam mae dau fas.

Mae Tom yn ennill 4 marc allan o 8.

Ateb Seren

(a) Asid gwan yw un sy'n rhyddhau H^+ mewn adwaith cildroadwy sy'n golygu nad yw'r holl H^+ posibl yn cael eu rhyddhau. ✓ ①

(b) $K_a = \dfrac{[H^+]\,[HCOO^-]}{[HCOOH]}$ ✓

(c) (i) $pH = -\log[H^+]$ ✓

$[H^+] = 4.47 \times 10^{-3}$ môl dm^{-3} ✓

(ii) $K_a = (4.47 \times 10^{-3})^2 \div 0.12$ ✓

$K_a = 1.67 \times 10^{-4}$ ✗ ②

(ch) Adwaith cildroadwy yw hwn ac mae'r ddau gyfeiriad yn adweithiau asid–bas. Yn y blaenadwaith, NH_3 yw'r bas gan ei fod yn derbyn H^+ gan yr HCOOH ✓ ac yn yr ôl-adwaith mae $HCOO^-$ yn gweithredu fel bas gan ei fod yn derbyn H^+ gan yr amoniwm. ✓ ③

Sylwadau'r arholwr

① Mae Seren yn dangos dealltwriaeth o 'gwan' ac o 'asid'.

② Mae Seren wedi nodi a chyfrifo (b) ac (c) yn gywir, ond mae'n colli marc oherwydd y diffyg unedau.

③ Mae Seren wedi sylweddoli bod adweithiau asid–bas yn cynnwys bas fel adweithydd a hefyd bas cyfieuol yn y cynhyrchion ac mae'n esbonio hyn yn glir.

Mae Seren yn ennill 7 marc allan o 8.

C&A

Basau a byfferau

20

(a) Mae sodiwm hydrocsid yn fas cryf. Cyfrifwch pH hydoddiant sodiwm hydrocsid â chrynodiad 0.25 môl dm^{-3}.[2]

[Lluoswm ïonig dŵr, K_w, yw 1.00×10^{-14} $môl^2\ dm^{-6}$ ar 298 K]

(b) Cafodd hydoddiant byffer ei wneud drwy ychwanegu 19·6 g o sodiwm 3-cloropropanoad, CH_2ClCH_2COONa, at 1.00 dm^3 o asid 3-cloropropanöig, CH_2ClCH_2COOH, â chrynodiad 0.100 môl dm^{-3} ar 298 K.

(K_a ar gyfer asid 3-cloropropanöig yw 7.94×10^{-5} môl dm^{-3} ar 298 K)

(i) Cyfrifwch grynodiad y sodiwm 3-cloropropanoad mewn môl dm^{-3}. *[1]*

(ii) Cyfrifwch pH yr hydoddiant byffer ar 298 K. *[2]*

(iii) Esboniwch sut mae'r hydoddiant dyfrllyd hwn o asid 3-cloropropanöig a sodiwm 3-cloropropanoad yn gallu gweithredu fel hydoddiant byffer pan ychwanegir ychydig o asid neu alcali ato **ar wahân**. *[3]*

Ateb Tom

(a) pH = −log(0.25) = 0.6 ✗✗ ①

(b) (i) $M_r = 36 + 35.5 + 4.04 + 32 + 23 = 130.54$

Crynodiad = 19.6 ÷ M_r ÷ 1 = 0.150 môl dm^{-3} ✓

(ii) $[H^+] = \dfrac{K_a \times [CH_2ClCH_2COOH]}{[CH_2ClCH_2COO^-]}$

$[H^+] = 7.94 \times 10^{-5} \times 0.100 \div 0.150 = 5.29 \times 10^{-5}$ ✓ ②

$pH = -\log(5.29 \times 10^{-5}) = 4.3$ ✓

(iii) Mae'r asid 3-cloropropanöig yn daduno gan ryddhau ïonau H^+:

$CH_2ClCH_2COOH \longrightarrow CH_2ClCH_2COO^- + H^+$ ✗

Bydd ychwanegu bas yn adweithio â'r H^+ a'i niwtralu gan gadw'r pH yn gyson. ✗

Os byddwch chi'n ychwanegu asid, bydd y moleciwlau'n adweithio â'r CH_2ClCH_2COONa ac yn eu dileu. ✗ ③

Sylwadau'r arholwr

① Mae Tom wedi anghofio bod pH yn ymwneud â $[H^+]$ ac mae wedi defnyddio $[OH^-]$, sy'n anghywir, ac felly nid yw'n ennill marciau ar gyfer rhan (a).

② Wedi cyfrifo'n gywir ac yn ennill marciau llawn.

③ Mae'n dangos diffyg dealltwriaeth o sut mae byfferau'n gweithio. Y cysyniad allweddol yw'r ecwilibriwm a sut mae ychwanegu asid a bas yn effeithio arno.

Mae Tom yn ennill 3 marc allan o 8.

Ateb Seren

(a) $K_w = [H^+] \times [OH^-]$

$[H^+] = 1.00 \times 10^{-14} \div 0.25 = 4.00 \times 10^{-14}$ môl dm^{-3} ✓

$pH = -\log [H^+] = -\log 4.00 \times 10^{-14} = 13.4$ ✓

(b) (i) $M_r = 36 + 35.5 + 4.04 + 32 + 23 = 130.54$

Crynodiad = 19.6 ÷ M_r ÷ 1 = 0.150 môl dm^{-3} ✓

(ii) $K_a = \dfrac{[H^+][A^-]}{[HA]}$

felly $[H^+] = K_a \times [HA] \div [A^-]$

$[H^+] = 7.94 \times 10^{-5} \times 0.100 \div 0.150 = 5.29 \times 10^{-5}$ ✓

$pH = -\log(5.29 \times 10^{-5}) = 4.28$ ✓ ①

(iii) Mae'r sodiwm 3-cloropropanoad yn daduno'n llwyr:

$CH_2ClCH_2COONa \longrightarrow CH_2ClCH_2COO^- + Na^+$

Mae'r asid 3-cloropropanöig yn sefydlu ecwilibriwm:

$CH_2ClCH_2COOH \rightleftharpoons CH_2ClCH_2COO^- + H^+$ ✓

Mae ychwanegu asid yn golygu y bydd yr ecwilibriwm yn symud i'r chwith, gan ddileu H^+ ✓.

Bydd ychwanegu bas yn symud yr ecwilibriwm i'r cyfeiriad dirgroes. ✗ ②

Sylwadau'r arholwr

① Mae Seren wedi cyfrifo'r atebion i bob rhan yn gywir.

② Mae esboniad Seren o sut mae byffer yn gweithio'n gywir ond nid yw'n rhoi digon o fanylder ar effaith ychwanegu bas i ennill y marc olaf.

Mae Seren yn ennill 7 marc allan o 8.

C&A

Titradiadau a byfferau

21 Mae'r graff yn dangos y newid mewn pH a ddigwyddodd pan ychwanegwyd sodiwm hydrocsid dyfrllyd â chrynodiad 0·1 môl dm^{-3} at 25 cm^3 o asid ethanöig dyfrllyd â chrynodiad 0·1 môl dm^{-3}.

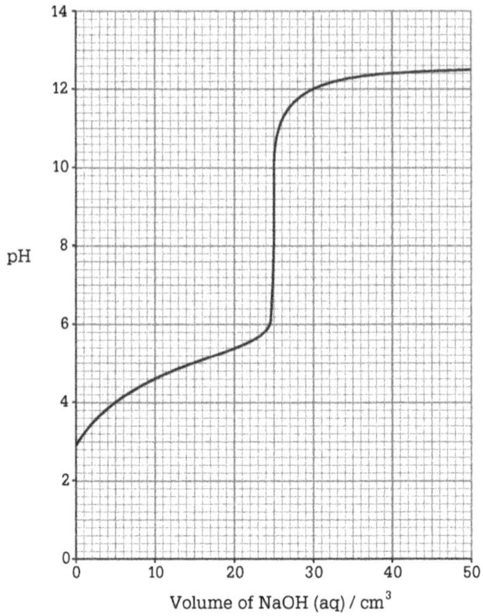

(a) Dewiswch, o'r tabl isod, enw dangosydd asid–bas sy'n addas ar gyfer y titradiad hwn, gan roi rheswm dros eich dewis. *[2]*

Dangosydd	Amrediad
Tropaeolin OO	1.3–3.0
Bromocresol gwyrdd	3.8–5.4
Thymolffthalein	8.3–10.5
Tropaeolin O	11.1–12.7

(b) Nid 7 yw gwerth pH sodiwm ethanoad.

(i) Nodwch, gan roi rheswm, werth pH sodiwm ethanoad dyfrllyd. *[2]*

(ii) Esboniwch pam mai pH sodiwm clorid dyfrllyd yw 7, ond nad felly pH hydoddiant sodiwm ethanoad dyfrllyd. *[2]*

Ateb Tom

(a) Thymolffthalein yw'r dangosydd cywir ✓ gan ei fod yn disgyn yn rhan syth y graff. ✗ ①

b) (i) 9.0 ✓ gan mai dyma ddiweddbwynt y titradiad. ✗ ②

(ii) Mae sodiwm ethanoad yn rhyddhau ïonau ethanoad wrth hydoddi mewn dŵr. Mae'r ïonau ethanoad yn sefydlu ecwilibriwm drwy adweithio ag H$^+$, sy'n lleihau crynodiad y rhain gan roi pH dros 7. ✓ ③

Sylwadau'r arholwr

① Mae'r syniad cywir gan Tom; fodd bynnag, roedd angen iddo drafod y rhanbarth fertigol ac nid y rhanbarth syth a chyfeirio at ystod pH y dangosydd.

② Mae'n rhoi'r pH cywir ond mae 'diweddbwynt' yn cyfeirio at newid lliw'r dangosydd ac roedd angen iddo drafod ffurfiant sodiwm ethanoad mewn hydoddiant.

③ Mae Tom yn ennill y marc ar gyfer y sodiwm ethanoad, ond nid yw'n cyfeirio at y sodiwm clorid.

Mae Tom yn ennill 3 marc allan o 6.

Ateb Seren

(a) Byddai thymolffthalein yn gweithio fel dangosydd ✓ gan fod yr ystod yn gyfan gwbl yn rhan fertigol y graff. ✓

(b) (i) Yn rhan fertigol y gromlin, mae'r hydoddiant yn cynnwys sodiwm ethanoad yn unig. ✓ Canolbwynt y rhan fertigol yw 9.0 ✓ sy'n rhoi pH yr halwyn hwn.

(ii) Mae hydoddiant sodiwm ethanoad yn cynnwys ïonau ethanoad, ond mae NaCl yn rhyddhau ïonau clorid. Mae asid ethanöig yn asid gwan, ac felly mae ïonau ethanoad yn dileu ïonau H$^+$ mewn adwaith cildroadwy gan ffurfio asid ethanöig. ✓ Mae HCl yn asid cryf, ac felly ni fydd clorid yn dileu H$^+$ gan ffurfio HCl. ✓

Sylwadau'r arholwr

Mae atebion Seren yn glir ac yn gyflawn ac yn ennill marciau llawn. Mae'n ateb yn gryno ond mae wedi sicrhau ei bod yn ateb pob rhan o bob cwestiwn i ennill y nifer mwyaf posibl o farciau.

Mae Seren yn ennill 6 marc allan o 6.

Uned 4 Cemeg organig a dadansoddi

C&A

Stereoisomeredd

22 (a) (i) Nodwch beth mae'r term **stereoisomeredd** yn ei olygu. *[1]*

(ii) Un ffurf ar stereoisomeredd yw isomeredd *E–Z*. Y ffurf *Z* yw cyfansoddyn T.

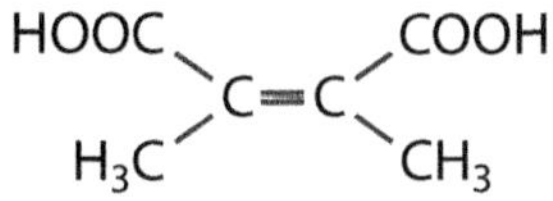

Cyfansoddyn T

Lluniadwch fformiwla adeileddol y ffurf *E*. *[1]*

(iii) Lluniadwch fformiwla adeileddol un o isomerau cyfansoddyn T sy'n ester. *[1]*

(iv) Math arall o stereoisomeredd yw isomeredd optegol.

Nodwch beth mae'r term **enantiomer** yn ei olygu a disgrifiwch sut mae enantiomerau yn effeithio ar olau plân polar. *[2]*

(v) Mae fformiwla cyfansoddyn K, isod, yn cynnwys dau graidd cirol.

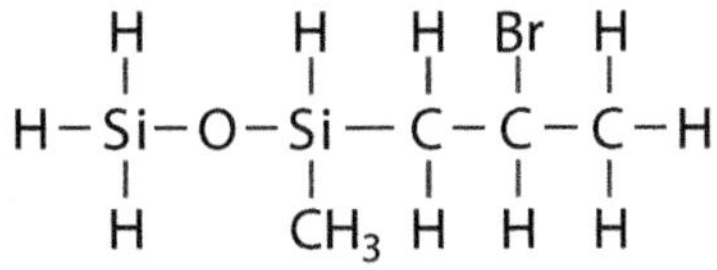

Nodwch y creiddiau cirol hyn drwy roi seren (*) ar yr atomau cywir. *[2]*

(b) Enwch adweithyddion A, B ac C yn y dilyniant adwaith isod. *[3]*

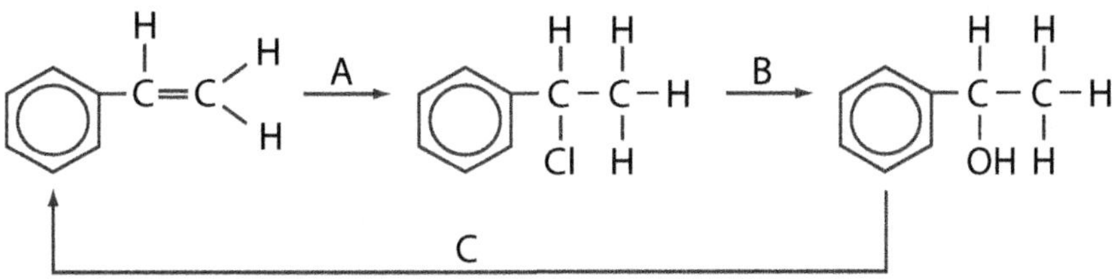

(c) Disgrifiwch beth byddwch chi'n ei weld pan fydd 4-bromoffenol yn adweithio â bromin dyfrllyd ac enwch gynnyrch organig yr adwaith. *[3]*

Ateb Tom

(a) (i) Isomeredd lle mae'r fformiwla foleciwlaidd yr un fath ond bod safleoedd gwahanol yn cael eu cymryd mewn gofod. ✗ ①

(ii) 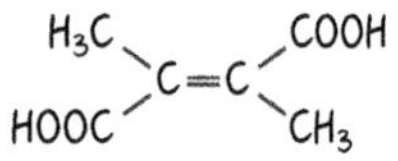 ✓

(iii) 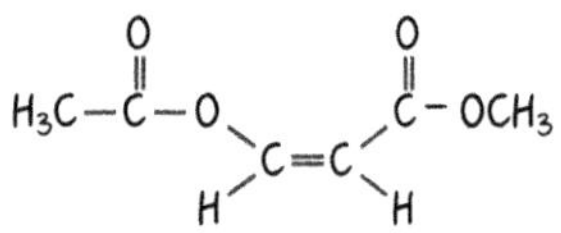 ✓

(iv) Isomerau sy'n cylchdroi golau plân polar i gyfeiriadau dirgroes ✓ ②

(v) 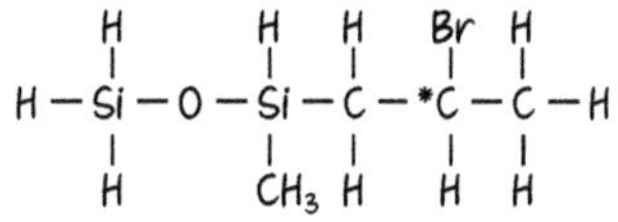 ✗ ③

(b) A→Cl_2 ✗ B→ KOH dyfrllyd ✓ C→ H_2SO_4 crynodedig ✓ ④

(c) Caiff 2,4,6-tribromoffenol ✓ ei ffurfio, sy'n solid ✗ ⑤

Sylwadau'r arholwr

① Gallai'r ateb hwn fod yn ddisgrifiad o isomeredd safle. Does dim sôn am fod â'r un fformiwla adeileddol.

② Does dim sôn am ffurfiau sy'n ddrychddelweddau – dim ond un marc.

③ Mae Tom wedi rhoi un craidd cirol cywir yn unig – mae angen y ddau i ennill y marc.

④ Mae fformiwlâu cywir yn dderbyniol yma. Mae potasiwm hydrocsid dyfrllyd yn adweithydd amgen cywir yn lle sodiwm hydrocsid.

⑤ Nid yw Tom wedi nodi lliw'r solid na sôn am ddadliwio.

Mae Tom yn ennill 6 marc allan o 13.

Ateb Seren

(a) (i) Ffurf ar isomeredd lle mae gan y cyfansoddyn yr un fformiwla adeileddol, ond bod yr atomau mewn safleoedd gwahanol mewn gofod. ✓

(ii) 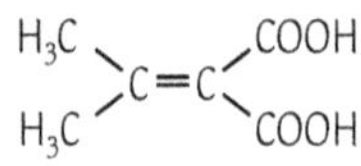 ✗ ①

(iii) 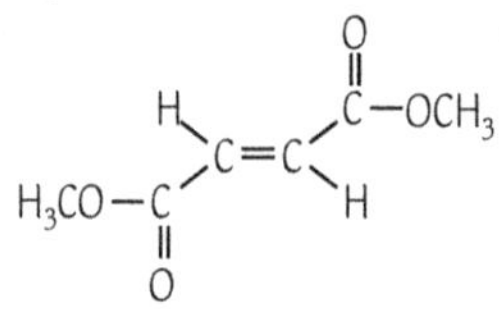 ✓

(iv) Ffurfiau sy'n ddrychddelweddau ac sy'n cylchdroi golau plân polar ✓ ②

(v) 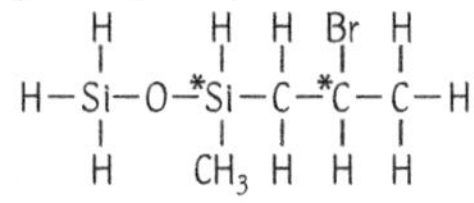 ✓

(b) A→HCl ✓ B→NaOH dyfrllyd ✓ C→asid sylffwrig crynodedig ✓ ③

(c) Caiff dŵr bromin ei ddadliwio ✓ ac fe gynhyrchir gwaddod gwyn ✓ o 2,4,6-tribromoffenol ✓ ④

Sylwadau'r arholwr

① Mae'r adeiledd yn isomer ond heb fod yn isomer *E–Z*.

② Dim ond un marc yma gan nad yw Seren wedi nodi i ba gyfeiriadau y caiff plân golau polar ei gylchdroi.

③ Mae angen enwau ond mae fformiwlâu cywir yn dderbyniol yma.

④ Mae wedi rhoi'r tri phwynt sydd eu hangen.

Mae Seren yn ennill 10 marc allan o 13.

C&A

Nitradiad

23

(a) Gofynnwyd i fyfyriwr roi'r mecanwaith ar gyfer nitradu methyl bensencarbocsylad (methyl bensoad). Ysgrifennodd y mecanwaith canlynol:

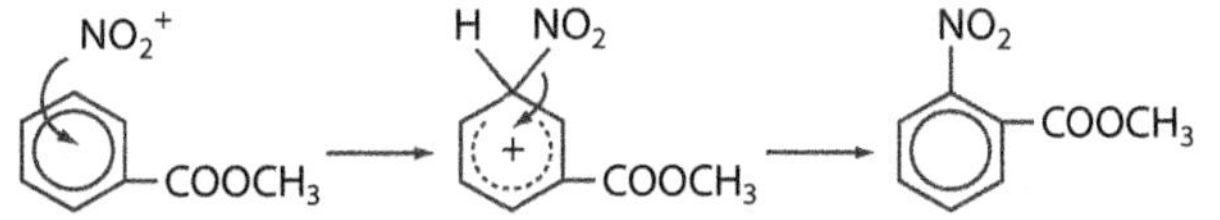

Nodwch **dri** chamgymeriad yn yr ateb, gan esbonio eich atebion fel y bo'n briodol. *[4]*

b) Mae cyfansoddion **Q** ac **R** yn isomerau.

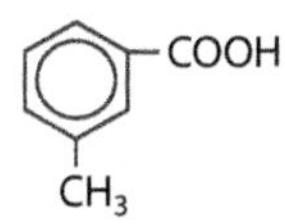

cyfansoddyn Q

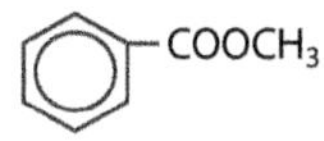

cyfansoddyn R

(i) Nodwch fformiwlâu empirig cyfansoddion **Q** ac **R**. *[1]*

(ii) Nodwch adweithydd a fydd yn adweithio â chyfansoddyn **Q** ond nid â chyfansoddyn **R**, gan roi canlyniad y prawf. *[2]*

Ateb Tom

(a) *Dylai'r saeth fynd o'r cylch sy'n gyfoethog mewn electronau ✓ at yr electroffil. ✓ ①*

(b) (i) *$C_8H_8O_2$ ✗ ②*

(ii) *Caiff nwy sodiwm carbonad ✓ ei gynhyrchu, sy'n troi dŵr calch yn llaethog. ✓*

Sylwadau'r arholwr

① Mae Tom wedi ennill 2 farc allan o'r 4. Yn y rhyng-gyfansoddyn, dylai'r saeth ddod o'r bond at hydrogen, nid o'r bond at y grŵp nitro. Mae hefyd heb sylweddoli bod yr isomer anghywir wedi cael ei gynhyrchu.

② Mae wedi rhoi'r fformiwla foleciwlaidd yn hytrach na'r fformiwla empirig.

Mae Tom yn ennill 4 marc allan o 7.

Ateb Seren

(a) Dylai'r saeth fynd o'r cylch at y NO_2^+. ✓
Mae'r cylch yn gyfoethog mewn electronau ac yn gallu gweithredu fel niwcleoffil ✓.
Y cynnyrch yw'r 2-isomer ond mae'r mecanwaith yn dangos mai'r 3-isomer y dylai fod. ✓ ①

(b) (i) C_4H_4O ✓

(ii) Sodiwm hydrogencarbonad ✓ ②, bydd eferwad i'w weld. ✓ ③.

Sylwadau'r arholwr

① Mae Seren wedi ennill 3 marc allan o'r 4 ond heb sylweddoli bod y bond anghywir (o'r cylch at y grŵp nitro) wedi cael ei dorri yn yr ail gam.

② Mae sodiwm carbonad a hefyd sodiwm hydrogencarbonad yn atebion derbyniol.

③ Mae 'eferwad' hefyd yn rhoi canlyniad y prawf. Nid oes angen adnabod y nwy gan nad yw'r cwestiwn wedi gofyn am hynny.

Mae Seren yn ennill 6 marc allan o 7.

C&A

Adeiledd bensen

24

Cafodd bensen ei arunigo gyntaf gan Faraday yn 1825 o'r nwy a oedd yn cael ei ddefnyddio ar gyfer goleuo.

Awgrymodd Kekulé fod adeiledd bensen yn gylch â chwe atom carbon gyda bondiau dwbl a sengl bob yn ail rhyngddyn nhw.

Trafodwch yr adeiledd a'r bondio sy'n cael eu derbyn heddiw ar gyfer bensen a'r dystiolaeth sy'n awgrymu bod adeiledd Kekulé yn anghywir. Fel rhan o'ch ateb, dylech chi roi sylwadau ar pam mae bensen yn cymryd rhan yn rhwydd mewn adweithiau amnewid ond ei fod yn gwrthsefyll adiad. *[6]*

Cynnwys dangosol

① Pe bai fformiwla Kekulé yn gywir, dylai ddadliwio dŵr bromin (wrth i adiad ddigwydd). ② Nid yw'r dadliwio hwn yn digwydd. ③ Yr adeiledd sy'n cael ei dderbyn ar gyfer bensen yw moleciwl planar â chylch hecsagonol o fondiau sigma carbon-i-garbon. ④ Hefyd, mae electronau *p* pob atom carbon yn gorgyffwrdd, ⑤ gan ffurfio adeiledd dadleoledig o electronau / adeiledd π. ⑥ Mae enthalpi hydrogeniad bensen yn llawer llai na'r gwerth a fyddai ganddo pe bai gan fensen adeiledd Kekulé. ⑦ Mae bensen yn cymryd rhan mewn adweithiau amnewid yn rhwydd oherwydd bod hyn yn cynnal adeiledd sefydlog y cylch o electronau. ⑧ Hefyd, byddai angen mwy o egni i 'ddileu' adeiledd y cylch o electronau dadleoledig.

5–6 marc

Mae'r ateb yn dangos gwybodaeth glir a manwl am adeiledd bensen.

Mae'r ymgeisydd yn llunio ateb perthnasol sydd wedi'i strwythuro'n rhesymegol, gan gynnwys holl elfennau allweddol y cynnwys dangosol. Mae'n defnyddio confensiynau a geirfa wyddonol yn gywir drwy'r holl ateb.

3–4 marc

Mae'r ateb yn dangos dealltwriaeth gadarn o adeiledd bensen gyda rhai manylion ar goll.

Mae'r ymgeisydd yn llunio ateb sydd wedi'i strwythuro'n rhesymegol, gan gynnwys prif elfennau'r cynnwys dangosol. Mae'n defnyddio confensiynau a geirfa wyddonol yn briodol ar y cyfan.

1–2 marc

Mae'r ateb yn dangos dealltwriaeth amlinellol yn unig o adeiledd bensen gyda nifer o bwyntiau ar goll.

Mae'r ymgeisydd wedi rhoi disgrifiad syml o adeiledd bensen ond mae nifer o bwyntiau allweddol ar goll. Mae rhywfaint o dystiolaeth o ddefnyddio confensiynau a geirfa wyddonol yn gywir.

0 marc

Nid yw'r ymgeisydd yn gwneud unrhyw ymgais nac yn rhoi ateb sy'n haeddu marc.

Ateb Tom

Mae bensen yn cynnwys cylch o 6 atom carbon â bondiau cofalent sigma rhyngddyn nhw. ✓ ③. Mae ganddo hefyd system ddadleoledig ✓ ⑤ (system π) o electronau *p* sy'n gorgyffwrdd ✓ ④. Mae'n cymryd rhan mewn adweithiau amnewid sy'n gysylltiedig â sefydlogrwydd y cylch gan fod hyn yn cadw adeiledd y cylch, sy'n fwy sefydlog. ✓ ⑦.

Sylwadau'r arholwr

① Ni roddwyd sylw i wrthbrofi adeiledd Kekulé drwy ychwanegu bromin dyfrllyd, er enghraifft, neu hydoddiant potasiwm manganad(VII).

② Does dim sylw am unrhyw arsylwad pe bai bromin dyfrllyd neu hydoddiant potasiwm manganad(VII) yn cael ei ychwanegu.

⑥ Nid yw'n cyfeirio at enthalpïau hydrogeniad.

⑧ Er bod Tom wedi cyfeirio at sefydlogrwydd system y cylch, nid yw wedi mynd yn ei flaen i ysgrifennu bod angen mwy o egni ar gyfer adweithiau adio nag sydd ar gyfer adweithiau amnewid.

Mae Tom wedi rhoi'r manylion sylfaenol yn unig ar gyfer adeiledd bensen. Nid yw wedi rhoi unrhyw wybodaeth am sefydlogrwydd y cylch bensen.

Mae Tom yn ennill 3 marc allan o 6.

Ateb Seren

Mae'r bondiau dwbl C=C yn adeiledd Kekulé yn awgrymu y dylai adweithio â bromin dyfrllyd ✗ ①; nid yw hyn yn digwydd ✓ ②. Mae bensen yn cynnwys system cylch dadleoledig o electronau *p* sy'n gorgyffwrdd ✓✓ ④, ⑤. Ei enthalpi hydrogeniad yw 208 kJ $môl^{-1}$, sy'n llai na'r 360 kJ $môl^{-1}$ a fyddai i'w weld pe bai gan fensen adeiledd Kekulé. ✓ ⑥. Mae adeiledd dadleoledig bensen yn fwy sefydlog felly na'r system o fondiau carbon–carbon dwbl a sengl bob yn ail. ✓ ⑦

Sylwadau'r arholwr

① Nid yw Seren wedi nodi beth fyddai'n cael ei weld pe bai bensen yn adweithio â bromin dyfrllyd.

Mae Seren wedi rhoi ateb da ond nid yw wedi disgrifio adeiledd bensen yn llawn. Hefyd, nid yw wedi nodi y byddai angen mwy o egni pe bai bensen yn cymryd rhan mewn adweithiau adio yn hytrach nag adweithiau amnewid.

Mae Seren yn ennill 4 marc allan o 6.

C&A

Nitromethylbensenau

25 (a) Mae nitradu methylbensen yn rhoi dau hylif melyn, 1-methyl-2-nitrobensen ac 1-methyl-4-nitrobensen. Mae'r adwaith hwn yn defnyddio'r un nitradyddion ag sy'n cael eu defnyddio pan gaiff bensen ei hun ei nitradu.

(i) Enwch y ddau adweithydd sy'n cael eu defnyddio i nitradu methylbensen. *[1]*

(ii) Tymereddau berwi'r adweithydd organig a'r cynhyrchion yw

cyfansoddyn	tymheredd berwi / °C
methylbensen	111
1-methyl-2-nitrobensen	225
1-methyl-4-nitrobensen	238

Awgrymwch ddull y gallech chi ei ddefnyddio i wahanu'r tri hylif hyn o'r cymysgedd adwaith. *[1]*

(iii) Nodwch fformiwla foleciwlaidd 1-methyl-2-nitrobensen. *[1]*

(b) (i) Mae'n bosibl ocsidio 1-methyl-4-nitrobensen yn asid 4-nitrobensencarbocsylig.

Enwch ocsidydd addas ar gyfer yr adwaith hwn. *[1]*

(ii) Mae asid 4-nitrobensencarbocsylig pur yn solid sydd â thymheredd ymdoddi o 240 °C.

Nodwch sut gallai'r tymheredd ymdoddi hwn newid (os o gwbl) pe bai'r asid yn amhur. *[2]*

(iii) Mae'r asid amhur yn cynnwys ychydig bach o gyfansoddyn Y, sy'n cynhyrchu drych arian gydag adweithydd Tollens. Màs moleciwlaidd cymharol cyfansoddyn Y yw 151.

Diddwythwch enw ar gyfer cyfansoddyn Y, gan roi rhesymau dros eich ateb. *[4]*

Ateb Tom

(a) (i) Asid nitrig ✗ ①

(ii) Distylliad ffracsiynol ✓

(iii) $C_7H_7O_2N$ ✓ ②

(b) (i) Dim ateb

(ii) Byddai'n ymdoddi ar ystod o dymereddau o dan 240 °C. ✓✓ ③

(iii) ✓ ④

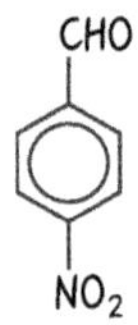

Sylwadau'r arholwr

① Dim ond un asid a nodwyd.

② Does dim angen rhestru'r elfennau yn y drefn gywir.

③ Mae'r ddau beth hyn yn gywir.

④ Y cyfan a roddodd Tom yw fformiwla'r cyfansoddyn cywir. Mae fformiwla gywir yn dderbyniol ond nid yw wedi rhoi'r ymresymiad dros ei ateb.

Mae Tom yn ennill 5 marc allan o 10.

Ateb Seren

(a) (i) Asidau nitrig a sylffwrig ✓ ①

(ii) Distylliad ✗ ②

(iii) $C_7H_7NO_2$ ✓

(b) (i) Potasiwm manganad(VII) alcalïaidd ✓

(ii) Byddai'n ymdoddi ar dymheredd gwahanol, dros ystod ohonyn nhw. ✓ ③

(iii) Mae'n rhaid iddo fod yn aldehyd gan ei fod yn rhoi'r drych arian. Rwy'n credu mai 4-nitrobensaldehyd ydyw gan fod fformiwla foleciwlaidd hwn yn $C_7H_5NO_3$ ac mae gan hwn $M_r = 151$. ✓✓✓ ④

Sylwadau'r arholwr

① Mae Seren wedi ennill y marc gan nad oes angen nodi 'crynodedig'.

② Mae angen distyllu ffracsiynol; nid yw'n bosibl gwahanu'r cyfansoddion drwy ddistyllu syml.

③ Dim ond un marc yma – nid yw wedi nodi y byddai'r tymheredd ymdoddi'n is.

④ Nid yw wedi nodi pam mai 4-nitrobensaldehyd yw'r cyfansoddyn, ac felly mae wedi colli marc.

Mae Seren yn ennill 7 marc allan o 10.

C&A

Alcoholau a ffenol

26 (a) Cwblhewch y tabl isod [4]

enw	fformiwla	lliw'r hydoddiant dyfrllyd gyda Dangosydd Cyffredinol
ffenol	C_6H_5OH	
bwtan-2-ol		gwyrdd
	$CH_3(CH_2)_3COOH$	

(b) Caiff alcohol **K** ei ocsidio yn geton. Màs 0.20 môl y ceton hwn yw 17.2 g.

(i) Cyfrifwch fàs moleciwlaidd cymharol y ceton. [1]

(ii) Diddwythwch fformiwla foleciwlaidd ar gyfer y ceton hwn. [2]

(iii) Diddwythwch fformiwla adeileddol ar gyfer yr alcohol, gan esbonio eich ateb. [3]

Ateb Tom

(a)

-	-	coch ✗ ①
-	$CH_3CH(OH)CH_3$ ✗ ②	-
asid pentanöig ✓	-	coch ✓

(b) (i) M_r yw 86 ✓

(ii) Ceton yw R-C(O)-R' M_r ar gyfer R ac R' yw 86 - 28 = 58 ✓ C_4H_{10}, felly $C_5H_{10}O$ ✓

(iii) Rhaid mai CH(OH) + R + R' yw'r alcohol ✓ ③ gallai fod yn $CH_3CH_2CH(OH)CH_2CH_2$ ✗ ④

Sylwadau'r arholwr

① Nid yw ffenol yn ddigon asidig i droi Dangosydd Cyffredinol yn goch – dylai wahaniaethu rhwng y lliwiau y mae ffenol ac asid carbocsylig yn eu rhoi.

② Mae Tom wedi rhoi fformiwla'r alcohol anghywir. Mae wedi rhoi propan-2-ol yn lle bwtan-2-ol.

③ Mae'r trefniant hwn yn nodi mai alcohol eilaidd sy'n bresennol.

④ Mae'r fformiwla yn anghywir. Grŵp CH_2 sydd ar ben y gadwyn yn lle grŵp CH_3.

Mae Tom yn ennill 6 marc allan o 10.

Ateb Seren

(a)

–	–	oren ✓
–	$CH_3(CH_2)_2CH_2OH$ ✗ ①	–
asid pentanöig ✓	–	oren ✗ ②

(i) $M_r = \frac{\text{màs}}{\text{molau}}$ $M_r = \frac{17.2}{0.2} = 86$ ✓

(ii) Ceton yw R–C(O)–R' M_r ar gyfer R ac R' yw 86 – (12 + 16) = 58 ✓ sef C_4H_{10}, felly $C_5H_{10}O$ ✓

(iii) Rhaid mai alcohol eilaidd ydyw ✓ hynny yw -CH(OH) ✓ a gallai fod yn $CH_3CH_2CH(OH)CH_2CH_3$ ✓ ③

Sylwadau'r arholwr

① Mae Seren wedi rhoi'r fformiwla ar gyfer bwtan-1-ol nid bwtan-2-ol.

② Bydd asid yn rhoi lliw coch gyda Dangosydd Cyffredinol.

③ Does dim angen enwi'r alcohol.

Mae Seren yn ennill 8 marc allan o 10.

C&A

Alcoholau ac adweithiau dileu

27 (a) Mae propan-1-ol yn alcohol cynradd.

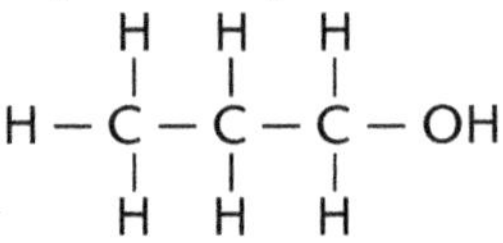

(i) Rhowch fformiwlâu adeileddol dau o isomerau propan-1-ol. *[2]*

(ii) Nodwch pam nad yw propan-1-ol yn dangos adwaith triiodomethan (ïodofform). *[1]*

(iii) Mae propan-1-ol yn profi adwaith dileu pan gaiff ei wresogi gyda gormodedd o asid sylffwrig crynodedig. Rhowch enw'r cynnyrch organig nwyol a nodwch pam rydyn ni'n galw'r adwaith hwn yn adwaith dileu. *[2]*

(iv) Cynhyrchir cyfansoddyn organig gwahanol pan gaiff gormodedd o bropan-1-ol ei wresogi gydag asid sylffwrig crynodedig. Màs moleciwlaidd cymharol y cynnyrch hwn yw 102 ac mae'n cynnwys 15.7% ocsigen yn ôl màs a'r gweddill yw carbon a hydrogen. Defnyddiwch y wybodaeth i awgrymu fformiwla adeileddol ar gyfer y cyfansoddyn hwn, gan ddangos eich holl waith cyfrifo. *[5]*

Ateb Tom

(a) (i)

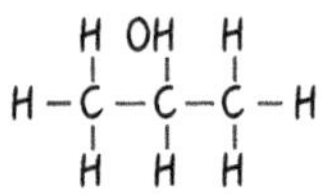

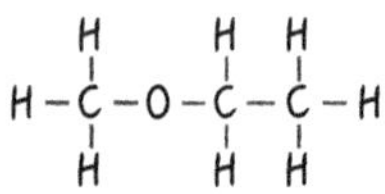

✗✓ ①

(ii) Nid yw'n cynnwys y cysylltedd $CH_3CH_2(OH)$- ✗ ②

(iii) Propen ✓ Mae dŵr yn cael ei golli ✓

(iv) $\frac{15.7 \times 102}{100} = 16$ ✓ = 1 atom ocsigen ✓

M_r C_xH_y = 102 − 16 = 86 ✓ rhaid mai dyma'r adeiledd:

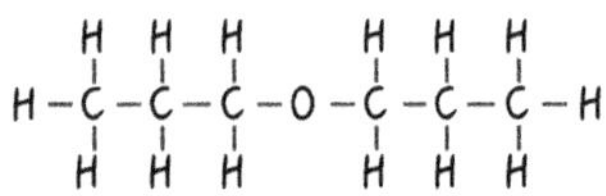

✓ ③

Sylwadau'r arholwr

① Er bod hyn yn un o isomerau propan-1-ol, mae'r bond â'r grŵp OH yn arwain at yr atom hydrogen yn hytrach nag at yr atom ocsigen. Mae wedi'i farcio'n anghywir felly.

② Mae'r cysylltedd yn dangos grŵp $-CH_2(OH)-$ yn hytrach na grŵp $-CH(OH)-$.

③ Mae cam ar goll. Nid yw Tom wedi dangos y gallai 'M_r' 86 fod yn C_6H_{14}. Mae hyn i'w weld yn yr ateb ond gofynnwyd i'r ymgeiswyr ddangos eu holl waith cyfrifo.

Mae Tom yn ennill 7 marc allan o 10.

Ateb Seren

(a) (i)

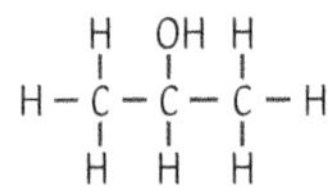

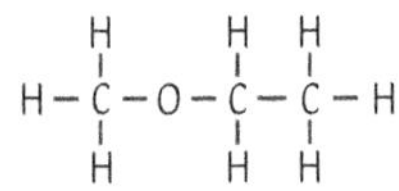

✓✓

(ii) Nid yw'n cynnwys y cysylltedd $CH_3CH(OH)$- ✓

(iii) Propylen ✓ ① Moleciwl yn ymhollti yn ddau foleciwl newydd. ✗ ②

(iv) Mae'r M_r yn 102 a % yr ocsigen yn 15.7. Pe bai M_r yn 100, byddai'r % yr ocsigen yn 16 ✓ felly dim ond 1 atom ocsigen ✓ Rhaid mai M_r C_xH_y yw 102 − 16 = 86 ✓ felly C_6H_{14} ✓ ③

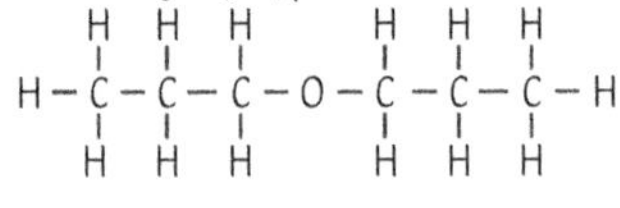

✓

Sylwadau'r arholwr

① Mae Seren wedi rhoi'r enw traddodiadol ar gyfer propen. Mae hyn yn dderbyniol gan nad yw'r cwestiwn wedi gofyn am yr enw cyfundrefnol.

② Wrth ddisgrifio adweithiau dileu, nodir fel arfer bod moleciwl bach (sef dŵr yn yr achos hwn) wedi cael ei ddileu.

③ Dyma ateb clir a chryno iawn.

Mae Seren yn ennill 9 marc allan o 10.

C&A

Asid ethandeuöig

28 (a) Mae propylamin yn adweithio ag ethandeuoyl deuclorid, $(COCl)_2$, gan roi cyfansoddyn G, sydd â'r fformiwla foleciwlaidd $C_8H_{16}N_2O_2$,

(i) Rhowch fformiwla adeileddol cyfansoddyn G. *[1]*

(ii) Caiff cyfansoddyn G ei hydrolysu gan ddefnyddio sodiwm hydrocsid dyfrllyd. Yna caiff y cymysgedd ei asidio ac rydyn ni'n cael y cynnyrch organig, asid ethandeuöig, drwy ei grisialu. Bydd yr asid ethandeuöig yn cael ei gynhyrchu ar ffurf hydrad, $(COOH)_2.\ xH_2O$, sydd â màs moleciwlaidd cymharol o 126. Defnyddiwch y wybodaeth hon i gyfrifo gwerth x. *[2]*

(b) Mae'n bosibl i asid ethandeuöig gael ei ocsidio gan hydoddiant potasiwm manganad(VII) asidiedig. Mae'r hafaliad ar gyfer yr adwaith hwn yn dangos bod 5 môl o asid ethandeuöig yn adweithio â 2 fôl o botasiwm manganad(VII). Mewn adwaith, mae 0.0102 môl o botasiwm manganad(VII) yn adweithio â 3.57 g o asid ethandeuöig hydradol amhur, M_r 126. Cyfrifwch buredd canrannol yr asid ethandeuöig amhur. *[3]*

(c) Mae ethanamid, C_2H_5NO, yn cynnwys cysylltedd peptid.

(i) Ysgrifennwch fformiwla adeileddol y cysylltedd peptid. *[1]*

(ii) Ysgrifennwch fformiwla adeileddol un o isomerau ethanamid **nad** yw'n cynnwys cysylltedd peptid.

Ateb Tom

(a) (i)

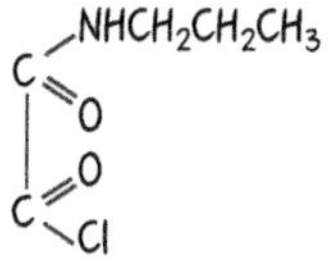

✗ ①

(ii) $(COOH)_2.\ xH_2O \rightarrow 126$ M_r y 'dŵr'
= 126 − 90 = 36
x = 36/18 = 2 ✓✓

(b) Nifer y molau $(COOH)_2.xH_2O$ = 0.0102 x 2.5
= 0.0255 ✓
Màs yr asid = 0.0255 x 126 = 3.21g ✓
% puredd = 3.21 x 100 /3.57 = 90 ✓ ②

(c) (i)

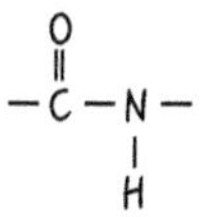

✓

(ii)

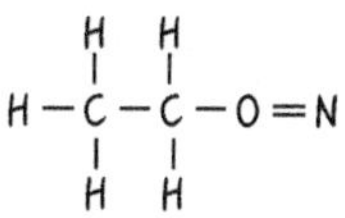

✗ ③

Sylwadau'r arholwr

① Mae Tom wedi rhoi adeiledd nad yw'n gyson â'r fformiwla foleciwlaidd a roddwyd.

② Nid yw'r cwestiwn yn gofyn am nifer penodol o ffigurau ystyrlon, ac felly mae 90 yn dderbyniol.

③ Mae'r adeiledd yn anghywir. Mae'n dangos atom ocsigen trifalent, ynghyd â gwallau eraill.

Mae Tom yn ennill 6 marc allan o 8.

Ateb Seren

(a) (i)

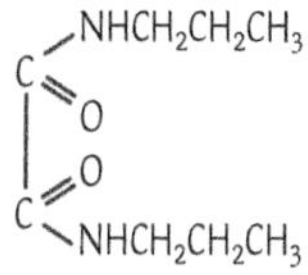

✓

(ii) $(COOH)_2.xH_2O \rightarrow 120$ felly
$M_r\ xH_2O = 120 - 90 = 30$
x = 30/18 = ~2 ✓ ①

(b) Nifer y molau $(COOH)_2.xH_2O$ = 0.0102 x 5/2 = 0.0255 ✓ felly màs = 0.0255x126 = 3.21g ✓
% puredd = 3.21 x 100/3.57 = 89.9 ✓

(c) (i)

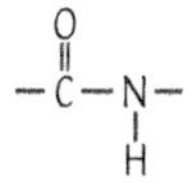

✓

(ii)

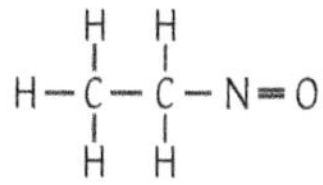

✓

Sylwadau'r arholwr

① Mae Seren wedi defnyddio 120 fel màs moleciwlaidd cymharol yr hydrad, sef ffigur anghywir. Mae'r dull yn gywir ond mae marc wedi'i golli o ganlyniad.

Mae Seren yn ennill 7 marc allan o 8.

C&A

Asidau ac esterau

29 (a) Mae cyfansoddion K, L, M, N a P i gyd yn isomerau.

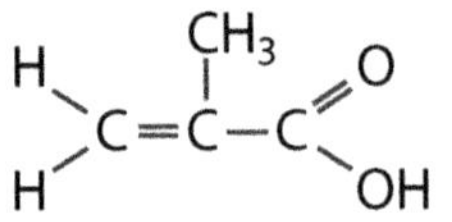

cyfansoddyn K

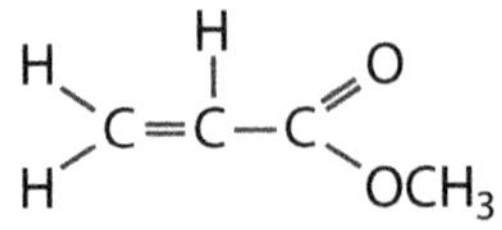

cyfansoddyn L

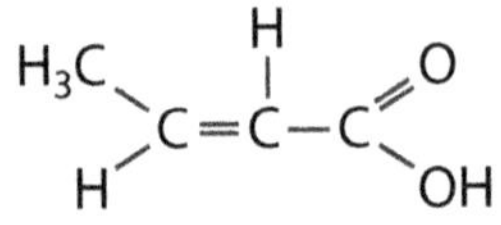

cyfansoddyn M

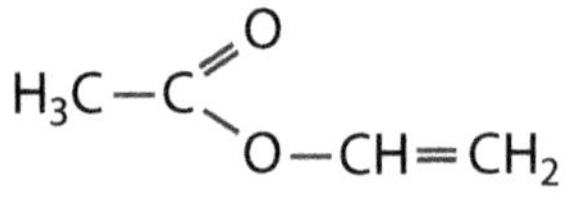

cyfansoddyn N

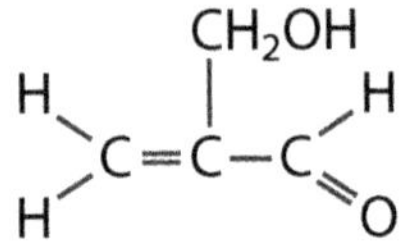

cyfansoddyn P

(i) Nodwch, gan roi rheswm, pa un o'r cyfansoddion hyn y mae'n bosibl ei hydrolysu gan roi asid carbocsylig â màs moleciwlaidd cymharol 60, yn un o'r cynhyrchion. *[2]*

(ii) Mae'n bosibl ocsidio cyfansoddyn P yn llawn yn asid carbocsylig. Nodwch ocsidydd addas ar gyfer yr adwaith hwn a rhowch fformiwla adeileddol y cynnyrch organig. *[2]*

(iii) Bydd cyfansoddyn M yn cynhyrchu swigod o nwy pan ychwanegir calsiwm carbonad at ei hydoddiant dyfrllyd. Esboniwch pam mae hyn yn digwydd. *[3]*

(iv) Esboniwch pam mae tymheredd berwi cyfansoddyn K yn debygol o fod yn uwch na thymheredd berwi cyfansoddyn L. Gallwch chi ddefnyddio diagram yn eich ateb. Nid oes angen ymateb manwl. *[4]*

Ateb Tom

(i) Cyfansoddyn N, gan ei fod yn rhoi asid ethanöig, M_r 60, wrth gael ei hydrolysu ✓✓

(ii) Deucromad asidiedig ✓

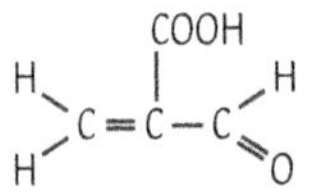

✗ ①

(iii) Er mwyn adweithio fel hyn, mae'n rhaid iddo fod yn asid, gan roi carbon deuocsid ✓✓ ②

(iv) Bondio hydrogen ✓

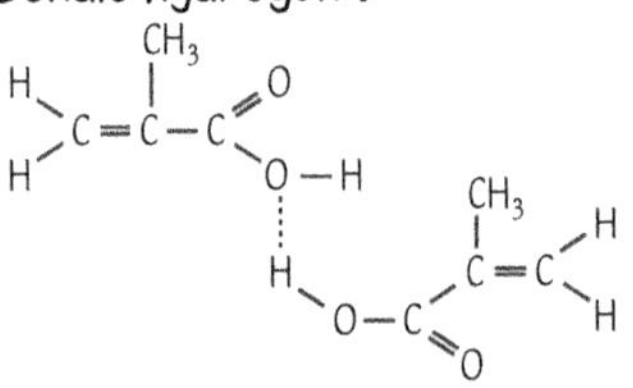

✓ ③

Sylwadau'r arholwr

① Nid yw Tom wedi ocsidio'r grŵp alcohol a'r grŵp aldehyd, ac felly mae wedi rhoi'r cyfansoddyn anghywir.

② Mae wedi methu ysgrifennu bod asidau carbocsylig yn cynhyrchu ïonau hydrogen, H_3O^+, mewn hydoddiant dyfrllyd.

③ Nid oes sôn am fondio deupol–deupol ac nid yw'n cyfeirio at yr egni ychwanegol sydd ei angen i wahanu'r moleciwlau.

Mae Tom yn ennill 7 marc allan o 11.

Ateb Seren

(a) (i) Cyfansoddyn L gan ei fod yn rhoi CH_3COOH wrth gael ei hydrolysu. ✗✗ ①

(ii) H^+/MnO_4^- ✓ 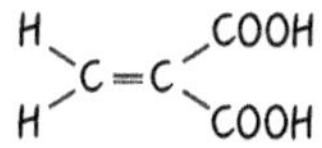 ✓ ②

(iii) Mae'n rhaid mai asid yw, ✓ mae'r rhain yn rhoi ïonau H_3O^+ mewn hydoddiant ✓ ③

(iv) Mae gan y ddau gyfansoddyn fondio deupol–deupol rhwng eu moleciwlau ✓ Mae bondio hydrogen hefyd yn bresennol ✓

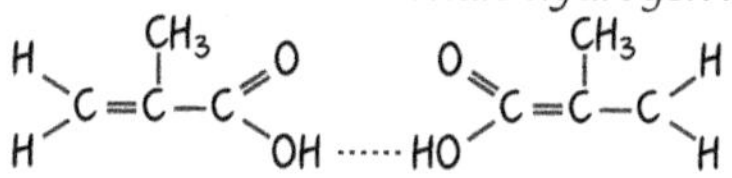 ✗ ④

Mae angen mwy o egni i dorri'r bondiau hyn rhwng moleciwlau ✓

Sylwadau'r arholwr

① Nid yw cyfansoddyn L yn rhoi asid ethanöig wrth gael ei hydrolysu.

② Mae –COOH yn dderbyniol ar gyfer fformiwla adeileddol grŵp asid carbocsylig.

③ Does dim sôn mai CO_2 yw'r nwy.

④ Mae'r diagram yn dangos bondio hydrogen rhwng dau atom hydrogen, sy'n anghywir.

Mae Seren yn ennill 7 marc allan o 11.

C&A

Paratoi alcoholau

30 (a) Un dull o baratoi pentan-3-ol yw drwy rydwytho pentan-3-on.

(i) Enwch rydwythydd y gallech chi ei ddefnyddio ar gyfer yr adwaith hwn. *[1]*

(ii) Cymerwyd sbectrwm isgoch o sampl o pentan-3-ol a gafodd ei wneud fel hyn.
Disgrifiwch sut gallech chi ei ddefnyddio i weld a oedd unrhyw pentan-3-on yn weddill. *[2]*

(iii) Nodwch sut byddai cromatogram nwy hylif o'r sampl hwn yn dangos bod amhuredd yn bresennol. *[1]*

(b) Mae hefyd yn bosibl cynhyrchu pentan-3-ol drwy hydrolysu 3-pentyl ethanoad, $CH_3COOCH(CH_2CH_3)_2$, hefyd.

(i) Rhowch yr hafaliad ar gyfer hydrolysu 3-pentyl ethanoad gan ddefnyddio dŵr fel yr adweithydd arall. *[2]*

(ii) Nodwch pam mae sodiwm hydrocsid dyfrllyd yn cael ei ddefnyddio'n aml yn hytrach na dŵr yn yr adwaith hwn. *[1]*

(iii) Mae hydrolysis pentyl ethanoad yn cynnwys ymholltiad bond heterolytig. Nodwch beth mae'r term '**ymholltiad bond heterolytig**' yn ei olygu. *[1]*

Ateb Tom

(a) (i) *Lithiwm alwminiwm hydrid.* ✓ ①

(ii) *Pe bai pentan-3-on yn bresennol, byddwn i'n gweld brig ychwanegol ar 1750 cm^{-1}. Mae hyn oherwydd y bond C=O.* ✓✓

(iii) *Byddwn i'n gweld sawl brig.* ✗ ③

(b) (i) $CH_3COOCH(CH_2CH_3)_2 + 2H_2O \rightarrow CH_3COOH + (CH_3CH_2)_2CHOH$ ✓ ④

(ii) *Mae'n llai peryglus.* ✗ ⑤

(iii) *Ffurf ar fondio lle mae pob atom yn derbyn ei electron ei hun yn ôl* ✗ ⑥

Sylwadau'r arholwr

① Mae lithiwm alwminiwm hydrid yn ateb amgen derbyniol.

② Mae Tom wedi rhoi'r brig cywir a'i esbonio – dau farc.

③ Mae 'sawl brig' yn golygu mwy na dau – felly anghywir.

④ Dim ond un marc yma oherwydd nad yw'r hafaliad yn gytbwys, er bod y fformiwlâu'n gywir.

⑤ Mae defnyddio sodiwm hydrocsid dyfrllyd yn fwy peryglus mewn gwirionedd na defnyddio dŵr – ni roddwyd marc.

⑥ Mae Tom wedi disgrifio ymholltiad homolytig yn hytrach nag ymholltiad heterolytig.

Mae Tom yn ennill 4 marc allan o 8.

Ateb Seren

(a) (i) Sodiwm tetrahydridoborad(III). ✓

(ii) Pe bai pentan-3-on yn bresennol, byddwn i'n gweld brig ychwanegol ar 1750 cm^{-1}. ✓ ①

(iii) Byddai brig ychwanegol i'w weld. ✓ ②

(b) (i) $CH_3COOCH(CH_2CH_3)_2 + H_2O$ $\rightarrow CH_3COOH + (CH_3CH_2)_2CHOH$ ✓✓ ③

(ii) Mae hydrolysis yr ester yn digwydd ar gyfradd gyflymach. ✓ ④

(iii) Proses o dorri bond lle mae ïonau â gwefrau dirgroes yn cael eu cynhyrchu. ✓ ⑤

Sylwadau'r arholwr

① Mae Seren wedi ennill un marc yn unig gan nad yw wedi adnabod y brig ar 1750 cm^{-1}.

② Mae wedi sylweddoli y byddai'r cromatogram yn dangos brig ychwanegol (oherwydd yr amhuredd).

③ Mae'r hafaliad wedi ennill y ddau farc – un am y fformiwla gywir ac un am ei fod yn gytbwys.

④ Mae wedi disgrifio cyfradd yr adwaith yn gywir drwy ddweud ei bod yn cynyddu.

⑤ Mae wedi rhoi diffiniad cywir o ymholltiad heterolytig.

Mae Seren yn ennill 7 marc allan o 8.

C&A

Cyfansoddion deuasoniwm

31 Mae'r llifyn coch, Swdan I, wedi cael ei ddefnyddio'n anghyfreithlon fel llifyn bwydydd. Mae'r llifyn hwn yn cael ei wneud drwy adweithio bensendeuasoniwm clorid a naffthalen-2-ol gyda'i gilydd.

(i) Cwblhewch y brawddegau isod, sy'n disgrifio paratoi bensendeuasoniwm clorid.

Mae bensendeuasoniwm clorid yn cael ei wneud drwy adweithio ffenylamin â ________________ ar dymheredd o _______ °C. Os bydd tymheredd yr adwaith yn codi, gall y cyfansoddyn deuasoniwm ddadelfennu, gan roi _______________ a swigod o nwy _____________. *[4]*

(ii) Yna caiff Swdan I ei wneud drwy ychwanegu hydoddiant naffthalen-2-ol at yr hydoddiant bensendeuasoniwm clorid sydd wedi'i baratoi. Mae angen i'r cymysgedd fod ar pH ____ *[1]*

(iii) Gwnaeth Jessica Swdan I drwy'r dull uchod. Gwelodd fod cynnyrch y llifyn coch a gafodd yn fwy na 100%. Awgrymwch ddau reswm dros y cynnyrch hwn, heb sôn am gamgymeriadau wrth gyfrifo'r cynnyrch. *[2]*

(iv) Pan wnaeth Tom Swdan I gan ddefnyddio'r un dull, gwelodd fod ei gynnyrch ef yn ddim ond 57%. Awgrymwch ddau reswm pam y gallai gwallau yn ei waith ymarferol roi'r cynnyrch isel hwn. *[2]*

Ateb Tom

(i) Sodiwm nitrit / asid hydroclorig ✓ ①
10 °C ✓ ffenol ✓ carbon deuocsid ✗ ②

(ii) 4 ✗ ③

(iii) Cafodd rhywfaint ei golli o'r papur hidlo cyn ei bwyso ✗ ✗ ④

(iv) Gadawodd i'r cymysgedd gynhesu a digwyddodd rhywfaint o ddadelfennu. ✓✗ ⑤

Sylwadau'r arholwr

① Caiff asid nitrus ei wneud yn y fan a'r lle o sodiwm nitrit ac asid hydroclorig ac mae'r ateb hwn yn dderbyniol.

② Cynhyrchir nitrogen – mae carbon deuocsid yn anghywir.

③ Mae angen i'r cymysgedd fod yn alcalïaidd, nid yn asidig.

④ Dim ond un ateb a roddwyd. Pe bai defnydd yn cael ei golli cyn ei bwyso, byddai'r cynnyrch yn llai, nid yn fwy.

⑤ Dim ond un ateb a roddwyd. Byddai'r ateb i (iii) wedi bod yn briodol yma.

Mae Tom yn ennill 4 marc allan o 9.

Ateb Seren

(i) asid nitrus ✓ 5 °C ✓ ________ ✗ ①
nitrogen ✓

(ii) 7 ✗ ②

(iii) Dechreuodd Jessica gyda gormod. ✓
Roedd ei chynnyrch yn dal yn llaith. ✓

(iv) Roedd y tymheredd yn rhy gynnes a dadelfennodd y cyfansoddyn deuasoniwm ✓✗ ③

Sylwadau'r arholwr

① Nid yw Seren wedi nodi bod ffenol yn un o'r cynhyrchion pan fydd y cyfansoddyn bensendeuasoniwm yn dadelfennu wrth gael ei gynhesu.

② Mae llifynnau aso, fel Swdan I, yn cael eu gwneud drwy drin y cyfansoddyn deuasoniwm gyda ffenol (neu amin) mewn hydoddiant alcalïaidd. Mae'n rhaid i'r pH fod yn fwy na 7.

③ Dim ond un ateb a roddwyd. Ateb cywir arall fyddai dweud bod rhywfaint o'r defnydd yn cael ei golli wrth gael ei hidlo.

Mae Seren yn ennill 6 marc allan o 9.

C&A

(Cloromethyl)bensen

32 Mae myfyriwr yn gwneud ffenylmethanol, $C_6H_5CH_2OH$, o fethylbensen, mewn dau gam.

$$C_6H_5CH_3 \longrightarrow C_6H_5CH_2Cl \longrightarrow C_6H_5CH_2OH$$

(cloromethyl)bensen

(a) Cynhyrchir (cloromethyl)bensen o fethylbensen drwy ei adweithio â chlorin, mewn adwaith amnewid radical.

(i) Ysgrifennwch hafaliad sy'n dangos ymholltiad homolytig clorin, Cl_2. *[1]*

(ii) Cyfrifwch y cynnydd canrannol ym màs y cyfansoddion organig a fyddai'n digwydd pe bai 1 môl o fethylbensen yn cael ei drawsnewid yn 1 môl o (gloromethyl)bensen. *[2]*

(iii) Enwch adweithydd a fyddai'n cael ei ddefnyddio i drawsnewid (cloromethyl)bensen yn ffenylmethanol yn ail gam yr adwaith. *[1]*

(b) Pan gaiff (cloromethyl)bensen, M_r 126.5, ei wneud o fethylbensen a chlorin, gall fod wedi'i halogi gydag ychydig bach o gyfansoddion eraill. Mae un o'r halogyddion hyn yn cynnwys C, H a Cl yn unig a'i M_r yw 161. Awgrymwch fformiwla foleciwlaidd ac adeileddol ar gyfer yr halogydd hwn gan enwi'r mecanwaith a'r math o fecanwaith sy'n rhoi'r halogydd hwn. *[4]*

Ateb Tom

(a) (i) Cl–Cl → Cl⁺ + Cl⁻ ✗ ①

(ii) cynnydd mewn M_r 126.5–92 = 33.5 x cynnydd canrannol mewn màs = 36.4 ✓ ②

(iii) sodiwm hydrocsid ✓ ③

(b) 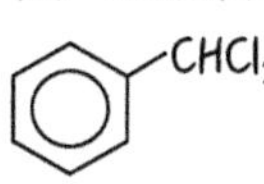

✓✓ ④

Amnewid radical pellach ✓

Sylwadau'r arholwr

① Mae'r hafaliad yn dangos ymholltiad heterolytig, sy'n anghywir.

② Mae'r swm tynnu'n anghywir. Fodd bynnag, cyfrifwyd y canran yn gywir ar sail 33.5. Dyfarnwyd marc ar sail 'cario gwall ymlaen'.

③ Mae'r cwestiwn yn gofyn am enw'r adweithydd – nid yw Tom wedi nodi bod angen cyflwr dyfrllyd ond rhoddwyd mantais yr amheuaeth iddo.

④ Rhoddwyd y fformiwla adeileddol gywir. Mae'r fformiwla hon yn ymhlygu bod atom clorin pellach yn bresennol, ac felly mae'r ateb hwn yn werth dau farc. Fodd bynnag, nid yw Tom wedi rhoi'r fformiwla foleciwlaidd.

Mae Tom yn ennill 5 marc allan o 8.

Ateb Seren

(a) (i) $Cl_2 \rightarrow 2Cl\cdot$ ✓

(ii) 37.5 ✓✓ ①

(iii) sodiwm hydrocsid dyfrllyd ✓

(b) Mae'r cynnydd cymharol fawr mewn M_r yn awgrymu bod atom clorin arall yn bresennol. ✓

Y fformiwla yw $C_7H_6Cl_2$ ✓

Y fformiwla adeileddol yw ②

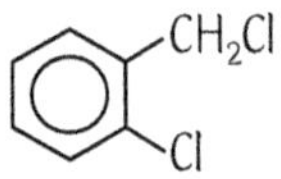

✗

Sylwadau'r arholwr

① Nid yw'r cwestiwn yn gofyn i ymgeiswyr ddangos eu gwaith cyfrifo. Mae ateb cywir yn ennill y ddau farc.

② Nid yw amnewid i'r cylch yn digwydd dan yr amodau hyn. Nid yw Seren wedi awgrymu enw'r mecanwaith na'r math o fecanwaith.

Mae Seren yn ennill 6 marc allan o 8.

C&A

Bwtandeuon

33 (a) Mae'r diagram yn dangos rhan wag o'r sbectrwm electromagnetig.

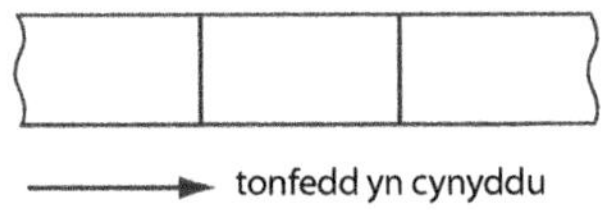

(i) Rhowch saeth o dan y diagram i ddangos cyfeiriad egni cynyddol. *[1]*

(ii) Ysgrifennwch 'isgoch', 'uwchfioled' a 'gweladwy' yn y safleoedd cywir ar y diagram. *[1]*

(b) Mewn golau gwyn mae bwtandeuon yn hylif melyn.

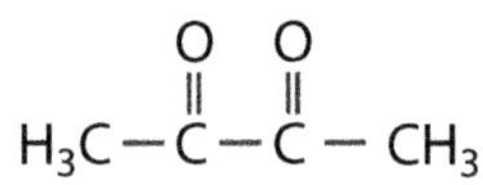

(i) Nodwch ac esboniwch liw bwtandeuon mewn golau glas. *[2]*

(ii) Mae Elfed yn rhydwytho bwtandeuon i fwtan-2,3-deuol sef hylif di-liw. Nodwch sut bydd yn gwybod pan fydd yr adwaith wedi'i gwblhau. *[1]*

(iii) Nodwch un ffordd y mae'n bosibl cyflymu'r rhydwythiad yn (ii), heb ddefnyddio mwy o wres na defnyddio catalydd. *[1]*

(iv) Rhowch fformiwla adeileddol unrhyw isomer o fwtandeuon a nodwch brawf y mae'r isomer y byddwch yn ei ddewis yn ei roi ond nad yw bwtandeuon yn ei roi. Dylai eich ateb nodi'r adweithydd sy'n cael ei ddefnyddio a chanlyniad eich prawf. *[3]*

Ateb Tom

(a) (i) a (ii)

✓✓

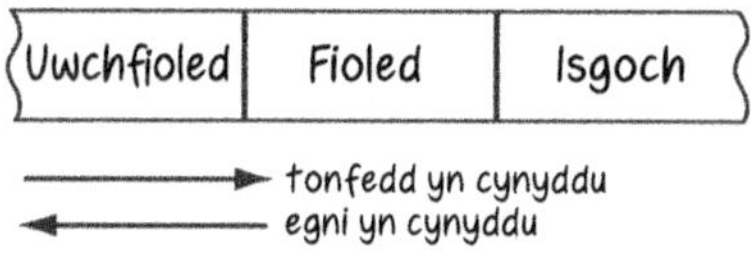

(b) (i) Bydd yn las ✗ gan fod golau glas yn cael ei adlewyrchu ✗ ①

(ii) Bydd y cyfan yn glir ✗ ②

(iii) Gwresogi'r cymysgedd ✗ ③

(iv) ✓

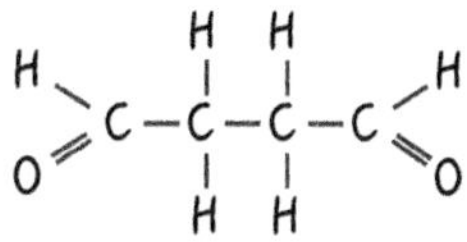

Adweithydd Tollens ✓ gwaddod coch ✗ ④

Sylwadau'r arholwr

① Caiff golau glas ei amsugno – dim marciau yma.

② Nid yw 'clir' yn golygu'r un peth â 'throi'n ddi-liw'.

③ Nododd y cwestiwn nad oedd gwres yn dderbyniol fel ateb.

④ Mae'r adeiledd a roddwyd yn gywir a bydd yn adweithio ag adweithydd Tollens, ond mae'r adweithydd hwn yn rhoi drych arian, nid gwaddod coch.

Mae Tom yn ennill 4 marc allan o 9.

Ateb Seren

(a) (i) a (ii)

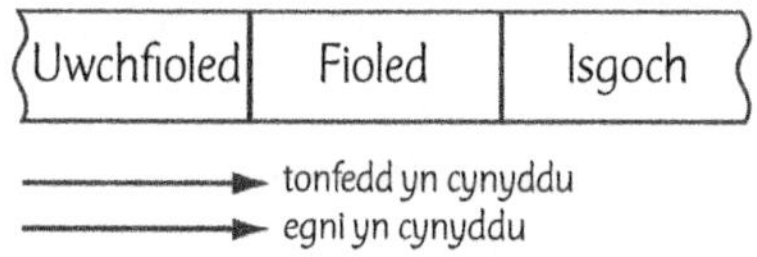

✗✓ ①

(b) (i) Bydd yn ymddangos yn ddu ✓ gan ei fod yn amsugno golau glas ✓

(ii) Bydd y lliw melyn yn diflannu ✓ ②

(iii) Gwneud yr hydoddiant yn gryfach ✓ ③

(iv) ✓

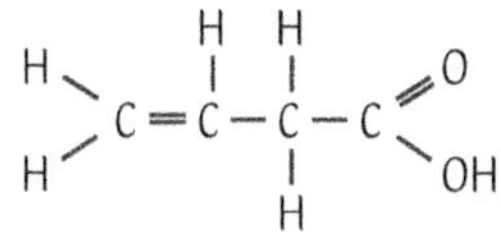

Bydd dŵr bromin ✓ yn dod yn glir ✗ ④

Sylwadau'r arholwr

① Nid yw Seren wedi sylweddoli bod egni mewn cyfrannedd gwrthdro ag amledd.

② 'Mae 'diflannu' yn dderbyniol ond ddim cystal fel ateb â 'daw yn ddi-liw'.

③ Mae 'cryfach' yn foddhaol ond nid yw mor dderbyniol â 'mwy crynodedig'.

④ Mae'r adeiledd yn gywir a bydd yn adweithio â dŵr bromin. Fodd bynnag, mae 'clir' yn golygu y gallwch chi weld drwyddo – nid yw'r un peth â 'di-liw'.

Mae Seren yn ennill 7 marc allan o 9.

Adnabod adeiledd

34 Cafwyd hyd i botel heb label yn cynnwys hylif di-liw, L, mewn stordy yn y labordy.

Pan gafodd ei brofi, dyma'r wybodaeth a gafwyd:

- Dangosodd y sbectrwm màs signal ïon moleciwlaidd ar m/z 116 a signal cryf ar m/z 85.
- Fformiwla empirig y cyfansoddyn oedd C_3H_6O.
- Dangosodd y sbectrwm isgoch signal cryf ar 1737 cm^{-1} ond nid oedd brig llydan ar 2500–3550 cm^{-1}.
- Dyma'r sbectrwm cyseiniant magnetig niwclear cydraniad uchel:

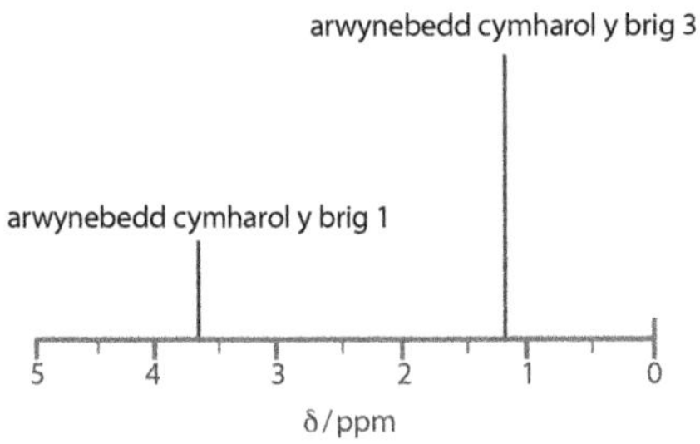

Defnyddiwch yr holl wybodaeth hon i awgrymu fformiwla adeileddol ar gyfer Cyfansoddyn L. *[9]*

Cynllun marcio

① Mae'r ïon moleciwlaidd yn y sbectrwm màs yn dangos bod M_r cyfansoddyn L yn 116. ② Mae'r gwerth hwn yn golygu bod fformiwla cyfansoddyn L yn gorfod bod yn $(C_3H_6O)_n$. M_r C_3H_6O = 58. n = 116/58 = 2. Y fformiwla foleciwlaidd yw $C_6H_{12}O_2$. ③ Gan fod dau atom ocsigen mewn moleciwl o gyfansoddyn L mae'n rhaid ei fod yn asid carbocsylig neu'n ester. ④ Mae'r brig ar 1737 cm^{-1} yn y sbectrwm isgoch yn dangos bod bond C=O yn bresennol. Mae'r diffyg signal ar 2500–3550 cm^{-1} yn dangos bod bond O–H yn absennol. ⑤ Felly ni all cyfansoddyn L fod yn asid carbocsylig. Mae'n rhaid ei fod yn ester, RCOOR'. ⑥ Mae'r signal yn y sbectrwm màs ar 85 yn dangos colled o 31 o'r ïon moleciwlaidd ar 116. Mae'n debyg mai grŵp methocsi / $-OCH_3$ yw hwn. Mae'n rhaid i'r ester fod yn ester methyl / R' yw CH_3. ⑦ Mae'n rhaid i 'M_r' R fod yn 116 – 59 = 57 (lle 59 yw 'M_r' C=O ac OCH_3). Mae'n rhaid mai C_4H_9 yw R. ⑧ Mae'r sbectrwm cyseiniant magnetig niwclear yn cynnwys dau signal heb eu hollti, sy'n gyson ag adeiledd ester gan nad yw'r grwpiau alcyl nesaf at ei gilydd. Mae'n rhaid mai'r protonau 'bwtyl' sy'n achosi'r signal ar 1.2 δ ac mae'n rhaid i'r protonau i gyd fod yn gywerth. R yw $(CH_3)_3C$-. ⑨ Felly fformiwla adeileddol cyfansoddyn L yw $(CH_3)_3CCOOCH_3$.

Ateb Tom

Y màs moleciwlaidd cymharol yw 116 oherwydd bod yr ïon moleciwlaidd yn dangos y gwerth M_r ✓ ① 'M_r' C_3H_6O = 58, felly y fformiwla yw $C_6H_{12}O_2$, gan fod 116 ddwywaith 58 ✓ ② Mae'n ester gan fod -OH yn absennol ✓ ⑤ Mae darn o 31 yn cael ei golli, mae'n rhaid mai $-OCH_3$ yw, felly RCO/OCH3. ✓ ⑥ Mae'n rhaid mai'r signal cyseiniant magnetig niwclear lleiaf yw'r grŵp methyl, ac felly mae'n rhaid i'r signal arall gynnwys 9 proton, felly C_4H_9 ✓ ⑦ Rhaid mai $C_4H_9COOCH_3$ yw'r ester✓ ⑨

Sylwadau'r arholwr

③ Ni roddwyd esboniad clir ar gyfer y pwynt marcio hwn.

④ Nid yw wedi adnabod y bond C=O.

⑧ Nid yw Tom wedi nodi bod yr holl brotonau yn gywerth yn y grŵp C_4H_9.

⑨ Mae'r ateb ar gyfer yr ester wedi ennill marc, cario gwall ymlaen, gan fod ei fethiant i ddangos adeiledd y grŵp C_4H_9 eisoes wedi'i gosbi.

Mae ateb Tom yn drefnus ond heb y wybodaeth i adnabod yr ester yn glir.

Mae Tom yn ennill 6 marc allan o 9.

Ateb Seren

'M_r' C_3H_6O yw 58 a gan fod y màs moleciwlaidd cymharol yn 116, mae'n rhaid mai $C_6H_{12}O_2$ yw'r fformiwla foleciwlaidd✓✓ ①,② Mae'n rhaid i gyfansoddyn L fod naill ai'n asid neu'n ester gan fod dau atom ocsigen yn bresennol ✓ ③ Does dim brig O-H yn bresennol gan nad oes brig ar 2500–3550 cm^{-1} ond mae'r brig ar 1737 cm^{-1} yn dangos bod C=O yn bresennol ✓ ④ Mae'n rhaid mai ester ydyw ✓ ⑤ Mae'r signalau cyseiniant magnetig niwclear nad ydyn nhw wedi ymhollti yn ôl y gymhareb 3:1 ac mae'n rhaid iddyn nhw fod yn 9 proton a 3 phroton, felly rhaid mai C_4H_9 a CH_3 ydyn nhw✓ ⑦. Mae'r holl brotonau bwtyl yn gywerth (dim ymhollti) ✓ ⑧ Mae'n rhaid mai $CH_3COOC(CH_3)_3$ yw'r ester✓ ⑨

Sylwadau'r arholwr

⑥ Nid yw Seren wedi diddwytho bod y darn ag 'M_r' 31 yn gorfod bod yn OCH_3, ac felly mai ester methyl yw'r cyfansoddyn.

⑨ Rhoddwyd y marc hwn iddi drwy 'gario gwall ymlaen' gan fod yr ester anghywir eisoes wedi'i gosbi.

Dyma ateb da iawn ond gan ei bod wedi methu adnabod y grŵp methocsi mae wedi cael yr ester anghywir.

Mae Seren yn ennill 8 marc allan o 9.

Atebion i'r cwestiynau cyflym

Uned 3 Cemeg Ffisegol ac Anorganig

1

S_8: S = 0	Fe^{3+}: Fe = +3	NaCl: Na = +1
H_2O: O = −2	F_2O: O = +2	CaH_2: H = −1
$AlCl_4^-$: Al = +3	NaOCl: Cl = +1	$NaIO_3$: I = +5
MnO_4^-: Mn = +7		

2

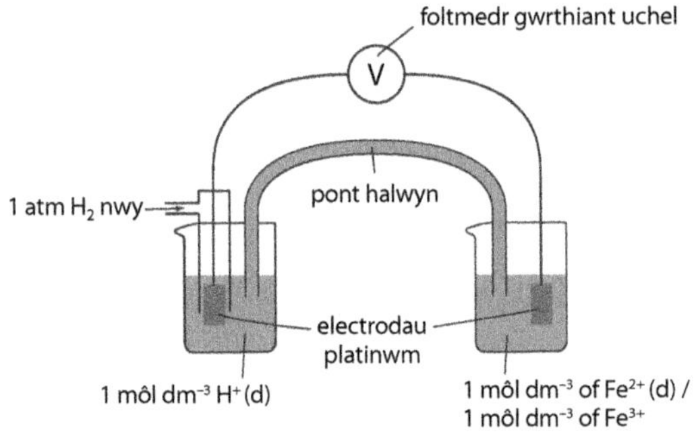

3 a) G.e.m. = 0.34 − (−0.76) = 1.10V
b) G.e.m. = 0.77 − (−0.76) = 1.53V

4 Mae gan glorin werth E^θ mwy positif nag sydd gan fromin, sy'n dangos bod clorin yn ocsidydd cryfach na bromin ac yn gallu ocsidio bromid yn fromin.
Mae gan ïodin werth E^θ llai positif nag sydd gan fromin, ac felly nid yw'n gallu ocsidio'r bromid yn Br_2.

5 $2MnO_4^- + 16H^+ + 10Cl^- \rightarrow 2Mn^{2+} + 8H_2O + 5Cl_2$

6 Molau MnO_4^- = 0.200 × 21.40 ÷ 1000
= 0.00428 môl.
Molau Fe^{2+} = 0.00428 × 5 = 0.0214
Màs Fe = 0.0214 × 55.8 = 1.194g
% yn ôl màs = 1.194 ÷ 1.252 × 100 = 95.4%

7 Crynodiad Cu^{2+} = 0.248 × 30.25 ÷ 25.00
= 0.300 môl dm^{-3}

8 Wrth fynd i lawr grŵp 4, mae sefydlogrwydd cyflwr ocsidiad +2 yn cynyddu oherwydd yr effaith pâr anadweithiol. Mae carbon yn sefydlog yng nghyflwr +4, ac felly bydd yn rhwydd ocsidio CO, ac felly mae'n rhydwythydd.
Mae plwm yn sefydlog yng nghyflwr ocsidiad +2, ac felly ni fydd PbO yn gallu rhydwytho sylweddau eraill gan ei fod yn sefydlog.

9 Bydd ychwanegu sodiwm hydrocsid at hydoddiannau di-liw o'r ddau sylwedd yn cynhyrchu gwaddod gwyn ym mhob un. Os ychwanegir gormodedd o sodiwm hydrocsid, bydd y gwaddod gwyn yn aros yn achos y sampl o fagnesiwm nitrad, ond mae'r gwaddod yn hydoddi ar gyfer plwm(II) nitrad, gan adael hydoddiant di-liw. Y rheswm dros y gwahaniaeth yw bod plwm yn fetel amffoterig, ond nid felly magnesiwm.

10 $NaHSO_4$
SO_2 – nwy asidig, siarp
S – solid melyn
H_2S – arogl wyau drwg

11 Ti: $1s^22s^22p^63s^23p^63d^24s^2$
Co: $1s^22s^22p^63s^23p^63d^74s^2$
Cr^{3+}: $1s^22s^22p^63s^23p^63d^3$
Ni^{2+}: $1s^22s^22p^63s^23p^63d^8$

12 Cu^{2+} (d) + 2 OH^- (d) → $Cu(OH)_2$ (s)
Fe^{3+} (d) + 3 OH^- (d) → $Fe(OH)_3$ (s)

13 (i) Mesur y gwasgedd (ar gyfaint cyson) dros amser.
(ii) Mesur y cyfaint (ar wasgedd cyson) dros amser.
(iii) Mesur y newid lliw drwy liwfesuriaeth dros amser.

14 Cyfradd = 0.046 ÷ 10 = 0.0046 môl s^{-1}

15 (i) Gradd dau; unedau k = môl^{-1} dm^3 s^{-1}
(ii) Gradd un; unedau k = s^{-1}

16 (a) Cyfradd = $k\,[N_2O_5][H_2O]$
(b) $C_4H_9Br + OH^- \rightarrow C_4H_9OH + Br^-$

17 $A = k \div e^{(-E_a/RT)}$ felly $A = 1.76 \times 10^3 \div e^{(-66000/8.314 \times 298)} = 6.53 \times 10^{14}$
$k = 6.53 \times 10^{14} \times e^{(-66000/8.314 \times 308)} = 4179\ s^{-1}$

18 ΔS = 73 + 214 − 136 = 151 J K^{-1} môl^{-1}

19 ΔH = (−416) + (−394) − (−1131) = 321 kJ môl^{-1}

20 $\Delta G = \Delta H - T\Delta S$ = 321 − 300 × (151÷1000) =
275.7 kJ môl^{-1}

21 $T = \Delta H \div \Delta S$ = 321,000 ÷ 151 = 2126 K

22
$$K_p = \frac{P_{NO}^{\ 4} \times P_{H_2O}^{\ 6}}{P_{NH_3}^{\ 4} \times P_{O_2}^{\ 5}}$$

23 Os byddwn ni'n cynyddu'r tymheredd, yna, yn ôl egwyddor Le Chatelier, bydd yr ecwilibriwm yn symud i'r cyfeiriad endothermig. Symudiad i'r chwith yw hwn, gan gynyddu gwasgedd rhannol SO_2 ac O_2 a lleihau gwasgedd rhannol SO_3. Bydd hyn yn lleihau gwerth K_p.

24 pH = - log (0.015) = 1.82

25 [H^+] = 6.31 × 10^{-4} môl dm^{-3}

26 [H^+] = 2.83 × 10^{-3} môl dm^{-3} gan roi pH = 2.55

27 K_a = 2.0 × 10^{-9} môl dm^{-3}

28 [H^+] = 3.33 × 10^{-14} gan roi pH = 13.5

29 [H^+] = 8.0 × 10^{-6} gan roi pH = 5.1

Uned 4 Cemeg Organig a Dadansoddi

30 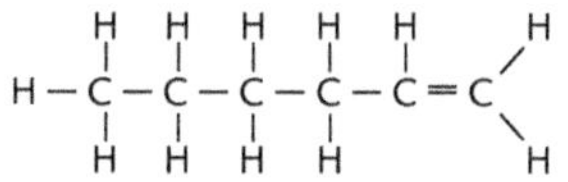

Mae un atom o'r bond dwbl yn bondio â dau atom hydrogen sy'n unfath.

31 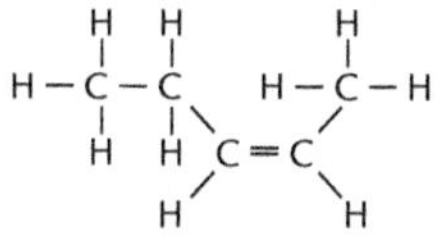

32 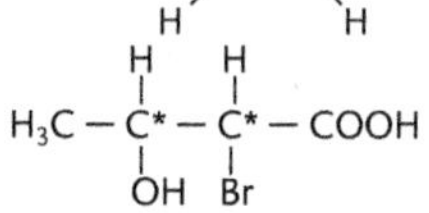

33 12.3 g

34 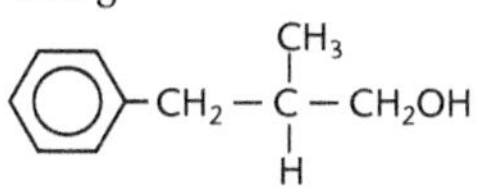

35 Asid 3-Methylpentanöig

36 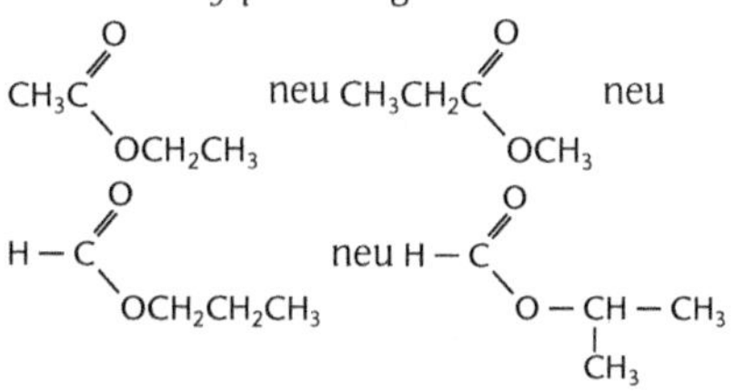

37 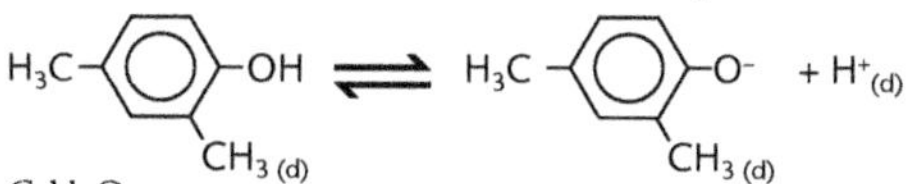

38 C_4H_4O

39 Pentan-3-on

40 (a)

41 $C_4H_3O_2$

42 Pentan

43 Ethanol ac asid hecsanöig

44 $C_8H_8O_3$

45 133.5 g

46 3-Methylbwtannitril

47 (i) Ychwanegu KCN

(ii) Ychwanegu $LiAlH_4$ mewn ethocsiethan

48 Pentylamin

49 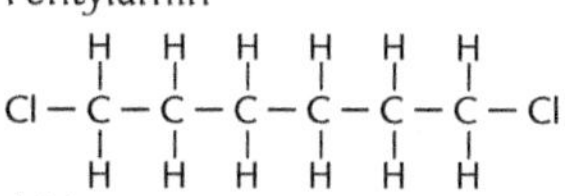

50 4.14 g

51 $C_{12}H_{11}N_3$

52 182

53 Y lliwiau yn y sbectrwm nad ydyn nhw'n wyrdd, sef coch, oren, glas, etc.

54 Dim ond golau coch y mae'n bosibl ei adlewyrchu. Os nad oes golau coch i'w adlewyrchu, bydd y blodyn yn ymddangos yn ddu.

55 Mae'n amsugno gwyrdd, ac felly mae'n borffor.

56 Asid 2-aminobwtanöig

Asid 2-aminopentanöig

57 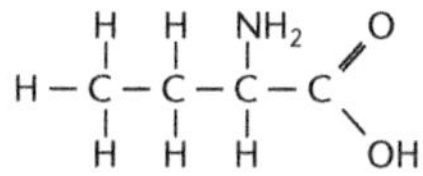

58 $C_6H_{12}O_6$

59 (a) $LiAlH_4$

(b) H_2SO_4 crynodedig

60 (a) Dŵr/ager (ac asid ffosfforig fel catalydd)

(b) Potasiwm deucromad asidiedig

61 X yw cloromethan neu fromomethan

Y yw ethannitril

62 Drwy ddefnyddio baddon dŵr neu wresogydd trydan

63 (a) ni fydd y grisialau yn dangos unrhyw liw melyn

(b) bydd yr hydoddydd a geir drwy ei olchi ymhellach yn ddi-liw

64 Mae'n rhaid i'r tymheredd ymdoddi fod yn uwch na thymheredd ystafell ond mae'r gwir werth yn anhysbys

65 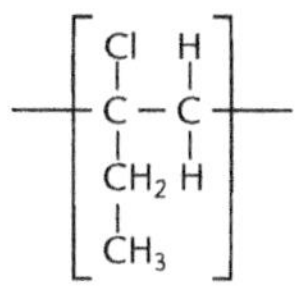

66 

(*E*)-1-bromo-2-cloroethen neu (*Z*)-1-bromo-2-cloroethen

67 Drwy ddefnyddio colofn wahanol

68 Fel arall, byddai'r cymysgedd yn hydoddi yn yr hydoddydd yn y bicer

Ychwanegol 1

$Al(OH)_3 + 3H^+ \rightarrow Al^{3+} + 3H_2O$

$Al(OH)_3 + OH^- \rightarrow [Al(OH)_4]^-$

$PbO + 2H^+ \rightarrow Pb^{2+} + H_2O$

$PbO + H_2O + 2OH^- \rightarrow [Pb(OH)_4]^-$

Ychwanegol 2

$A = \frac{k}{e^{-Ea}/RT}$

$E_a = RT \ln(^A/_K)$

$T = Ea/R \ln(^A/_K)$

Ychwanegol 3

a) 76.4

b) 27.4 g

Ychwanegol 4

a) propan-1-ol

b) 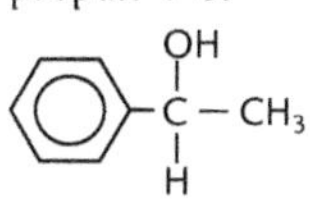

c) Mae'n cynnwys craidd cirol

Ychwanegol 5

a) cylchohecsen

b) hecsanal

c) propan-1,2-deuol

ch) pentan-2-on

d) asid ethandeuöig

Mynegai